高等职业教育计算机类专业系列教材

高等职业教育新形态立体化教材

U0652970

虚拟现实(VAR)交互设计及应用开发

主　编　马　超

副主编　高西城　于成龙

孙　慧　刘晓东

参　编　黄灵文　丁淑华

西安电子科技大学出版社

内 容 简 介

本书介绍了虚拟现实开发相关理论及可学习框架，由基础理论和应用实践两大部分组成。在阐述虚拟现实技术基本原理的基础上，重点介绍了 Krisma VR 编辑器的基本原理和操作方法，同时基于该编辑器进行了虚拟现实仿真项目案例的设计与开发，给出了火箭发射虚拟交互制作、爬行蚂蚁交互动画制作、橡皮泥排开水量交互动画设计以及 VR 党建全景设计制作等企业开发应用案例的分析和实现全过程。

本书可以作为电子信息大类相关专业高年级的辅助教材，也可以作为教师、科研人员和相关培训机构的参考材料。本书定位于希望能快速进行虚拟现实仿真案例设计的从业人员、数字媒体专业的初中级用户和自学者。同时，对于虚拟现实、人机交互等领域的研发人员也有很好的参考价值。

图书在版编目（CIP）数据

虚拟现实(VAR)交互设计及应用开发 / 马超主编. -- 西安 ：西安电子科技大学出版社, 2025. 5. -- ISBN 978-7-5606-7288-5

Ⅰ. TP391.98

中国国家版本馆 CIP 数据核字第 2024XY6390 号

策　　划　明政珠
责任编辑　孟秋黎
出版发行　西安电子科技大学出版社（西安市太白南路 2 号）
电　　话　（029）88202421　88201467　　邮　编　710071
网　　址　www.xduph.com　　　　　　　电子邮箱　xdupfxb001@163.com
经　　销　新华书店
印刷单位　陕西天意印务有限责任公司
版　　次　2025 年 5 月第 1 版　2025 年 5 月第 1 次印刷
开　　本　787 毫米×1092 毫米　1/16　　　印　张　13.5
字　　数　319 千字
定　　价　55.00 元

ISBN 978-7-5606-7288-5

XDUP 7590001-1

*** 如有印装问题可调换 ***

前　言

在 PC 时代，我们见证了太平洋彼岸的微软、Intel 和苹果的崛起发展，并成就伟业；在互联网时代，我们亲历了国内互联网三巨头 BAT 从只有数人的创业团队成长为今天拥有数千亿美元市值，改变了整个经济生态的产业巨鳄；在移动互联网时代，我们目睹了濒临破产的苹果在乔布斯的带领下上演王者归来。那撑起下一个十年的技术革命究竟是什么？

2016 年被称为 VR 元年，全球领先的国际投资银行高盛集团发布了报告《VR 与 AR：解读下一个通用计算机平台》。报告中指出：不论是 VR 还是 AR，都有能力发展成年营收数百亿美元的产业，并可能会像电脑、智能手机一样影响深远。报告还将 VR 定义为下一个大型计算机平台和下一代智能硬件平台。2021 年全球 AR/VR 总投资规模接近 146.7 亿美元，并有望在 2026 年增至 747.3 亿美元，五年复合年增长率(CAGR)将达 38.5%。其中，中国市场五年 CAGR 预计将达 43.8%，增速位列全球第一。

目前，各类 VR 硬件设备已经呈现百家争鸣的势头，市场上出现了不少优秀的硬件产品，比如 HTC Vive、Oculus Rift、Gear VR 等 VR 眼镜，Manus VR 数据手套，Leap Motion 手势识别控制器等 VR 设备。与硬件发展不匹配的是 VR 应用的缺乏，没有 VR 应用资源，再好的硬件也只是摆设。VR 应用与 VR 硬件设备就像食物与餐具的关系，如果没有食物，餐具再精美也解决不了顾客吃饭的问题。而只有食物(VR 应用)没有餐具，则顾客对美食也无从下手。

VR 应用的设计与开发是一项复杂且耗时的工程。对使用引擎开发 VR 应用的工程师来说，必须掌握三种武器，即开发引擎(如 Unity3D 或 Unreal Engine4 等)、开发工具(如 Visual Studio 等)和编程语言(如 C# 或 C++ 等)，掌握这些对于非软件开发专业的人员来说非常困难，而本书介绍的 101 VR 编辑器可以以所见即所得的编辑方式打造简单实用的 VR 应用，它能激发用户的想象力并利用资源库中丰富生动的资源构建 VR 应用，比传统使用引擎开发 VR 应用的方式节省 80%左右的时间。101 VR 编辑器通过创建项目、添加素材(可以从云端海量素材库中获取)、调整素材、编辑时间轴和逻辑轴、设置事件、预览作品，最终快速、高效地完成 VR 应用制作。

本书共有 7 章，前 3 章介绍 VR/AR 的基本概念、硬件知识和 VR 应用程序开发常识，对于有相关知识的学习者来说，可以跳过相应章节直接学习后面的内容。第 4 章介绍 Krisma VR 编辑器的功能。第 5 章到第 7 章以任务导向的方式，按照项目实现流程的步骤由浅入深地介绍"火箭发射虚拟交互制作""爬行蚂蚁交互动画制作""橡皮泥排开水量交互动画设计"等虚拟现实交互设计效果。本书不仅包括了丰富的理论知识，还囊括了很多实例，能有效提高读者的理解和实践能力。

本书的主要特点是具有较强的理论性和系统性，对重要的理论和方法进行了分析；同时具有较强的逻辑性，重点突出，条理清晰，由浅入深，注重从理论到实践。本书剖析了算法实现，给出了实验设计与结果，具有较强的实践特色。

本书为校企合作共建的新型立体化教材，在知识点旁边加有标记，通过扫码可以打开相应视频素材课件的多媒体资源。本书紧扣各专业人才培养能力目标，深度对接行业、企业标准，将实际解决方案、岗位能力要求、标准等内容有机融入教材内容，适应理实一体化教学改革需要，注重理论与实践、案例等相结合，既体现学科或专业知识，又融合行业企业场景实例。书中相关 VR 编辑器技术及项目案例部分与深圳迪乐普智能科技有限公司合作完成，是极富市场价值和实用意义的应用案例和应用解决方案，可为读者深入理解虚拟现实仿真技术的开发应用提供借鉴。

本书的作者马超是深圳信息职业技术学院虚拟现实技术应用专业的一线教师，计算机专业博士，主持省市级课题 4 项，参与国家级、省级、市级课题 22 项，发表学术论文 22 篇。本书获得了所在学校双高建设校级高水平立体化教材建设项目的支持。在编著本书的过程中，作者得到了深圳信息职业技术学院数字媒体学院高西城、于成龙等领导以及虚拟现实技术应用专业教师孙慧、刘晓东的大力支持，也得到了合作企业深圳迪乐普智能科技有限公司丁淑华、黄灵文等人的鼎力支持和协助，还得到了西安电子科技大学出版社明政珠编辑的很多帮助，在此一并表示最诚挚的谢意！

希望通过本书，读者能学有所得。由于作者水平有限，加之时间仓促，虽然付出了大量的时间和工作，但是书中不当之处在所难免，欢迎广大同行和读者批评指正。

作　者
2024 年 2 月

CONTENTS

目　　录

第1章 VR/AR 技术基本概念

早在 20 世纪 80 年代，一系列以科幻为题材的小说、电影就给人们勾画了虚拟现实技术的雏形。近年来，随着 Oculus Rift、HTC Vive 等产品的出现，虚拟现实设备已经逐渐走进人们的生活。不过，仍有不少人心存疑问：虚拟现实究竟是什么？为何要把具有相互矛盾含义的"虚拟"与"现实"两个词放在一起？

1.1 虚拟现实概述

虚拟现实(Virtual Reality，VR)以计算机技术为核心，综合了计算机图形学、仿真技术、多媒体技术、人工智能技术、计算机网络技术、传感器技术、光学技术等现代高科技技术，利用该技术可以生成一个集视觉、听觉、触觉等感官模拟的虚拟环境或信息空间，在这个多维信息空间内，用户通过多种设备以自然的方式与虚拟环境中的对象进行交互，从而产生身临其境的感受和体验。

虚拟现实技术一经问世，就引起了人们浓厚的兴趣。随着多媒体技术、传感器技术、光学技术等相关技术的高速发展，虚拟现实技术已趋于成熟并得到人们的认可，给社会发展带来了巨大的经济效益。目前虚拟现实技术在互联网上的搜索量已经远远超过智能手机和 PC，因此业内人士认为：20 世纪 80 年代是个人计算机时代，20 世纪 90 年代是网络时代，21 世纪前十多年是移动互联网时代，而接下来将是虚拟现实技术时代。虚拟现实源于现实又超出现实，它将对科学、工程、文化教育和认知等各个领域及人类生活产生深远影响。

1.1.1 虚拟现实的发展历程

虚拟现实的理念最早可以追溯到古希腊时代，当时的哲学家柏拉图在提出"理念论"时，讲述了一个著名的洞穴比喻。设想在一个洞穴中有一批囚徒，他们自小待在那里，被锁链束缚，不能转头，只能看面前洞壁上的影子。在他们后上方有一堆火，有一条横贯洞穴的小道，沿小道筑有一堵矮墙，如同木偶戏的屏风。人们扛着各种器具走过墙后的小道，而火光则把高出墙的器具投影到囚徒面前的洞壁上，囚徒自然认为影子是唯一真实的事物，如果他们其中一人碰巧获释，转过头来看到了火光与器具，最初会感到困惑、痛苦，甚至会认为影子比它们的原物更真实。这是目前认为关于虚拟现实最早的模糊性描述。不过，虚拟现实作为一门技术，被谈及的历史还得从 20 世纪初开始，大致分为六个阶段。

1. 模糊幻想阶段(20 世纪 60 年代前)

虚拟现实这个词最早可以追溯到 1938 年法国知名著作《残酷戏剧——戏剧及其重影》一书，在这本书里，阿尔托将剧院描述为虚拟现实。

虚拟现实技术是对生物在自然环境中的感官和动作等行为的一种模拟交互技术，它与仿真技术的发展息息相关。例如，中国古代的风筝就是模拟飞行动物和人之间互动的场景，放风筝是仿真技术在中国的早期应用，也是中国古人试验飞行器模型的最早尝试。1929 年，美国发明家埃德温·林克(Edwin Link)设计了第一台真正意义上的飞行模拟器，让操作者有乘坐真正飞机的感觉。这些早期发明蕴涵了虚拟现实技术的思想，可以认为是虚拟现实技术的前身。

2. 萌芽阶段(20 世纪 60 年代)

1957 年，当大部分人还在使用黑白电视机的时候，美国发明家莫顿·海利希(Morton Heilig)已经成功地制造出一台能够正常运转的 3D 视频机器。它能让人沉浸于虚拟摩托车上的骑行体验，感受声响、风吹、震动和布鲁克林马路的味道。莫顿·海利希给它起名为"全传感仿真器(Sensorama Simulator)"。

1960 年，莫顿·海利希又发明了一款头戴式显示器 Telesphere Mask 并获得了专利。这个设备非常现代，几乎可以看作早期的 Gear VR，只是没有体感追踪功能而已。莫顿·海利希在申请中将 Telesphere Mask 描述为"个人用途的可伸缩电视设备"，实际上它和人们现在习惯的头戴式显示设备很类似，不同的是它使用的是缩小的电视管，而不是连接到智能手机或电脑。其专利文件这么描述该发明："给观众带来完全真实的感觉，比如移动彩色三维图像、沉浸其中的视角、立体的声音、气味和空气流动的感觉。"它设计轻便，耳朵和眼部的固定装置可以调整，戴在头上很方便。

1965 年，被誉为计算机图形学之父的美国科学家伊凡·苏泽兰(Ivan Sutherland)提出感觉真实和交互真实的人机协作新理论。1968 年，伊凡·苏泽兰研发出视觉沉浸的头戴式立体显示器和头部位置跟踪系统，是虚拟现实技术发展史上一个重要的里程碑，为虚拟现实技术的基本思想产生和理论发展奠定了基础。

需要注意的是，此阶段专门设计的头盔重量超出了大多数人的承受能力，用来跟踪用户的视线以反馈给计算机的设备也太重了，这就需要在墙上或天花板上安装一套装置，用来吊挂头盔显示器。伊凡·苏泽兰的第一台头盔显示器很快就赢得了一个绰号——达摩克利斯之剑，因为它通过一个巨大的看起来很危险的吊臂悬挂在天花板上，当用户改变他们头部的位置时，吊臂关节的移动就传输到计算机中，计算机则相应地更新屏幕显示。

3. 概念产生和理论的初步形成阶段(20 世纪 70～80 年代)

1973 年，美国科学家迈伦·克鲁格(Myron Kruger)提出"Virtual Reality"概念后，人们对它的关注开始逐渐增多。关于虚拟现实的幻想，从小说延伸到了电影。1981 年科幻小说家弗诺·文奇(Vernor Vinge)的中篇小说《真名实姓》和 1984 年威廉·吉布森出版的重要科幻小说《神经漫游者》里都有关于虚拟现实的描述。1982 年，由史蒂文·利斯伯吉尔执导的剧情片《电子世界争霸战》上映，该电影第一次将虚拟现实呈现给大众，对后来类似题材的电影产生了深远影响。在整个 20 世纪 80 年代，美国科技圈掀起一股虚拟现实热，虚拟现实甚至出现在《科学美国人》和《国家询问者》杂志的封面上。

这一时期出现了 VIDEOPLACE 与 VIEW 两个比较典型的虚拟现实系统。

由迈伦·克鲁格设计的 VIDEOPLACE 系统是一个由计算机生成的图形环境，在该环境中参与者看到其本人的图像投影在一个屏幕上，通过协调计算机生成的静物属性及动体行为，可使它们实时响应参与者的活动。

VIEW 系统是美国 NASA AMES 实验中心研制的第一个进入实际应用的虚拟现实系统。1985 年，VIEW 系统雏形在美国 NASA AMES 实验中心完成时，该系统用低廉的价格让参与者产生真实体验的效果，从而引起了有关专家的注意。随后，VIEW 系统又装备了数据手套、头部跟踪器等硬件设备，还提供了语音、手势等交互手段，使之成为一个名副其实的虚拟现实系统。目前，大多数虚拟现实系统的硬件体系结构大都由 VIEW 系统发展而来，由此可见 VEW 系统在虚拟现实技术发展过程中的重要作用。VIEW 系统的成功研制对虚拟现实技术的研制者是一个很大的鼓舞，并引起了世人的极大关注。

1978 年，埃里克·豪利特(Eric Howlett)发明了一种超广视角的立体镜呈现系统(LEEP 系统)，这套系统尽可能地矫正了在扩大视角时可能产生的畸变，把静态图片转换为 3D 效果。LEEP 系统的镜头拥有虚拟现实头盔镜头中最大的视场角，帕尔默·洛基(Palmer Luckey)在 2011 年定制的第一款 Oculus 原型也采用了 LEEP 系统(如图 1-1 所示)的镜头方案。

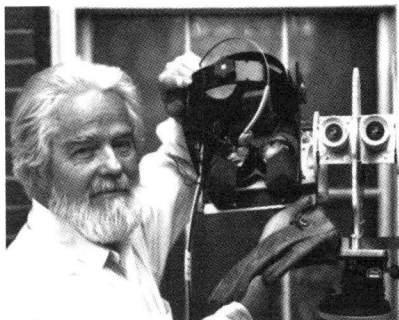

图 1-1　LEEP 系统

1983 年，美国国防部高级研究计划署与陆军共同制订了仿真组网(SIMNET)计划，随后宇航局开始开发用于火星探测的虚拟环境视觉显示器。这款为 NASA 服务的虚拟现实设备叫 VIVED VR，能帮助宇航员在训练的时候增强太空工作临场感，如图 1-2 所示。

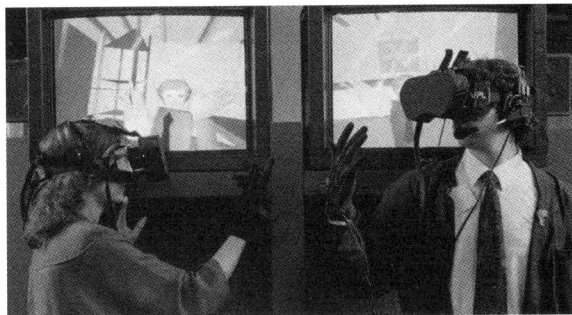

图 1-2　VIVED VR

1987 年，游戏公司任天堂推出了 Famicom 3D System 眼镜，如图 1-3 所示，其原理是通过左右眼画面高速切换，再经由适配器转换将影像投射至 3D 眼镜上，从而产生立体效果。

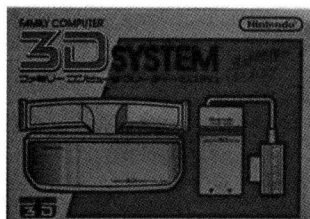 

(a)   (b)

图 1-3   Famicom 3D System 眼镜

1984 年，美国 VPL 公司的创始人杰伦·拉尼尔(Jaron Lanier)发现了虚拟现实的商机，并于 1985 年成立了 VPL 公司。该公司制造了 EyePhone(第一款民用虚拟现实产品)和 Data Glove 等虚拟现实产品，可以说 VPL 公司是首家将虚拟现实产品推向大众的公司。1989 年，杰伦·拉尼尔正式提出了"Virtual Reality"，并被正式认可和使用。

4. 进一步完善和应用(20 世纪 90 年代到本世纪初)

到了 20 世纪 90 年代，VR 热开启了第一波的全球性蔓延。1992 年，随着 VR 电影《割草者》(Lawnmower Man)的上映，VR 在当时的大众市场引发了一个小高潮。从 1992 年到 2002 年，前后至少有六部电影提到虚拟现实或者就是一部虚拟现实电影，其中影响最大的莫过于 1999 年上映的《黑客帝国》，它被称为最能全面呈现 VR 场景的电影。《黑客帝国》展示了一个全新的世界，异常震撼的超人表现和逼真的世界一直是虚拟现实行业梦寐以求盼望实现的场景。

1992 年，美国 Sense8 公司开发了 World Toolkit(WTK)软件开发包，通过使用 WTK 可极大地缩短虚拟现实系统的开发周期。

1993 年，波音公司的设计师们在波音 777 飞机的设计上采用了虚拟现实技术，按照传统的图纸设计方式，零件总数高达 300 万件以上的波音 777，需要 7000 余名各类专业设计人员组成 238 个产品综合研制小组同时工作。由于工作小组规模庞大，每个小组之间的衔接、错误率、重复工作等问题都让管理者无比头疼。通过虚拟现实的三维模型仿真技术的协助，波音 777 的设计错误修改量较过去减少了 90%。

在 1993 年的 CES 大会上，游戏大厂世嘉公司推出 SEGA VR，并为此专门开发了四款游戏，宣传宏大真实的 3D 游戏体验。但由于技术缺陷，SEGA VR 一直停留在原型阶段，从未走向大众市场。

1994 年，虚拟现实建模语言(Virtual Reality Modeling Language，VRML)的出现为图形数据的网络传输和交互奠定了基础。VRML 是一种用于建立真实世界的场景模型或人们虚构的三维世界的场景建模语言，具有平台无关性。VRML 本质上是一种面向 Web、面向对象的三维建模语言，而且它是一种解释性语言，VRML 的对象称为结点，子结点的集合可以构成复杂的景物。

1995 年，任天堂推出了当时最知名的游戏外设设备——Virtual Boy，如图 1-4 所示。但这款革命性的产品由于理念过于前卫以及当时技术能力的限制，没有得到市场的认可。

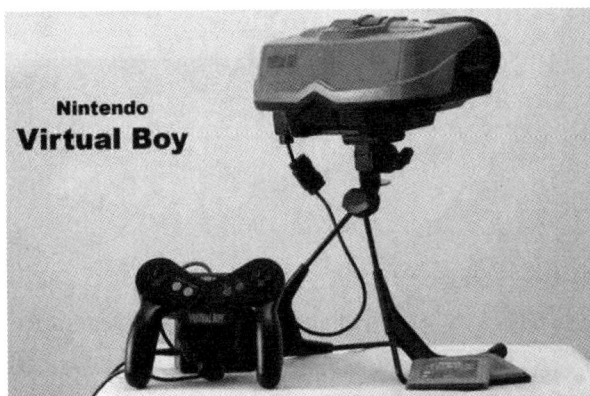

图 1-4　Virtual Boy

2000 年，VR 头戴设备 SEOS HMD120/40 发布，这款 VR 头戴设备的视角能达到 120°，质量仅为 1.13 kg。

5. 爆发前夜的静默酝酿期(2004—2012 年)

在 21 世纪的第一个十年里，互联网和移动通信(两者融合为移动互联网)飞速发展，VR仿佛被遗忘。虽然 VR 在市场上的种种尝试并没有获得良好的效果，但人们从未停止在 VR领域的研究和开拓，尤其在医疗、飞行、制造和军事领域，VR 技术开始得到深入的应用研究。

Sensics 公司在 2008 年推出了高分辨率、超宽视野的显示设备 piSight，如图 1-5 所示。piSight 利用一系列微型显示器提供了 150° 的广角图像。

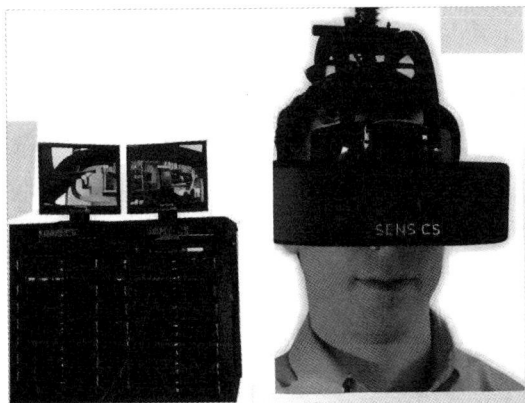

图 1-5　Sensics 公司的 piSight

索尼于 2012 年 2 月 23 日发布了 HMZ-T1。HMZ-T1 是一款 3D 头盔显示器，可应用于 3D 电影游戏，如图 1-6 所示。由于该款机型内置了 5.1 声道环绕声耳机，所以索尼又称其为"头戴 3D 个人影院"。之后，索尼公司又推出了 HMZ-T2、prototype-sr 等后续机型。

图 1-6 索尼 HMZ-T1

6. VR 元年的井喷(2012 年至今)

2012 年 8 月，19 岁的帕尔默·洛基(Palmer Luckey)把 Oculus Rift(如图 1-7 所示)摆上了众筹平台，短短一个月就获得了 9522 名用户的支持，收获 243 万元众筹资金，使得 Oculus Rift 能够顺利进入开发和生产阶段。2013 年，Oculus Rift 推出了开发者版本。2014 年，互联网巨头 Facebook 以 20 亿美金收购 Oculus，该事件强烈刺激了科技圈和资本市场，沉寂了多年的 VR 终于迎来了爆发。Facebook 收购 Oculus 也成为 VR 进入新时代的标志。

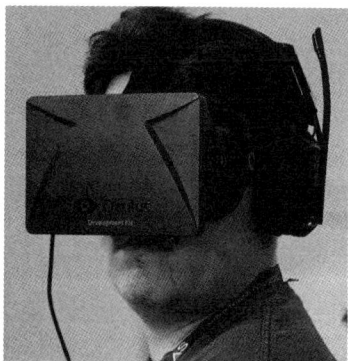

图 1-7 Oculus Rift

2014 年之后，各大公司纷纷推出自己的 VR 产品，如谷歌推出了廉价易用的 Cardboard 如图 1-8 所示，三星推出了 Gear VR 等，消费级的 VR 开始大量涌现。得益于智能手机近几年的高速发展，VR 设备所需的传感器、液晶屏等零件价格降低，解决了量产和成本的问题。短短几年，全球的 VR 创业者数量迅速增加。

图 1-8 谷歌的 Cardboard

2015 年 3 月，HTC 和 Valve 合作开发的 VR 设备 HTC Vive 首次公布，如图 1-9 所示。

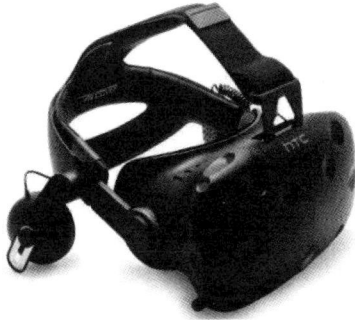

图 1-9　HTC Vive

2015 年 6 月，Oculus 正式公布消费者版 Oculus Rift 头盔和 Touch 控制器，如图 1-10 所示。

图 1-10　Oculus Rift 头盔和 Touch 控制器

2015 年 11 月，三星宣布 GearVR 消费者版正式开启预售，如图 1-11 所示。

图 1-11　三星 Gear VR

在 2016 年的 CES 大会上，40 余家知名企业同步展出最新的 VR 科技成果，VR 产业大爆发。根据消费电子协会(CEA)的研究，VR 头戴设备的销售在 2015 年末增幅达到 440%。至 2020 年，全球 VR 与 AR(Augmented Reality，增强现实)市场规模已达到 1500 亿美元。

国内，HTC、暴风、360、小米、迅雷、京东、阿里、腾讯、百度等企业全部进军 VR 领域。国外，索尼 PSVR、Facebook 旗下的 Oculus、三星 Gear VR，微软 Win10MR、谷歌 Cardboard 和 Daydream、苹果 ARKit 等产品都已经陆续进入市场。

尽管 VR 产业小荷才露尖尖角，但从互联网巨头的着力点方向可判断，从硬件到内容再到平台,最终将构成各具特色的 VR 产业生态系统,未来有望形成一个巨大的 VR 市场。整个 VR 产业生态系统涉及头盔设备、交互设备、开发工具、内容分发平台等,辐射各个行业,覆盖软件/硬件平台、项目孵化等多个方向。

1.1.2　虚拟现实技术的特征

从技术的原创性思想出发,虚拟现实能够让主体得到一种实际的感觉性的存在,虚拟现实中的虚拟是一种借助信息转换技术实现的人与计算机共存的状态。虚拟现实既不是有形的物理现实,也不是不存在的虚无,它是一种特殊的存在,是一种人造的电子环境,不能简单把它归为意识。

迈克尔·海姆(Michael Heim)从《韦氏词典》中对 Virtual 和 Reality 的解释出发,认为虚拟现实是实际上而不是事实上真实的事件或实体。在他提出的狭义的虚拟现实中,描述了虚拟现实作为一种主体认识的新技术所表现出的"3I"的特征,即身临其境的沉浸感(Immersive)、人机界面的互动性(Interactivity),以及实现远程显现的信息强度(Information Intensity)。当下最广为接受的虚拟现实技术特征的概括则来自于《虚拟现实技术》一书中三个最突出的特征,亦称为"3I"特征。

1. 沉浸性(Immersion)

沉浸性是虚拟现实系统最基本的特征,指用户感到作为主角沉浸到虚拟的空间之中,脱离现有的真实环境,获得与真实世界相同或相似的感知,并产生身临其境的感受。为了实现尽可能好的沉浸感,虚拟现实系统需要具备人体的感官特性,包括视觉、听觉、嗅觉、触觉等。其中,视觉是虚拟现实最重要的感知接口,人类获取信息的 70%~80%来自视觉。

2. 交互性(Interaction)

交互性是指通过软硬件设备进行人机交互,包括用户对虚拟环境中对象的可操作程度和从虚拟环境中得到反馈的自然程度。虚拟现实应用中,用户将从过去只能通过键盘、鼠标与计算环境中的单维数字信息交互,升级为使用多种传感器(陀螺仪、加速度计、视线追踪、手势识别等)与多维信息的环境交互,逐渐与真实世界中的交互趋同。

3. 构想性(Imagination)

构想性是指用户在虚拟世界中根据所获取的多种信息和自身在系统中的行为,通过逻辑判断推理和联想等思维过程,随着系统的运行状态变化对系统运动的未来进展进行想象,以获取更多的知识,认识复杂系统深层次的运动机理和规律性。构想性强调虚拟现实技术应具有广阔的可想象空间,可拓宽人类认知范围,不仅可再现真实存在的环境,也可以自主构想客观上不存在的环境。

总之,虚拟现实具有沉浸性、交互性、构想性的特征,使用户能在虚拟环境中做到沉浸其中、超越其上、进出自如和交互自由。它强调了人在虚拟现实系统中的主导作用,即人的感受在整个系统中是最重要的。特别是交互性和沉浸感,是虚拟现实与任何一种其他相关技术(如三维动画、仿真以及传统的图形图像技术等)的本质区别。

1.1.3　虚拟现实系统的类型

在实际应用中,根据沉浸性程度的高低和交互自然程度的不同,虚拟现实系统通常分为以下四类：

1. 桌面式虚拟现实系统

桌面式虚拟现实(Desktop VR)系统利用个人计算机或低配工作站进行仿真，将计算机的屏幕作为用户观察虚拟环境的一个窗口，通过各种输入设备实现用户与虚拟世界的充分交互。这些设备包括位置跟踪器、三维鼠标或其他手控输入设备等。桌面式虚拟现实系统要求参与者使用输入设备，通过计算机屏幕观察 360° 范围内的虚拟环境，并操纵其中的物体，此时参与者不能完全沉浸，仍然会受到周围现实环境的干扰。

桌面式虚拟现实系统缺乏真实的体验，成本相对较低，应用也比较广泛，常见的桌面虚拟现实技术或产品有基于静态图像的虚拟现实(QuickTime VR)、虚拟现实建模语言(VRML)、ZSpace3D 虚拟成像系统等，如图 1-12 所示。

图 1-12　桌面式虚拟现实系统

2. 沉浸式虚拟现实系统

沉浸式虚拟现实(Immersive VR)系统提供完全沉浸的体验，使用户有一种置身于虚拟环境之中的感觉。它利用头盔显示器或其他设备，把参与者的视觉、听觉和其他感觉封闭起来，提供一个新的、虚拟的感觉空间，并利用位置跟踪器、数据手套、其他手控输入设备等使参与者产生一种身临其境、全心投入和沉浸其中的感觉。

沉浸式虚拟现实系统能支持多种输入/输出设备，通过提供真实的体验和丰富的交互手段来达到高度的沉浸感和实时性。常见的沉浸式虚拟现实系统有基于头盔显示器的系统和投影式虚拟现实系统，如图 1-13 所示。

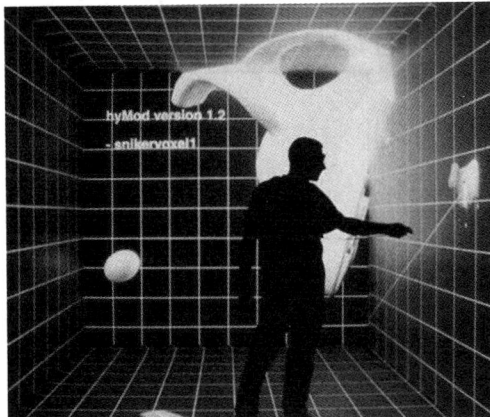

图 1-13　沉浸式虚拟现实系统

3. 增强式虚拟现实系统

增强式虚拟现实(Augmented Reality，AR)系统不仅是利用虚拟现实技术来模拟现实世界，而且要利用它来增强参与者对真实环境的感受，也就是增强现实中无法感知或不方便感知的感受。典型的案例是战机飞行员的平视显示器，它可以将仪表读数和武器瞄准数据投射到安装在飞行员面前的穿透式屏幕上，使飞行员不必低头读座舱中仪表的数据，从而可集中精力关注敌人的飞机或导航偏差。增强式虚拟现实系统最大的特点是真实世界和虚拟世界在三维空间中是叠加的，并具有实时人机交互功能，如图 1-14 所示。

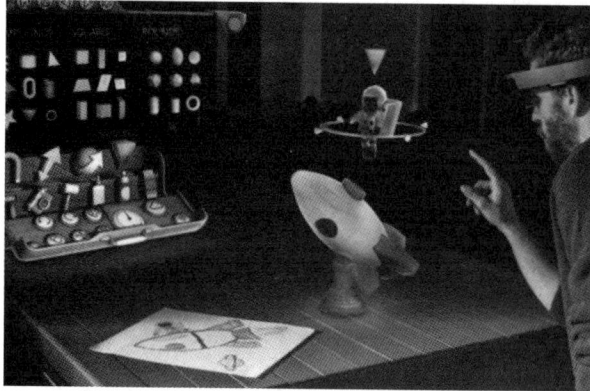

图 1-14   增强式虚拟现实系统

4. 分布式虚拟现实系统

当多个用户通过计算机网络连接在一起，同时参加到一个虚拟空间，共同体验虚拟经历时，虚拟现实又提升到了一个更高的境界，也就是分布式虚拟现实(Distributed VR)系统。在分布式虚拟现实系统中，多个用户可通过网络对同一虚拟世界进行观察和操作，以达到协同工作的目的。目前最典型的分布式虚拟现实系统是 SIMNET。SIMNET 由坦克仿真器通过网络连接而成，用于部队的联合训练。例如通过 SIMNET，位于德国的仿真器可以和位于美国的仿真器在同一个虚拟世界运行，参与同一场作战演习，如图 1-15 所示。

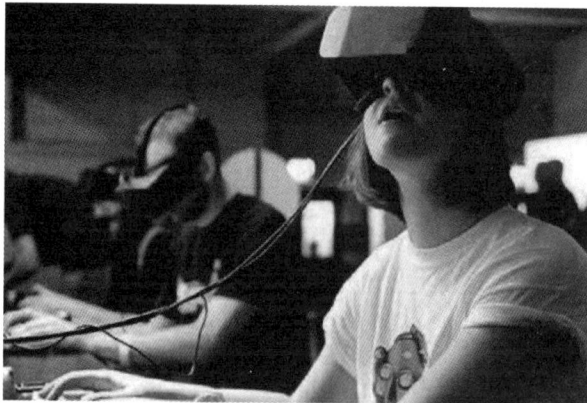

图 1-15   分布式虚拟现实系统

各虚拟现实系统的优缺点及工作原理如表 1-1 所示。

表 1-1　各虚拟现实系统的优缺点及工作原理

分　类	工 作 原 理	优　　点	缺　　点
桌面式虚拟现实系统	使用个人计算机或低配工作站来产生三维的交互场景	成本相对较低	用户会受到周围现实环境的干扰而不能获得完全的沉浸感
沉浸式虚拟现实系统	利用头戴式显示设备、投影式显示设备和数据手套等交互设备把用户的视觉、听觉和其他感觉封闭起来，产生身临其境、全心投入和沉浸其中的感觉	具有高度沉浸感、实时性和交互性，并具有良好的系统集成度和开放性	技术要求和成本预算较高，起步较晚
增强式虚拟现实系统	允许用户对现实世界进行观察的同时，将虚拟物体叠加在现实世界之中	在虚拟现实与真实世界之间进行相互补充	技术要求和成本预算高，起步晚
分布式虚拟现实系统	基于网络的虚拟环境，在该环境中，位于不同物理环境位置的多个用户通过网络同时参加一个虚拟现实环境，通过虚拟环境与其他用户进行交互，并共享信息	应用于远程虚拟会议、虚拟医学会诊、多人网络游戏、虚拟战争演习等专业领域	需要较大投入，大众普及较难

1.2　增　强　现　实

增强现实(Augmented Reality，AR)是基于虚拟现实技术发展起来的，它是通过计算机图形技术和可视化技术产生现实环境中不存在的虚拟对象，并通过传感技术将虚拟对象准确“放置”在真实环境中，使真实环境和虚拟对象实时叠加到同一个画面或在一个空间同时存在的技术。

增强现实技术包含了多媒体、三维建模、实时显示、多传感器融合、实时跟踪、场景融合等多种新技术，提供了在一般情况下不同于人类可以感知的信息。增强现实不仅展现了真实世界的信息，而且将虚拟的信息同时显示出来，两种信息相互补充、叠加。在现在比较普及的视觉化增强现实中，用户利用头戴式显示设备，把真实世界与电脑图形重合在一起，实现增强现实的效果。

增强现实是当今新的人机交互技术，具备虚实结合、实时互动、三维注册的技术特点，让参与者与虚拟对象的实时互动成为可能，从而获得一种神奇的视觉体验，为观众呈现出一个梦幻与现实混合的三维奇境。

1.2.1　增强现实技术的特征

1. 真实世界和虚拟世界的信息集成

除了看清楚现实世界，还可以亲身体验虚拟世界，这就是增强现实技术带来的冲击效果之一。它是一种全新的人机交互技术，利用摄像头、传感器，采用实时计算和匹配技术，将真实环境和虚拟物体实时叠加到同一个画面或在一个空间同时存在。用户可以感受到在客观物理世界中身临其境的逼真性，还能突破空间、时间以及其他客观限制，感受到在真实世界中无法亲身经历的体验。

2. 在三维空间中定位增添虚拟物体

通过识别现实空间的三维结构，并将虚拟物体融入其中，可以实现动态的、大规模的增强现实效果。比如，即使 AR 图像是一幅巨大的虚拟图像，且该图像超过了设备屏幕的尺寸，增强现实技术也能够让使用者通过移动相关设备捕捉到虚拟图像的全貌，虚拟物体就像在现实的三维空间中真实存在一样。

实现三维空间识别技术的基础是利用移动摄像头产生的视差，对空间的形状和摄像头位置及姿势进行判断。该技术与物体识别技术相结合，可以识别三维空间的结构并记忆。三维空间中定位物体如图 1-16 所示。

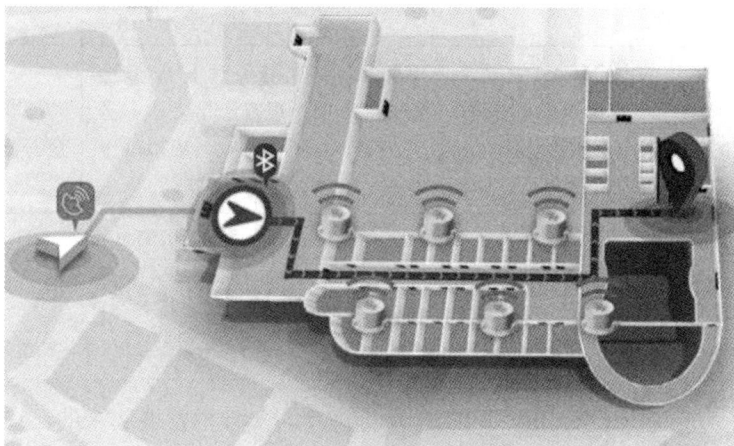

图 1-16　三维空间中定位物体

3. 实时交互性

通过直接触控显示在智能手机等终端设备屏幕上的虚拟对象(或通过其他方式操控三维空间中的虚拟对象)，使用者可以实时、直观地获取相关信息并进行交互操作。

1.2.2　增强现实系统的分类

增强现实系统涉及显示技术、跟踪和定位技术、界面和可视化技术、标定技术等。跟踪和定位技术、标定技术共同完成对位置与方位的检测，并将数据报告给增强现实系统，实现被跟踪对象在真实世界里的坐标与虚拟世界中坐标的统一，达到让虚拟物体与用户环境无缝结合的目标。界面和可视化技术是为了生成准确定位。增强现实系统需要进行大量的标定，测量值包括摄像机参数、视域范围、传感器的偏移、对象定位以及变形等。

一套完整的增强现实系统是由一组紧密联结、实时工作的硬件部件与相关的软件系统协同实现的。常用的增强现实系统有以下三种类型。

1. 基于显示器(Monitor-Based)的增强现实系统

在基于显示器(包括计算机显示器，手机和 Pad 屏幕等)的增强现实系统实现方案中，摄像机摄取的真实世界图像输入到计算机中，与计算机图形系统产生的虚拟景象合成，并输出到屏幕，用户从屏幕上看到最终的增强现实场景。基于显示器的增强现实系统属于"有框"的增强现实系统，不能给用户带来完全的沉浸感，但它却是一套最简单的增强现实系统实现方案。由于该方案对硬件的要求很低，因此被增强现实系统大量采用。

2. 基于视频合成技术的穿透式头盔显示器系统

头盔显示器(Head-Mounted Displays，HMD)也称头戴式显示器，被广泛应用于虚拟现实系统中，用以增强用户的视觉沉浸感。增强现实技术的研究者们也采用了类似的显示技术，这就是在增强现实中广泛应用的穿透式头盔显示器。穿透式头盔显示器通常属于"无框"的增强现实系统，能给用户带来完全的沉浸感。根据具体实现原理，基于视频合成技术的穿透式 HMD(Video See-through HMD)就属于穿透式头盔显示器。

3. 基于光学原理的穿透式头盔显示器系统

在基于光学原理的穿透式头盔显示器(Optical See-through HMD)系统实现方案中，真实世界场景的图像经过一定的减光处理后，直接进入人眼，虚拟通道的信息经投影反射后再进入人眼，两者以光学的方法进行合成。基于光学原理的穿透式头盔显示器系统具有结构简单、分辨率高、没有视觉偏差等优点，但同时也存在着定位精度要求高、延迟匹配难、视野相对较窄和价格高等不足。

以上三种增强现实系统的技术实现在性能上各有利弊。基于显示器的增强现实系统和基于视频合成技术的穿透式头盔显示器系统在增强现实实现过程中，都采用摄像机来获取真实场景的图像，在计算机中完成虚实图像的结合并输出，整个过程不可避免存在一定的系统延迟。但由于用户的视觉完全在计算机的控制之下，这种系统延迟可以通过计算机内部虚实两个通道的协调配合来进行补偿。基于光学原理的穿透式头盔显示器系统在增强现实实现过程中，真实场景的视频图像传送是实时的，不受计算机控制，因此不可能用控制视频显示速率的办法来补偿系统延迟。

1.2.3　增强现实的硬件概览

增强现实硬件发展的驱动力源于计算机处理器、显示技术、传感器、移动网络速率、电池续航等多个领域的技术进步。目前能够确定的 AR 硬件类型主要有以下几种。

1. 手持设备

作为手持设备的代表，目前智能手机(包括 Pad)的功能越来越强大——显示器分辨率越来越高，处理器性能越来越强，相机成像质量越来越好，传感器越来越多且性能优越。这些变化让智能手机成为天然的 AR 平台。尽管手持设备是用户接触 AR 应用最为方便的形式，但由于大部分手持设备不具备穿戴功能，因此用户无法获得双手解放的 AR 体验。

2. 固定式 AR 系统

固定式 AR 系统适用于固定场所中需要更大显示屏或更高分辨率的场景。与移动式 AR 系统不同，固定式 AR 系统一般搭载更加先进的相机系统，因为只有更加精确地识别人物和场景，显示单元才能呈现出更加真实的画面。

固定式 AR 系统的典型应用是虚拟试衣镜，在商场里一件一件地试穿新衣比较烦琐且耗费时间。虚拟试衣镜的作用是，当购物者站在屏幕前选择自己想试穿的服装时，虚拟试衣镜会将试穿后的三维图像展现出来，购物者可以随意更换服装款式，虚拟试衣镜会立刻将更换后的图像展现出来，如图 1-17 所示。

图 1-17　虚拟试衣镜

3. 头戴式显示器

头戴式显示器是另一种快速发展的 AR 硬件，由一个头戴装置(如头盔)以及与之搭载的一块或多块微型显示屏组成，其将现实世界和虚拟物体的画面叠加显示在用户视野中。系统通过搭载具有很高自由度的传感器，根据用户头部移动和偏转(用户可以在前后、上下、左右等不同方向上自由移动和偏转头部)做出相应的画面调整，实现虚拟世界与现实世界的贴合。

目前，头戴式显示器的典型代表有微软 HoloLens(微软定义 HoloLens 为混合现实 MR设备)，它属于基于光学原理的穿透式头盔显示器系统。HoloLens 全息眼镜是融合 CPU、GPU 和全息处理器的特殊眼镜，是微软首个不受线缆限制的全息计算机设备，能让用户与数字内容交互，并与周围真实环境中的全息影像互动。

用户可以通过 HoloLens，以实际周围环境作为载体，在图像上添加各种虚拟信息，无论是在客厅中玩 Minecraft 游戏、模拟登陆火星、收看视频或查看天气，都可以通过 HoloLens实现，如图 1-18 所示。

图 1-18　HoloLens 版 Minecraft

Hololens 眼镜可追踪用户的移动和视线，进而生成适当的虚拟对象，通过光线投射到用户的眼中，用户也可以通过手势(目前支持的手势有限)与虚拟对象交互。

4. 智能眼镜

智能眼镜是指像智能手机一样，具有独立的操作系统，可以由用户安装软件、游戏等软件服务商提供的程序，可通过语音或动作操控完成添加日程、地图导航、与好友互动、拍摄照片和视频、与朋友展开视频通话等功能，并可以通过移动通信网络来实现无线网络接入等一类眼镜的总称。这些智能眼镜实际上是带有屏幕、相机和话筒的 AR 设备，用户的现实世界视角被 AR 设备截取，增强后的画面重新显示在用户视野中。目前智能眼镜的代表有 Google Glass、SmartEyeglass 等。

1.2.4　增强现实技术的实际应用

20 世纪 90 年代以前，AR 的概念还比较模糊。20 世纪 90 年代是 AR 技术迅速发展的十年。作为新型的人机接口和仿真工具，AR 受到的关注日益广泛，并发挥了重要作用，显示出了巨大的潜力。AR 技术是充分发挥创造力的科学技术，为人类的智能扩展提供了强有力的手段，对生产方式和社会生活产生了巨大、深远的影响。

AR 技术不仅在与 VR 技术相类似的应用领域具有广泛的应用，而且具有能够对真实环境进行增强显示输出的特性。在显示、电池续航、物体识别等得到进一步优化之后，AR 产品将很可能遍及人们生活的各个角落。AR 技术的应用几乎覆盖了所有行业。

(1) 军事领域，部队可以利用 AR 技术进行方位的识别，获得目前所在地点的地理数据等重要军事数据。

(2) 医疗领域，医生可以利用 AR 技术精确定位手术部位。

(3) 汽车领域，车主用手机或平板电脑对准汽车，通过 AR 技术就能够自动识别汽车部位并给出相关的信息。

(4) 工业维修领域，头盔显示器可将多种辅助信息显示给用户，包括虚拟仪表的面板、被维修设备的内部结构、被维修设备零件图等。

(5) 市政规划领域，采用 AR 技术可将规划效果叠加到真实场景中以直接获得规划的效果。

(6) 娱乐游戏领域，AR 游戏可以让不同地点的玩家以虚拟替身的形式共同进入一个真实的自然场景，进行网络对战。

(7) 电视转播领域，在电视台转播体育比赛的时候，可以利用 AR 实时地将辅助信息叠加到画面中，使观众得到更多信息。

(8) 旅游展览领域，游客可以利用 AR 接收到沿途景点的相关资料，查看展品的相关数据。

(9) 文化古迹领域，采用 AR 技术通过头盔显示器将文化古迹的信息提供给参观者，使其不仅可以看到古迹的文字解说，还可以看到遗址上残缺部分的虚拟重构。

综上所述，AR 技术不但可以为人们提供即时信息，还可以立即识别出人们看到的事物，并且检索和显示与该事物相关的数据。

1. AR 在游戏领域的实际应用案例

AR 在游戏领域实际应用的典型案例是《口袋妖怪 GO》。该游戏是由任天堂、Pokemon 公司和谷歌的 Niantic Labs 公司联合制作开发的现实增强宠物养成对战类 RPG 手游,于 2016 年 7 月 7 日在澳大利亚、新西兰区域首发,可运行在 Android 和 iPhone 平台,如图 1-19 所示。

图 1-19　《口袋妖怪 GO》游戏

《口袋妖怪 GO》是一款对现实世界中出现的口袋妖怪进行探索捕捉、战斗以及交换的游戏。玩家可以通过智能手机在现实世界里发现精灵,进行抓捕和战斗。玩家作为精灵训练师,抓到的精灵越多将变得越强大,从而有机会抓到更强大、更稀有的精灵。《口袋妖怪 GO》游戏中融入了先进的 AR 技术,这也使得在现实生活中捕捉"皮卡丘"等超萌神奇宝贝的幻想变成现实,如图 1-20 所示。

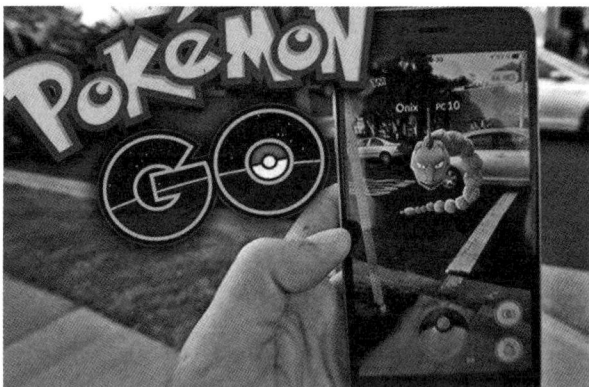

图 1-20　《口袋妖怪 GO》中的增强现实技术

2. AR 在娱乐领域实际应用案例

AR 在娱乐领域实际应用的典型案例是 i 蝶儿优惠奖赏平台。该平台是由香港创奇思科技有限公司(网龙旗下子公司)推出的面向国际市场的一个优惠奖赏平台,荣获了第一个 AR 世界级奖项。i 蝶儿优惠奖赏平台是一个综合了 AR 技术、动作感应技术和 GPS 卫星定位技术的移动应用。

用户使用手机、iPad 等移动终端下载 i 蝶儿程序,然后在移动端的 i 蝶儿应用中打开"捉蝶",即可以看到附加在现实环境中各色漂亮的虚拟蝴蝶。这时,用户只需拿着移动端像网兜一样轻轻地拍向蝴蝶，就可以将它们抓住并收藏在手机中。这些蝴蝶身上携带了各种信息，包括商家活动、优惠券、免费试用等，用户可以根据相关规则去兑换。

3. AR 在学习领域实际应用案例

AR 在学习领域实际应用的典型案例是游戏化增强现实少儿美语教育平台。在全球众多的语言中，除了汉语之外，英语是使用人数最多、使用范围也最广的语言，全世界有超过 4 亿人的母语为英语，全球范围内有 10 多亿英语学习者。为帮助广大英语学习者(尤其是少年儿童)快速掌握英语，创奇思科技于 2016 年开发了一款能使少儿融入英语学习环境、提高少儿英语学习兴趣的游戏化增强现实少儿英语教育平台。该平台集成了最优秀的软件、学习内容、AR 和 VR 技术、大数据分析等应用，改变了传统的教学理念和方式，让学习变成了一件不再枯燥的事。

虽然国内 AR 技术的发展相比于国外起步较晚，但是很多研究机构(尤其是高校)在 AR 的一些算法与设计技术上已有建树，如摄像机校准算法和虚拟物体注册算法等。这些算法的深入研究能够帮助解决 AR 技术中的遮挡、显示器设计等方面的问题，提升 AR 技术的实际应用效果。

课后习题

一、填空题

1. VR 的"3I"特性有_____、_____和_____。

2. VR 视频资源类型可以分为三种，分别是_____、_____和_____。

二、简答题

1. 简述 VR 的定义。

2. 简述 VR 和 AR 的区别。

第2章　硬件交互设备及相关技术

虚拟现实系统的硬件交互设备用于把用户的各种信息输入计算机，并向用户提供相应的反馈，它们是用户能够以自然的方式和虚拟环境发生交互的必要工具。

本章的学习重点是如何使用 VR 编辑器开发 VR 应用。读者如果对 VR 硬件知识已经有一定的了解，可以跳过本章直接学习下一章内容。

2.1　人体感官与硬件交互设备

感觉器官建立外部世界与大脑的联系，是人感受外界事物刺激的通道，包括眼、耳、鼻、舌等。在虚拟的世界中，人的所有感觉器官与外界的交互都依赖于各种特定的传感装置，各种物理现象通过这些装置来刺激人体的感官，感觉器官将刺激信号转变成神经信号，这些神经信号沿着神经系统传达给大脑，经过大脑的分析，最终得出正确的人体感觉。表 2-1 中罗列出了目前人体的部分感觉以及相应的交互设备。

表 2-1　人体的部分感觉以及相应的交互设备

人体感觉	现象	物理设备
视觉	可见光	显示设备
听觉	声音	音响设备
触觉	感觉温度，压力，纹理等	触觉传感器及体感设备
力觉	感受力度	力反馈设备
前庭觉	平衡感觉	震动平台等

2.1.1　视觉

视觉是人类感知外界世界的最重要的通道。目前，人类对于视觉的研究比较深入，现有的虚拟现实系统能够实现非常逼真的视觉沉浸感。一般认为，人的视觉主要包含以下几种感知参数。

1. 立体视觉

立体视觉是指空间内的某个物体在两眼的视图中位置不同，从而产生立体视差，人眼利用这种视差判断物体的远近，产生深度感，形成立体视觉，由此获得环境的三维信息。

虚拟现实三维成像的基本原理和人眼成像一致，如图 2-1 所示，通过左右眼分别呈现不同的图像，从而产生双目视差，最终获得目标物体的立体效果。当大脑在合成左右眼的图像时，会根据视差大小判断出物体的远近。左右眼看到的是不一样的图像，通过这种错位显示产生立体效果。

图 2-1　虚拟现实左右眼图像

2. 屈光度

光线由一种介质进入另一种光密度不同的介质时，会发生前进方向的改变，这种现象称为屈光现象，表示这种屈光现象大小的单位是屈光度。人眼的屈光度是可以改变的，这样能够保证观察者集中关注视场中的部分区域，得到清晰的影像，在注视运动物体时，人眼会自动调节屈光度。1 屈光度等于通常说的 $100°$。

3. 瞳距

瞳距是人的两眼瞳孔之间的距离，如图 2-2 所示。正常人的双眼注视同一物体，物体会分别在两眼视网膜处成像，并在大脑视中枢重叠起来，从而成为一个完整的、具有立体感的单一物体。人的瞳距不是固定的，小孩的瞳距小，成人的瞳距大，而且随着年龄的增加，瞳距也在发生变化直至成年。一般来说，成年男性的瞳距在 $60\sim73$ mm 之间，成年女性的瞳距在 $53\sim68$ mm 之间。

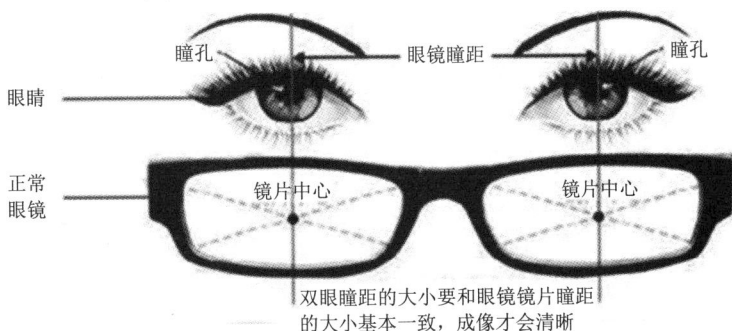

图 2-2　瞳距

4. 物距

在物理学中，物距是指物体到透镜光心的距离。物距与像距存在共轭关系，物距越远，像距越近；相反，物距越近，像距越远。物距越小，表明物体离透镜光心的距离越近，视场角则越大，但画面畸变也随之越大。物距同时影响屈光度和人眼分辨物体的能力。

5. 视场角

视场角是指显示设备边缘与观察点(眼睛)连线的夹角，即能清晰看见的画面和余光扫到的内容，通常以角度表示。一般来说，单眼水平最大视角为 156°，双眼水平视角最大可达 188°，双眼水平总视野角要接近 200°～220°，双眼水平可成像的清晰视角约为 120°，双眼垂直可成像的清晰视角约为 70°，如图 2-3 所示。

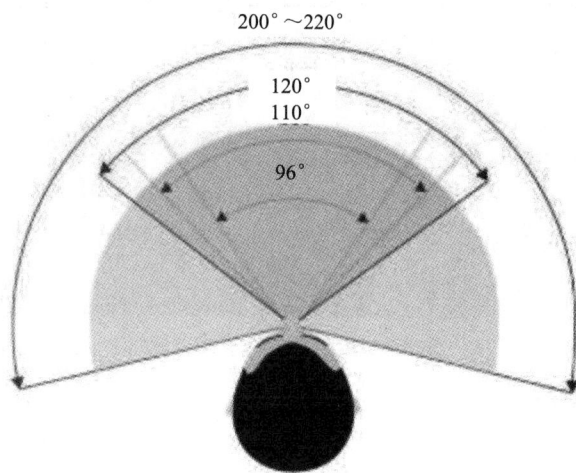

图 2-3　人眼视场角

6. 明暗适应

人眼可以自动调节对亮度的感觉，从而适应环境中光线的变化。当一个长时间处在明亮环境中的人突然进入暗处时，最初看不见任何东西，经过一定时间后，视觉敏感度才逐渐增高，能逐渐看见暗处的物体，这种现象称为暗适应。相反，当一个长时间在暗处的人突然进入明亮环境时，最初感到一片耀眼的光亮，也不能看清物体，稍待片刻就能恢复视觉，这称为明适应。

2.1.2　听觉

听觉是人类感知世界的第二通道，人类对于听觉的研究目前也比较深入，可以通过各种模拟技术实现不同的声音。人的听觉主要包含以下四种感知参数。

1. 频率

人耳所能听到的声音频率范围是在 20 Hz～20 kHz。随着年龄的不断增加，所能听到的频率范围越来越窄，尤其是高频率。不同频率的声音表现为主观感受上的不同声调。

2. 音色

自然界中不存在单一频率产生的声音，所有自然界中的声音都可以理解为无限多个单一频率的声音进行叠加的效果。这种叠加的现象可以描述为人们主观感受上的音色，对于同一个发音，不同人的发音效果是不同的。

3. 声音的定位

人耳不但能听到声音,还能感受到声音的位置和方向。研究表明,人脑识别声源的位置和方向是利用两耳听到声音的时间差和强度差来判断的,前者是指两耳感受同一音源在时间先后上的不同,后者表示两耳感受同一音源在强度上的不同。

4. 声音强度

声音的振幅会表现为人们主观感受上的强度,即音量。声音的振幅会直接影响耳膜的振幅,并转化成毛细胞的刺激。

在目前虚拟系统中,已能充分利用上述四种感知参数生成效果良好的 3D 全景声音效果。3D 全景声音结合视频画面内容,呈现出动态的声音效果。3D 全景声能够带来更加自然逼真的声场,通过栩栩如生的感官体验,如同置身于真实场景当中。

2.1.3　触觉和力觉

触觉和力觉是指人体表面感受到的信息。人体表面约有 20 多种不同的神经末梢,这些神经末梢包括冷热感知、疼痛感知、压力感知、接触传感等。当这些神经末梢受到刺激后就会给大脑发送信息,大脑最终将这些信号解释为各种感觉。

虚拟现实系统中一些交互设备就是通过各种手段来刺激人体表面的神经末梢,从而使用户达到身临其境的接触感。但目前虚拟现实系统在触觉和力觉接口方面的研究还是非常有限的,虽然已经制造出了各种刺激用户指尖的手套,但是只能提供简单的高频振动、小范围的形状或压力分布以及热特性来刺激皮肤表面上的感知。

2.1.4　前庭觉

前庭器官是人体平衡系统的主要感受器官,它藏于内耳迷路之中,与来自耳蜗的蜗神经共同组成了第八对脑神经——前庭蜗神经。前庭器官能够接收到适宜的刺激后,经前庭神经把刺激信息传入到脑干内的前庭神经核以及小脑,然后与其他感觉信息(如视觉信息)进行整合、加工等处理,再经多条神经通路把这些信息传送到脑内更高层次的中枢,进行高层次的加工处理,甚至形成主观意识,或经一定的神经通路传送到运动神经核(如眼动神经核、脊髓前角运动核等),从而做出特异性和非特异性的功能反应。

在体验虚拟现实过程中,由于视觉看到的"动"与内耳传达的"静"相错位,当错位累积到一定程度时,会让人产生眩晕感。目前,研究人员已经开始利用前庭电刺激技术解决虚拟现实的晕动症问题,一旦该问题得到解决,虚拟现实市场或迎来进一步突破。

2.2　虚拟现实系统的输出设备

虚拟现实系统的输出设备的作用在于将各种感知信号转变为人能接收的多通道刺激信号。基于目前的技术水平,相对成熟的输出设备包括针对视觉感知的头戴式显示设备、针对听觉感知的声音输出设备,以及针对人体表面感知的体感模拟设备等。

2.2.1 头戴式显示设备

头戴式显示设备是目前较为常见的立体显示设备，它通常固定在用户头部，头与头盔之间不能有相对运动，头戴式显示设备要随着头部一起运动。头盔上配有三维定位跟踪设备用于实时探测头部的位置和朝向，并反馈给计算机。计算机根据这些反馈数据实时生成反映当前视点位置和朝向的场景图像，并显示在头戴式显示设备的屏幕上(左右眼两个图像)。常见的头戴式显示设备如图 2-4 所示。

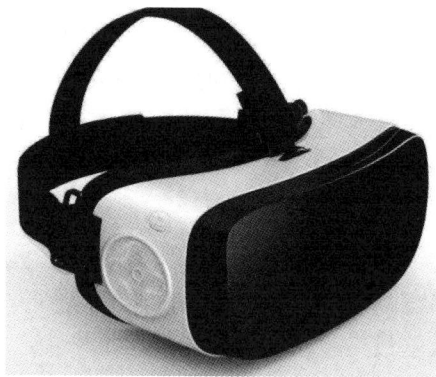

图 2-4　常见的头戴式显示设备

头戴式显示设备可以在视觉上将用户与外界完全隔离，因此已成为沉浸式虚拟现实系统和增强式虚拟现实系统不可或缺的显示设备。通常，头戴式显示设备具有左右两个凸透镜，分别置于人的两只眼睛的前面，用于向左右眼分别显示具有视差的两幅图像，这样用户才感受到立体视觉效果。

目前主流的面向用户的虚拟现实显示设备就是头戴式显示器，根据是否需要适配其他设备以及需要什么类型的适配设备，将头戴式显示设备分为以下三类：

(1) 适配智能手机的移动型 VR 眼镜。

(2) 适配电脑(含游戏主机)的 PC 型 VR 眼镜。

(3) 不需要适配设备就可以独立使用的VR 一体机。

1. 移动型 VR 眼镜

移动型 VR 眼镜要配合智能手机使用，VR 眼镜本身没有 CPU、GPU，所有计算和渲染过程都是通过搭载的智能手机来完成的，因此对于手机的配置要求较高，移动型 VR 眼镜典型代表产品如下：

1) 谷歌 Cardboard

Cardboard 最初是谷歌法国巴黎部门的两位工程师大卫·科兹(David Coz)和达米安·亨利(Damien Henry)的创意。他们利用谷歌"20%时间"的规定，花了六个月的时间，打造出来这个实验项目，目的在于将智能手机变成一个虚拟现实设备。如图 2-5 所示，这个看起来非常寒碜的

图 2-5　谷歌 Cardboard

再生纸板盒却是 2014 年 I/O 大会上最令人惊喜的产品。

在 2015 年的 Google I/O 大会上，谷歌发布了虚拟现实设备 Cardboard 第二代产品，二代产品支持更大尺寸的智能手机，同时还添加了一个按钮，可以通过这个按钮来操控放在纸板壳里的手机，产品采用了电容按钮技术，使得其能适应所有的电容屏幕智能机。

Cardboard 纸盒内包括了纸板、双凸透镜、磁石、魔力贴、橡皮筋等部件。按照纸盒上的说明，很容易组装出一个看起来非常简易的 VR 眼镜。凸透镜的前部留出一个放手机的空间，而半圆形的凹槽则是为脸和鼻部设计的。

Cardboard 能较好地兼容市面上安卓和 IOS 两大系统的大多数智能手机，其内容来源于手机相关的应用商店或分发平台。

Cardboard 相关产品发布信息如表 2-2 所示。

表 2-2　Cardboard 产品发布信息

发布时间	第一代：2014 年 6 月第 7 届 I/O 大会。 第二代：2015 年 5 月第 8 届 Google I/O 大会
分辨率	依据智能手机屏幕分辨率
视场角	90°
适配设备	第一代：支持 35～52 英寸屏幕智能手机。 第二代：支持 4.7～6.0 英寸屏幕智能手机
内容来源	智能手机相关的应用商店或分发平台

2）三星 Gear VR

三星 Gear VR 是三星推出的一款移动型 VR 眼镜。表 2-3 列出了 GEAR VR5 相关参数。

表 2-3　Gear VR5 相关参数

参　　数	Gear VR5
视场角	101°
刷新率	60 Hz
传感器	陀螺仪/加速度计/接近传感器
按键	Home/返回键/音量键/触摸板
尺寸	207.8 mm×1225 mm×986 mm
质量	345 g
头戴方式	环型(VR4 版是 T 型)
接口	Micro-USB/Type-C(VR4 版增加了 Type-C)
官方控制器	有(VR4 版无)
适配设备	Galaxy S8、S8+、S7、S7edge Note5、S6edge+、S6、S6edge
内容来源	Gear VR 应用商店

如图 2-6 所示，Gear VR5 设备可以让用户体验梦寐以求的冒险。

图 2-6   Gear VR5 头戴设备

合理的人体工学设计提供互动性更强的 VR 体验；头戴固定扣使佩戴更稳固；海绵软垫柔软舒适，并减少了漏光情况。

使用控制器作为遥控器可轻松使用虚拟现实设备，如图 2-7 所示。

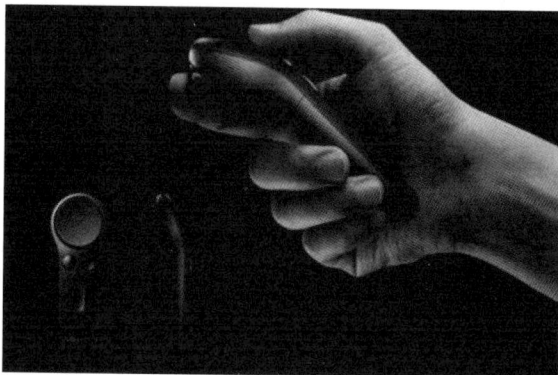

图 2-7   Gear VR5 控制器

即使身处远方，也可以用方便有趣的方式和朋友们即时共聚、互动聊天、尽情说笑，Gear VR5 的应用如图 2-8 所示。

图 2-8   Gear VR5 的应用

2. PC 型 VR 眼镜

PC 型 VR 眼镜是需要外接计算机使用的，VR 眼镜本身没有 CPU、GPU，所有计算和渲染过程都是通过外接的 PC 主机来完成的，所以所连接的 PC 主机通常是高端主机或图形工作站，PC 型 VR 眼镜是目前市面上虚拟现实硬件大厂的主流产品，无论是曝光度还是市场前景，都是最值得期待的。PC 主机建议参数配置如表 2-4 所示。

表 2-4　PC 主机建议参数配置

硬件设备	参　　数
CPU	Intel Core i5-7500 及以上
显卡	NVIDIA Geforce GTX1060 及以上
内存	DDR4 16 GB
硬盘	250 GB 固态硬盘 + 1 TB 机械硬盘
HDMI	HDMI 1.4
USB	USB 3.0
Display Port	1.3

PC 主机的配置越高，VR 眼镜体验效果越流畅，目前 PC 型 VR 眼镜的主流厂商有 HTC、Oculus、Sony 等，主要产品如下。

1) Oculus Rift

Oculus Rift 是 Oculus 公司 PC 型 VR 眼镜的商业化产品，自 2012 年 Oculus Rift 被加载到众筹平台上开始，历经多款开发者版本的迭代测试，其消费者版本 Oculus Rift CV1 在 2016 年第一季度正式发布，如图 2-9 所示。

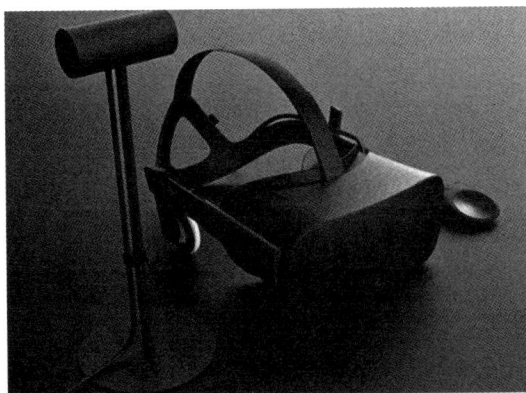

图 2-9　Oculus Rift CV1

相对于开发者版本 DK2 而言，Oculus Rift CV1(消费者版本)的显示器分辨率得到进一步提升，CV1 主体是一个内置两块 1080×1200 分辨率屏幕的头盔，显示器采用 OLED 材质，显示效果更出众。其次，CV1 头盔相比 DK2 版本更轻，还拥有可拆卸的耳机固定在显示器上。另外，系统支持六轴运动系统，并拥有一个直立式的外置追踪器(摄像头)，用于监测、捕捉用户运动。在控制方面，CV1 拥有环形的双手体感 Touch 手柄，更适合手部运动，让用户有较好的沉浸感，CV1 标配中还提供 Xbox One 无线手柄，更适合一些传统的射击、动作游戏，如图 2-10 所示。

图 2-10　Oculus Rift CV + Touch 无线手柄

在追踪技术方面,Oculus Rift CV1 主要依赖内置感应点及陀螺仪的头盔进行头部追踪,同时外加一个独立的追踪器来监测动作,从而组成 Oculus R 星座追踪系统,具有动作捕捉和一定程度的 Room scale(空间追踪)体验。Oculus Rift 主要提供的是一种坐着进行的体验,如果想要实现全方位的运动效果,还需要借助一些周边设备的支持。Oculus Rift 参数说明如表 2-5 所示。

表 2-5　Oculus Rift 参数说明

参　　数	Oculus Rift CV1(消费者版本)
发布时间	2016 年
分辨率	两块 10 801 200 分辨率屏幕(DK2 是 9 601 080 分辨率)
视场角	110°(DK2 是 100°)
质量	380 g(DK2 是 453 g)
刷新率	90 Hz(DK2 是 75 Hz)
交互方式	Xbox One 无线手柄、麦克风、Oculus Remote 遥控器、Touch 手柄(标准版不提供)
内容来源	Oculus 应用商店

Oculus Rift 的内容主要来源于 Oculus 应用商店,主打功能为游戏娱乐,代表作品为太空游戏《Evevalkyrie》、冒险类游戏《Chronos》和《Edge of Nowhere》。

2) HTC Vive

HTC Vive 是 HTC 与 Valve 联合开发的一款 PC 型 VR 眼镜,开发者版本于 2015 年 3 月在 MWC2015(2015 年世界移动通信大会)上发布,2016 年在西班牙巴塞罗那召开的 MMC2016上,HTC 正式发布其虚拟现实头盔 HTC Vive 消费者版本。HTC Vive 通过以下三个部分致力于为用户提供沉浸式体验:一个头戴式显示器、两个单手持无线控制器、一个能同时追踪显示器与控制器的定位系统 Lighthouse(核心部件是两个定位器,也叫基站)。Lighthouse定位系统是 Valve 的专利,它不需要借助摄像头,而是靠激光和光敏传感器来确定运动物体的位置,也就是说 HTC Vive 允许用户在一定范围内走动。HTC Vive 的 Lighthouse 定位系统是它与另外两大 PC 型 VR 眼镜 Oculus Rift 和 PS VR 的最大区别。HTC Vive 的主要设备如图 2-11 所示。

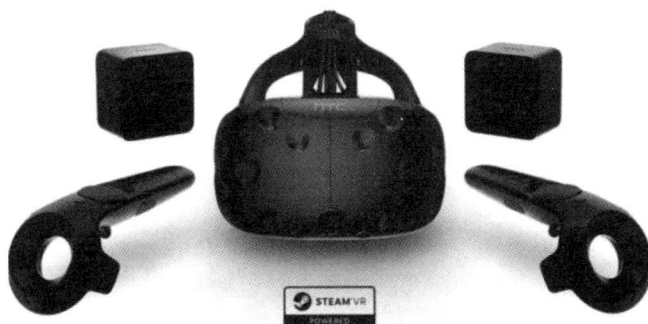

图 2-11　HTC Vive 的主要设备

在屏幕上，HTC Vive 消费者版本同 Oculus Rift CV1 一样，采用两块 1080×1200 分辨率 OLED 屏，极大地降低了画面的颗粒感，用户几乎感觉不到纱窗效应；屏幕刷新率为 90 Hz，搭配两个无线控制器，具备手势追踪功能。HTC Vive 能在佩戴近视眼镜的同时戴上头盔，即使没有佩戴近视眼镜，400° 左右近视依然能清楚看到画面的细节。当屏幕刷新率为 90 Hz 时，数据显示延迟为 20 ms 左右，实际体验时几乎感觉不到延迟，也不会觉得恶心和眩晕。HTC Vive 参数如表 2-6 所示。

表 2-6　HTC Vive 参数说明

参　　数	HTC Vive(消费者版本)
发布时间	2016 年 Q2
分辨率	两块 1080×1200 分辨率屏幕
视场角	110°
质量	485 g(新款 412 g)
刷新率	90 Hz
交互方式	两个单手持无线控制器(手柄)
活动范围	4.5 m×4.5 m
内容来源	Steam 平台
备注	新款 HTC Vive 头盔采用无线传输

HTC Vive 的应用内容主要来源于 Steam 平台，主打游戏娱乐、虚拟浏览等，其 VR 应用数量一直保持稳步增长。

3) PlayStation VR

PlayStation VR(PS VR)是索尼互动娱乐研发的 PC 型 VR 眼镜。PlayStation VR 是索尼专门针对 PlayStation 4 电视游戏主机制作的虚拟现实设备，因此需要索尼 PlayStation 4 电视游戏主机进行计算和渲染，此外一般的 PlayStation VR 游戏还需要 DualShock 4 或 PlayStation Move 控制器以及 PlayStation Camera 等外设配合进行游戏，PlayStation VR 价格较低，加上 PlayStation 4 游戏主机及相关外设的价格和 HTC Vive(不包括 PC 主机)的价格差不多。

PlayStation VR 最初公布于 2014 年的游戏开发者大会，2015 年 9 月，索尼正式将其命名为 PlayStation VR，在 2016 年的游戏开发者大会上，索尼公布了产品大概的发售日期和售价(399 美金)，同年 6 月，索尼确认 PlayStation VR 在 2016 年 10 月 13 日起在全球发售，如图 2-12 所示。

图 2-12   PlayStation VR

PlayStation VR 的便宜当然事出有因，HTC Vive 和 Oculus Rift 都搭载了两块 1080×1200 分辨率 OLED 屏，110° 的视场角，然而索尼 PlayStation VR 仅有一对 960×1080 分辨率 OLED 屏和 100° 的视场角，尽管 PlayStation VR 的刷新率达到了惊人的 120 Hz(HTC Vive 和 Oculus Rift 均为 90 Hz)，但是对于运行游戏来说该数值价值不大，PlayStation VR 参数如表 2-7 所示。

表 2-7   PlayStation VR 参数说明

参　　数	PlayStation VR
发布时间	2016 年 Q4
分辨率	两块 960×1200 分辨率屏幕
视场角	110°
质量	610 g
刷新率	120 Hz
交互方式	DualShock 4 或 PlayStation Move 控制器以及 PlayStation Camera 等
适配设备	PlayStation 4
内容来源	PlayStation Store

PlayStation VR 内容主要来源于 PlayStation Store，主打游戏娱乐功能。代表作品有第一人称射击游戏《The London Heist.》、多人互动游戏《The PlayRoom VR》。

4) Glasses 蓝珀 S1

3Glasss 虚拟现实头盔是由深圳虚拟现实科技研发生产的 PC 型 VR 眼镜，3Glasses 蓝珀 S1 于 2016 年 5 月 29 日开启预售。3Glasses 蓝珀 S1 套装分为个人版和行业版两个版本，套装中除了包含蓝珀 S1 头盔外，还有与其配套使用的 3Wand-Cemera、3Wand-Controller(一个摄像头＋两个手柄)。3Wand 是国内首款 VR 头盔"空间定位＋手部跟踪"输入套件，由一个具有空间定位功能的外置红外摄像头和两个手柄组成，可实现 2 m 以内的手部跟踪定位功能，进一步提升了用户的 VR 体验感，如图 2-13 所示。

图 2-13　3Glasses 蓝珀 S1

3Glasses 与 HTC Vive 和 Oculus Rift 这两家具有数百款优质游戏的巨头相比，在 VR 应用资源提供上相对较弱。3Glasses VR 应用代表作品有动作冒险游戏《死亡扳机》和《装甲风暴》、休闲动作游戏《过山车》等。

3. VR 一体机

VR 一体机(VR All in One)摆脱了 VR 眼镜需要依附在其他计算终端上的限制，具有数据无线传输、计算实时处理、产品体积轻巧等特点。

大朋 VR 一体机是全球首款量产的 VR 一体机，由三星等大厂鼎力支持打造。大朋于 2017 年中发布的 VR 一体机 M2 Pro 采用三星 2.5k OLED 柔光护眼屏，视场角为 96°，内置处理器、图形处理器、存储单元、电池等设备。大朋 M2 Pro 系统进行了深度优化，将处理器锁定在高频率，降低了画面延迟(15 ms)，并自带了 200 多款海内外精品 VR 游戏和超过 1000 小时 VR 影视资源，可随时随地、自由畅玩，如图 2-14 所示。

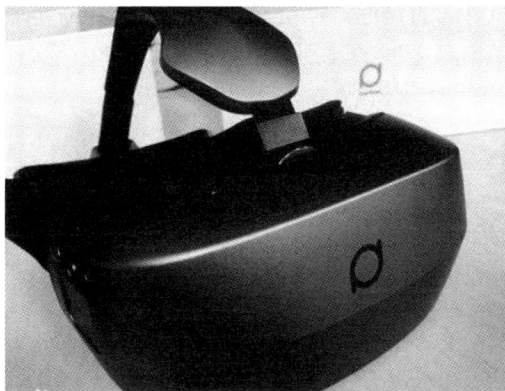

图 2-14　大朋 VR 一体机

对于 VR 眼镜来讲，显示屏和光学系统这两部分直接决定了 VR 眼镜的显示效果。大朋 VR 一体机使用目前三星在屏幕方面最好的 2.5k OLED 柔光护眼屏，2560×1440 的分辨率也保障了画面的观看感受。在光学系统上，大朋 VR 一体机 M2 Pro 配备了异形非球面 PMMA 透镜，拥有 96° 的视场角，提供了较好的人眼视角。

大朋 VR 一体机 M2 Pro 适配 M-Polaris，M-Polaris 是大朋 VR 推出的首款移动 VR 交互定位系统，它能实现毫米级定位。用户可以在一定的空间内(3 m×3 m 追踪区域)自由行动，系统能精准捕捉到用户现在所处的位置和所做的动作，并为用户呈现出相应的虚拟场景。

2.2.2　头戴式显示设备硬件结构

头戴式显示设备主要有光学和电子两个部分，由透镜、显示屏、处理器、传感器、无线连接、内存、电池等部件组成。

1. 透镜

如果物体靠近人的双眼，人眼要一直看着它，那晶状体就会弯曲。同时物体靠得太近的话，晶状体弹性不够，无法弯曲，眼睛就失去了焦点。

与物体靠近人眼相似，VR 应用在体验过程中需借助显示设备贴近人眼体验，近距离观看画面使得人眼在正常情况下无法聚焦，所以需要借助透镜修正晶状体的光源角度，使画面重新被人眼读取。

头戴式显示设备中用到的透镜分为球面透镜、非球面透镜以及菲涅尔透镜三种，它们都属于凸透镜，作用是将图像放大。球面透镜成像时会出现镜片边缘图像模糊变形的情况：菲涅尔透镜出来的是平行光，成像距离远，能降低畸变，但会产生色散；非球面镜片拥有较短的焦距，与其他镜片相比拥有更高的放大率和更广的视野。当前 VR 眼镜设备厂商广泛采用非球面镜片，如 Oculus Rift、HTC Vive 和 PlayStation VR。

2. 显示屏

目前高端 VR 眼镜(尤其是 PC 型 VR 眼镜)通常采用两块屏幕，中低端 VR 眼镜(包括所有的移动型 VR 眼镜)采用一块屏幕。对于采用两块屏幕的 VR 眼镜，大品牌产品通常采用 OLED 屏。国内大部分产品采用的是 TFT LCD(如 3Glasses)。OLED 与 LCD 相比拥有一定优势，如更快的刷新率和更低的延迟，不会让用户眩晕；再看屏幕分辨率，虽然肉眼很难分辨 2K QHD 以上分辨率屏幕之间的差别，但 4K UHD 或更高分辨率的屏幕能进一步强化 VR 的视觉体验。

3. 传感器

传感器根据设计要求，可以内置到 VR 眼镜中，也可以作为外设设备使用，眼部和头部追踪对于提供更好的 VR 体验至关重要，因为它能精确跟踪用户的各类细微运动，传感器精度越高，延迟越低，提供给用户的沉浸感也就越强，用户晕屏的可能性也就越小。常见的用于 VR 设备的传感器有陀螺仪、加速度计、磁力计等。

4. 处理器

移动型 VR 眼镜和 PC 型 VR 眼镜的计算和渲染通常由智能手机和 PC 完成，所以只有 VR 一体机通常包含一个或多个处理单元。随着技术不断发展，VR 一体机将配备更高端的 CPU 和 GPU。为了支持更高的分辨率和刷新率，VR 一体机 GPU 的性能迫切需要提升。

5. 无线连接

对于 PC 型 VR 眼镜而言，为了实现更好的沉浸式体验、更真实的人机交互，VR 眼镜和 PC 主机之间未来的发展趋势是采用无线连接。但受限于目前的处理速度、数据传输带宽，好的应用体验还是依赖于 USB/HDMI/DP 等有线传输。

6. 内存与电池

内存对于 VR 眼镜来说至关重要，电池对于 VR 一体机(包括采用无线连接的 PC 型

VR 眼镜)也十分关键。内存主要用于存储、缓存 VR 图像和视频,由于 VR 需要较高分辨率的内容,所以对内存的要求也较高。由于 VR 一体机不依赖于主机供电,故电池显得尤其重要。随着技术的进步,更多的 PC 型 VR 眼镜将采用无线连接,电池续航同样至关重要。

2.2.3　头戴式显示设备关键性能指标

目前国内消费市场中有数百种 VR 眼镜产品,但由于产业链和标准尚未成熟,产品同质化情况严重,为控制成本、降低售价,VR 眼镜产品质量良莠不齐。影响 VR 眼镜品质及体验感的关键硬件指标如下:

1. 像素精度

像素精度(Pixel Per Inch)是相对于分辨率和屏幕尺寸综合而言的。对于同样尺寸的显示屏,分辨率越高,像素精度越大,清晰度越高。如果 VR 画面像素精度不足,人眼会直接看到显示屏的像素点,就好比在纱窗之后看东西一样,出现纱窗效应。

像素精度计算公式为

$$\text{Pixel Density}(像素精度) = (图像宽度 × 图像高度)/图片尺寸$$

4k 屏幕在当前的技术水平下并不难实现,4k 也是比较理想的 VR 体验分辨率。对于当前体验效果,2k 屏幕分辨率是及格线,目前很多手机都已经配备 2k 屏幕,也就是 2560×1440 分辨率,搭配移动型 VR 眼镜,会有较好的体验效果。对于 PC 型 VR 眼镜,Oculus Rift CV1 的分辨率是 2160×1200,HTC Vive 分辨率也是 2160×1200,像素精度也比较高。

2. 刷新率

刷新率指的是显卡将显示信号输出刷新的速度,比如 60 Hz 就是每秒钟显卡向显示器输出 60 次信号。

在使用 VR 眼镜的时候,如果用户头部运动和显示屏中的响应画面之间有比较久的延迟,或者帧与帧之间有比较严重的影像残留,就会影响视觉流畅度。刷新率太低会让画面出现撕裂感,也容易让人眩晕。

在刷新率方面,目前 VR 眼镜的基本要求是 90 Hz。Oculus Rift CV1 和 HTC Vive 都已经达到这一要求,索尼 PS VR 的刷新率最高,达到了 120 Hz,相比之下,三星 Gear VR 的刷新率只有 60 Hz,60 Hz 算是 VR 眼镜刷新率的入门配置。

3. 响应时间

响应时间是人体头部运动与实际观察到画面之间的时间差,响应时间越短,迟滞感越小。响应时间是体现交互体验优劣的重要参数,通常情况下画面和视野的延迟不要超过 19.3 ms,否则会让用户产生延迟感。

4. 视场角

视场角(FOV)是指镜头所能覆盖的范围,前面已经介绍过其概念。视场角越接近人眼的正常视角,沉浸式体验效果就越好,如果 VR 眼镜视野过窄,体验时就无法拥有良好的沉浸感,眼睛两边仿佛受到了限制。如果想要拥有较好的沉浸体验,就需确保 VR 的视野接近人眼的正常视场角,如 Oculus Rift CV1、HTC Vive 和 3Glasses 蓝珀 S1 都达到了 110°。

5. 质量

VR 眼镜需要提供沉浸式体验，用户需要将 VR 眼镜戴在头上，并完全笼罩住双眼，所以当前 VR 眼镜的体积都比较大，质量也不算轻。如果 VR 眼镜过重，头部、脖子、鼻子就需要承受过大的质量，容易让用户疲劳，无法长时间使用。Oculus Rift CV1 的质量为 380 g，三星 Gear VR5 的质量控制在 345 g(包括前盖)，3Glasses 蓝珀 S1 的质量仅为 278 g。就质量方面来说，VR 眼镜还有很大的缩减空间，设计师可以通过选用更轻的材料、更简洁的设计来减轻 VR 眼镜的质量。

2.2.4　影响用户 VR 体验的三大痛点

1. 眩晕感

在体验过程中，虚拟现实技术除了带给人们身临其境的感觉外，还会使人不同程度地感觉到眩晕。

眩晕是当前虚拟现实体验过程中无法完全避免的问题，就算业界最顶尖的 VR 设备都无法从根本上解决这一难题。总体来说，造成眩晕的原因有以下三点：

1) 硬件设备的处理能力

在虚拟现实体验中，如果想要不产生眩晕，那么 VR 设备输出的画面就要有足够高的刷新率(120 Hz 及以上)和分辨率(4 K 及以上)。但是，就现在的硬件数据看来，这几乎是奢望。以 Oculus Rift CV1 为例，Oculus Rift CV1 的刷新率为 90 Hz，即 11.1 ms 画面刷新一次，再加上数据转换、处理和传输的时间，最终的延迟可能会超过 19.3 ms，而人在头部转动过程中看到的画面与实际显示出来的画面时间差一旦超过 19.3 ms，则会出现明显的画面延迟情况，从而产生眩晕。

分辨率低也是产生眩晕主要原因之一。当分辨率低时，近距离观看 VR 眼镜的屏幕会有明显的颗粒感。VR 创造的是一个"真实"世界，但这个"真实"世界却是由一个一个的晶格所组成的，成像效果模糊影响体验，进一步会产生眩晕。如果把分辨率提高到 4 K 甚至是 8 K，理论上这个问题就可以解决。但是，渲染一个 8 K 虚拟场景，以目前电脑的处理能力很难办到，甚至渲染一个 4 K 的虚拟场景，对电脑的处理能力也有着极为苛刻的要求。

2) 聚焦错乱

人在正常情况下，观看一个物体时是焦点清楚，背景虚化。比如看近处的物体，焦点聚焦在近处，远处的物体是模糊的；看远处的物体，焦点聚焦在远处，近处的物体是模糊的。但是，目前 VR 应用提供的大部分都是景深固定的场景，即使有景深差，在物理上也是基于同一个显示平面。同时，VR 作为近距离第一人称视角，所呈现出的内容都需要体验者超近距离观看，越近的距离越容易造成睫状肌疲劳。这样的观看体验会与人正常生活中养成的观看体验冲突，造成眩晕。

3) 视觉与前庭觉不匹配

举例来说，用户在 VR 虚拟世界中坐过山车，当用户看到过山车在晃动时，大脑如果能同时捕捉到身体感觉到的晃动就没有问题。但实际上，用户安稳坐着，前庭系统没有感觉到晃动，没有传递晃动信息给大脑，此时大脑无所适从。也就是说，这样的虚拟现实系统创造出来的虚拟世界不够真实，只是通过视觉欺骗了大脑，没有通过前庭觉欺骗大脑，受到困扰的大脑不堪重负,造成眩晕。

2. 使用不够方便

虽然目前 VR 硬件厂商已经把减轻 VR 眼镜质量当作 VR 产品改进的重要方向之一,但总体来说,当前 VR 眼镜在体积和质量上仍然是一个"庞然大物",不够轻盈,造成用户的佩戴压力。特别是 PC 型 VR 眼镜,需要 PC 主机提供实时的计算和渲染,而且 PC 主机通常是使用有线的方式连接 VR 眼镜,这样用户无法随时随地地使用,限制了 VR 设备的应用。VR 产品要想像智能手机那样普及,必须在体积、质量和连接方式上持续优化。

3. 交互方式不够丰富

虚拟现实除了给用户提供沉浸性、构想性外,另一个重要的特性就是交互性。离开了贴近自然的交互,就不能称为真正的 VR,比如平面交互在不同的场景下有着不同的交互方式,VR 交互同样不会存在一种通用的交互方式。同时由于 VR 的多维特点,注定了它的交互要比平面交互拥有更加丰富的形式。目前 VR 交互方式已经突破了传统的人机界面交互方式(键盘、鼠标及触摸屏)的限制,方式更加多样化,如跑步机、手势跟踪、眼球追踪等。

虚拟现实是一场交互方式的新革命,人们正在实现由平面到空间的交互方式变迁,未来多通道的交互将是虚拟现实的主流交互形态,VR 交互在不断探索和研究中,与各种高科技的结合,将会使 VR 交互产生无限可能。

2.2.5　体感模拟设备

虚拟现实系统的输出设备除了头戴式显示设备外,还经常涉及到体感模拟设备,体感模拟设备与 VR 应用的结合能带来更好的体验效果。体感交互也成为继键盘+鼠标、触摸屏之后最新的第三大类人机交互方式,通过这些体感模拟设备来进一步增强沉浸感。目前常见的体感模拟设备如下:

1. VR 座舱

VR 座舱常用于配合 VR 游戏应用使用,在体验过程中能随画面中场景的变化输出相应的动作让玩家在观看虚拟游戏画面的同时,体验游戏中的空间变化,产生身临其境的强烈体验。VR 座舱适合于虚拟现实体验店、主题乐园等场所使用,如图 2-15 所示。

用户坐在 VR 座舱中,仿佛将自己沉浸到各种环境之中,就像穿过了哆啦 A 梦的任意门,直接进入到另一个世界,享受亲临现场般的震撼娱乐体验,如虚拟过山车、赛车竞速、模拟飞行、太空漫游、侏罗纪历险等。前几年流行的 3D/5D/7D 影院,可以说是该领域的一种入门级产品。

图 2-15　VR 座舱

2. VR 体感背心

对于电脑游戏玩家来说,大多希望通过外

设来获得更为逼真的沉浸式游戏体验，例如头戴式显示器、震动式手柄等，如果有一款设备能让玩家体会到被子弹击中的感觉，相信更能激发游戏玩家的兴趣。在虚拟世界的竞技游戏中，当用户与游戏中的人物互动时，体感背心可以把游戏中用户身体的感受通过触觉传达到身体器官上。例如在 VR 射击类游戏中，用户扣动扳机(通常是通过手柄)，伴随着射击的声音，用户通过体感背心感受到射击时枪械的反作用力；当用户被子弹打中时，体感背心会让用户产生被子弹打中的触感，当然体感背心不可能真的让用户觉得被子弹打中那么痛。通过手柄、体感背心，搭配 3D 音效，可以让用户沉浸在游戏中，体验更惊心动魄的效果。VR 体感背心如图 2-16 所示。

图 2-16　VR 体感背心

3. VR 骑马机

《VR 虎豹骑》是一款划时代的冷兵器 VR 动作游戏，系统中的骑马机是一款模拟骑行在马背上效果的设备，也属于典型的体感模拟设备。《VR 虎豹骑》通过严谨而写实的角色设定、精致的美术场景搭建、大规模同屏人物显示等手段还原了中国三国时期波澜壮阔的战争场面。在游戏中，玩家不但能以 720° 沉浸视野领略三国风情，还可以直接化身三国名将，骑马驰骋疆场，斩杀敌方士兵和将领，让玩家真实体验冷兵器时代骑马砍杀的热血与魅力。VR 骑马机如图 2-17 所示。

图 2-17　VR 骑马机

2.2.6　声音输出设备

在虚拟现实系统中，主要使用耳机和扬声器这两类声音输出设备。扬声器允许多个用户同时到声音，一般用于投影式虚拟现实系统中，但扬声器因其位置远离头部，每只耳朵都能听到所有声音，这就使得用户只能得到固定方位的声音，很难对用户头部运动进行补偿的声学处理，也很难对房间的声学特性进行处理，此外，由于耳朵完全打开，不能排除环境中附加的声音。

一般来说，耳机比扬声器具有更好的声音控制能力，所以在虚拟现实领域，耳机的应用较为普遍，而且针对听觉感知的研究多数集中在基于耳机的声音感知方面。当使用耳机时，虽然与耳机的接触感可能限制用户的听觉临场感效果，但由于用户有时需要在虚拟和真实环境之间来回转换，这时耳机更为方便。耳机的使用也有一定的缺点，它要求把设备戴在用户头上，从而增加了身体负担。另外，它只能刺激用户的耳膜，不能对耳朵以外的身体部位产生影响。

2.3　虚拟现实系统的输入设备

一般来说，虚拟现实系统的输入设备多种多样，功能不尽相同，都是作为用户与虚拟场景中对象进行交互的媒介，主流的输入设备包括数据手套、VR 手柄以及 VR 跑步机等。

2.3.1　数据手套

手是人类与外界进行物理接触和意识表达的最主要媒介。在人机交互中，基于手的自然交互形式最为常见，相应的数字化设备也较多，在这类产品中最为常见的就是数据手套。

数据手套是一种穿戴在用户手上，可以实时获取用户手掌、手指姿态的数字设备，它可以将手掌和手指伸缩时的各种姿势转换成数字信号传送给计算机。在虚拟现实系统中，应用程序会将用户的手部姿态信息与虚拟场景中的一个手部模型进行绑定。此时，这个虚拟的手部模型就能够受到用户的实时控制，并与用户真实手的运动状态保持一致，用户的感觉就好像这个虚拟的手部模型就是自己真实的手，可以在虚拟世界中完成物体的抓取、移动、装配、操纵等控制。

在实际应用中，数据手套上不但配有识别手掌、手指姿势的传感器，还必须配有空间位置跟踪器，用于检测手部整体在三维空间中的方位。目前已经有多种数据手套产品，它们的区别主要在于采用的传感器不同。

1. VPL Data Glove

美国 VPL 公司的 Data Glove 数据手套是同类产品中第一个推向市场的，它采用光纤作为传感器来测量手指关节弯曲和外展角度。该数据手套中，手指的每个被测关节上部有一个光纤维环。每个光纤维环的一端与一个红外发光二极管相连，用作光源端；另一端与一个红外接收二极管相连,用于检测经过光纤的光强度。当手指伸直(光纤呈直线状态)时,由于圆柱壁的折射率小于中心材料的折射率,传输的光线没有衰减;当手指弯曲(光纤呈完全状态)时,光纤壁改变其折射率,于是在手指弯曲处的光线就会漏出。这样,就可以根据返回光线的强度间接测出关节的弯曲角度。

2. Cyber Glove

Cyber Glove 系统公司(CGS)是数据手套技术领域的国际顶级企业。公司产品包括四款不同的数据手套及其 Virtual Hand 软件开发工具包,能够捕捉到手指、手部及手臂的细腻动作,从而实现用户在虚拟现实环境中与虚拟物体的互动,广泛适用于工业工程、军事、学术研究等不同领域。

Cyber Glove 系列产品包括四款数据手套。

(1) Cyber Glove:无线及有线的含 18 个或 22 个传感器的数据手套。

(2) Cyber Touch:提供振动触觉反馈的数据手套。

(3) Cyber Grasp:提供全手力反馈数据手套。

(4) Cyber Force:提供全手及手臂的力反馈数据手套。

Cyber Glove 系列产品中,基础款型是 Cyber Glove 数据手套,可准确捕捉用户手指和手部的运动,并可通过软件将捕捉的动作绘制在计算机屏幕上,允许用户"进入"屏幕内的虚拟世界实现对数字物体的操控,效果十分逼真,Cyber Force 是最先进的产品,它实现了整个手臂的力反馈效果,让用户能够体验到对虚拟物体完整的操纵感。Cyber Force 数据手套如图 2-18 所示。

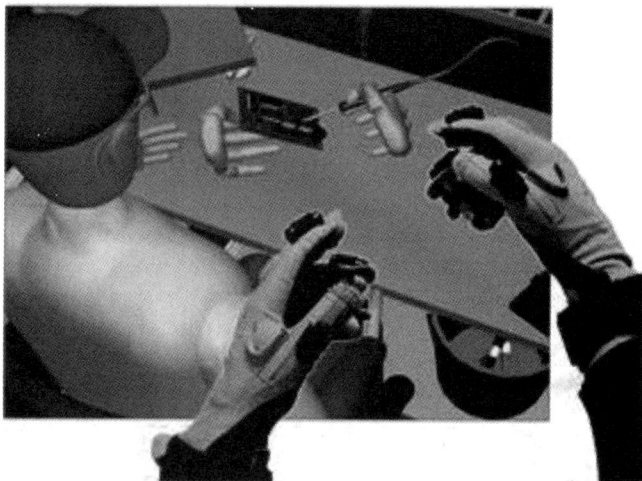

图 2-18 Cyber Force 数据手套

在 Cyber Force 数据手套中,每个关节弯曲处都配有一个由两片很薄的应变电阻片组成的传感器,每个传感器还有一个电桥电路与数据分析单元相连。在工作时,可以根据每对应变片的电阻值变化来推导出相应关节的弯曲角度。在手指弯曲时,成对的应变片中的一片受到挤压,另一片受到拉伸。这样两个电阻片的电阻值一个变大、一个变小,在手套上电阻变化就造成了电桥电路上的电压变化,这些电压变化会传给数据分析单元,经过数据分析单元对这些电压变化的放大、校准等步骤的处理后,就可以得到相应关节的弯曲角度。

3. Manus VR 数据手套

Manus 公司生产的 Manus VR 数据手套搭配了 HTC Vive 腕带，可以配合 HTC Vive 一起使用。Manus VR 数据手套是一款高端的数据手套，可以带给用户直观、交互的虚拟现实体验。其独特的设计和尖端技术可以让用户在虚拟现实游戏和运动捕捉中身临其境。Manus VR 数据手套使用 Valve 的 Lighthouse 位置定位和跟踪技术来追踪手部运动，能为用户提供更加准确可靠的手部跟踪。该手套结合蓝牙技术，可以实现完全无线化，给用户带来无线连接的移动 VR 体验。Manus VR 数据手套提供了其他设备无法实现的沉浸式直观交互体验，从而实现一种变革性的最新 VR 体验感受。Manus VR 数据手套如图 2-19 所示。

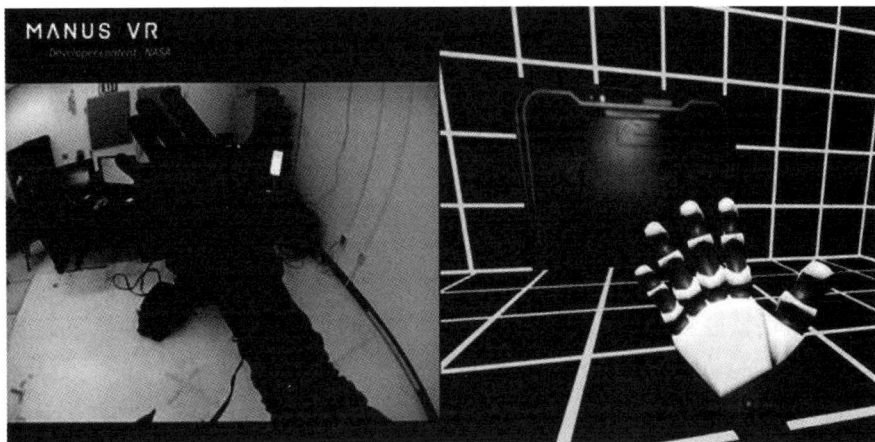

图 2-19　Manus VR 数据手套

4. 5DT 数据手套

5DT(南非公司)数据手套的设计目的是满足现代动作捕捉和动画制作等专业人士的严格要求，高数据质量、低干扰和高数据传输率使其成为实时动作捕捉的理想工具。5DT 数据手套的介绍如下。

(1) 高级传感器技术：新版的 5DT 数据手套系列产品应用了彻底改良的传感器技术。新的传感器使得手套更加舒适，并能够在一个更大尺寸的范围内提供更加稳定的数据传输，其数据干扰被大大降低。

(2) 型号：5DT 数据手套有 5 个传感器(低配，每个手指有一个传感器)和 14 个传感器两款(高配，每个手指有两个传感器，指间有 4 个传感器)，每款均有左手和右手两个不同版本，用户可自由选择。

(3) 蓝牙技术：5DT 数据手套具备基于高带宽的最新的蓝牙功能，无线连接范围达 20 m，一块电池能提供 8 小时的无线通信。

(4) 跨平台的 SDK：5DT 数据手套 SDK 兼容 Windows、Linux、UNIX 操作系统，由于其支持开放式通信协议，所以能在没有 SDK 的情况下进行通信。

(5) 接口选项：5DT 数据手套标配一个 USB 接口，不需要外接电源。开放的和跨平台的串行接口可完全满足工作站和嵌入式应用。

5DT 数据手套如图 2-20 所示。

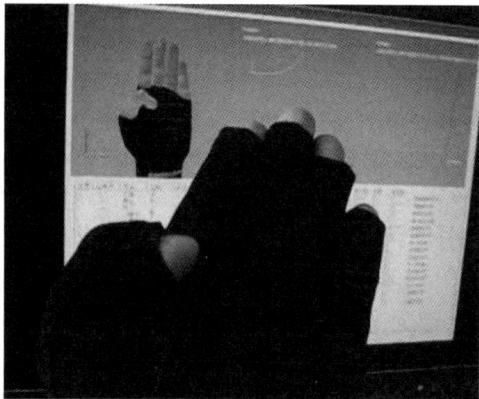

图 2-20   5DT 数据手套

2.3.2   VR 手柄

人类抓取物品主要用手，同样在虚拟世界中，当用户需要抓取画面中的物体时，使用手柄是比较简便的方式。目前 VR 手柄类型主要有以下几种。

1. 传统手柄

传统手柄采用惯性传感器、震动马达，这类输入设备一般使用传统的按钮、摇杆、触板进行操作，并通过震动感交互。市场上典型的产品有：

(1) Oculus Rift CV1 标准版配置的 Xbox One 无线手柄，如图 2-21 所示。

(2) PlayStation VR 搭配的 PS4(同时还需要 PlayStation Camera 摄像头辅助使用)。

图 2-21   Xbox One 无线手柄

2. 动作感应手柄

一般来说，惯性传感器由加速度计(测加速度)、陀螺仪(测角速度)和地磁仪(测重力方向)组成。目前的消费级惯性传感器难以追踪到六个自由度，一般情况下只能追踪到三个自由度，即 X、Y、Z 三轴的旋转量，不能测量到这三轴的平移量。但人们需要在虚拟环境中捕捉六个自由度才能提供更好的输入体验。动作感应手柄一般通过惯性传感系统加上光学追踪系统或者磁场感应来提供六个自由度的动作跟踪。目前主要有 Oculus Rift Touch 无线手柄和 HTC Vive 无线手柄。

　　Oculus Rift Touch 无线手柄采用的是多模式传感融合＋手势识别技术，使用惯性传感器以及 Oculus 的动作追踪系统(星座追踪系统，Constellation)实现光学跟踪，即一个追踪器(摄像头)作为动作捕捉，实现 Touch 无线手柄的六自由度追踪。Oculus Rift Touch 无线手柄如图 2-22 所示。

图 2-22　Oculus Rift Touch 无线手柄

　　HTC Vive 无线手柄通过自身的追踪系统 Lighthouse 实现动作捕捉，其原理是利用房间中密度极大的非可见光，探测室内佩戴 VR 设备(包括 Vive 无线手柄)的玩家的位置和动作变化，并将其模拟在 3D 空间中。具体来说，Lighthouse 是一个基于 4.5 m×4.5 m 空间的追踪系统。两个激光发射器(又称基站)会被安置在这个空间的对角(对角效果较好，同侧也可以)，并不断发射光线扫描整个空间。HTC Vive 头盔和手柄上有超过 70 个光敏传感器，激光扫过的同时，头盔和手柄开始像秒表一样计数，看哪一个传感器先接收到激光，然后利用传感器位置和接收激光时间的关系，计算相对于激光发射器的准确位置。只要激光束击中的光敏传感器足够多，就能进行三维空间定位。HTC Vive 无线手柄如图 2-23 所示。

图 2-23　HTC Vive 无线手柄

2.3.3　VR 跑步机

　　虚拟现实引人入胜的地方在于它可以创造一个新世界，无边无际、无所不有。不过，当用户要想真正畅游其中时，现实房间的大小以及周围环境又限制了用户的活动范围。如果是通过手柄实现行走功能，则又在客观上提醒用户还处在真实世界中。所以，VR 跑步机是解决此类问题的一种较好的方案。目前比较知名且体验效果较好的 VR 跑步机为 KAT Walk VR 跑步机和 OMNI 跑步机。

1. KAT Walk VR 跑步机

KAT WALK VR 跑步机是在 TechCrunch China 2015 上展示出来的，公开体验后好评如潮，被称为全球首款无束缚虚拟现实跑步机，如图 2-24 所示。

图 2-24　KAT Walk VR 跑步机

从结构上来看，KAT Walk VR 跑步机采用的是开放式独立支撑设计，躯干周围没有腰环或立柱等结构的阻挡，四肢自由，上肢可以做出真实的劈砍、挥舞、拾取、拍打等动作，下肢即使做走、奔跑、踢踹等动作时也不会被限制或与设备发生碰撞。同时，双臂可以自然下垂和摆动，符合人体自然动作姿态，并提升了平衡感。

KAT Walk VR 跑步机的底面在一定程度上增加了摩擦力，使用弧面底盘用于抵消行走过程中躯干上下起伏产生的高度差，从而解决原地行走无法正常屈膝的问题。为了达到最佳的体验效果，还需要穿特别定制的鞋子，通过鞋子下方两个小滑轮来达到最佳的行走模拟效果。

KAT Walk VR 跑步机开放 SDK，可以将传感器捕捉到的使用者的动作 1：1 投射到游戏或应用中受控的角色模型上，可以借助跑步机实现诸如视野控制与准星控制的相互独立等。

2. OMNI VR 万向跑步机

OMNI VR 万向跑步机是一款可实现多向行走和跑动的跑步机，并非传统意义上的履带跑步机，它可将用户在机器上的动作反馈到游戏中。除了可追踪基本的跑步、行走动作外，OMNI 跑步机还能检测包括蹲下、跳跃、扫射在内的其他动作，这显然为射击类游戏增添了不少乐趣。OMNI VR 万向跑步机如图 2-25 所示。

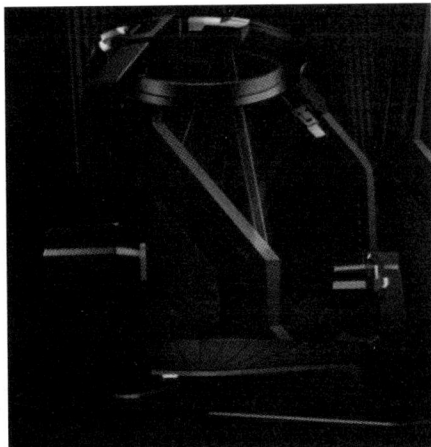

图 2-25　OMNI VR 万向跑步机

OMNI VR 万向跑步机主要特性：

(1) 用身体动作实现在虚拟世界里自由地行走、跑步和跳跃。

(2) 用身体动作代替键盘作为游戏控制器。

(3) 所有支持键盘操控的电脑游戏都能用身体动作代替。

(4) 独特的护栏系统保护玩家可以 360° 原地自由移动而不会摔倒。

(5) SDK 软件开发工具包可以使开发者定制模拟运动的方向和速度。

2.4　人机自然交互技术

虚拟现实技术的研究目标是消除人所处的环境和计算机系统之间的界限，即在计算机系统提供的虚拟环境中，人可以使用眼睛、耳朵、皮肤等各种感觉器官或者手势、语言等方式直接与之发生交互，这就是虚拟环境下的人机自然交互技术。目前与其他技术相比，人机自然交互技术还不算成熟。

在最近几年的研究中，为了提高人在虚拟环境中的自然交互程度，研究人员一方面在不断改进交互硬件，同时也加强了对相关软件的研究；另一方面则是将其他相关领域的技术成果引入到虚拟现实系统中，从而扩展出全新的人机交互方式。在虚拟现实领域中较为常用的人机自然交互技术主要包括人体动作捕捉技术(包括手势识别)、空间定位技术、视线跟踪技术以及触觉、力觉反馈传感技术等。

2.4.1　人体运动捕捉技术

人体运动捕捉技术的出现可以追溯到 20 世纪 70 年代，迪士尼公司曾试图通过捕捉演员的动作改进动画制作效果，从 20 世纪 80 年代开始，美国在该方面开展了一系列的研究，使得该技术越来越受到人们的重视。目前，人体运动捕捉技术已经进入实用化阶段，其应用领域已经远远超出了辅助动画制作，并成功应用于虚拟现实、游戏等领域。

人体运动捕捉的目的是把真实的人体动作完全附加到虚拟场景中的一个虚拟角色上，让虚拟角色表现出真实人物的动作效果。从应用角度来看，运动捕捉设备主要有表情捕捉和肢体捕捉两类。从实时性来看，运动捕捉设备可以分为实时捕捉和非实时捕捉两类，人体运动捕捉技术示意图如图 2-26 所示。

图 2-26　人体运动捕捉技术示意图

人体运动捕捉设备一般由四个部分组成：传感器、信号捕捉设备、数据传输设备和数据处理设备。

1. 传感器

传感器是固定在人体上的跟踪装置，它可以向系统提供人体运动的位置信息。通常不需要捕捉表演者身上每个点的运动轨迹，而只捕捉各个关键点的信息即可，例如肩膀、手腕、膝和肘等部位，一般会根据捕捉的细致程度来确定人体的关键点位置和传感器数量。

2. 信号捕捉设备

信号捕捉设备负责捕捉、识别传感器的信号。根据传感器信号类型的不同，信号捕捉设备的实现方式也会有所区别。对机械系统来说，它可能是捕捉电信号的电路板；对于光学系统来说，它可能是高分辨率的红外摄像机。

3. 数据传输设备

进行实时捕捉的运动捕捉系统需要将大量的运动数据从信号捕捉设备快速准确地传输到计算机系统中进行处理，数据传输设备就是用来完成此项工作的。

4. 数据处理设备

被系统捕捉到的数据需要修正，处理后还要与三维角色模型相结合，才能完成虚拟现实系统特定的需求，这就需要应用数据处理软件或硬件来完成此项工作。数据处理设备负责处理系统捕捉到的原始信号，计算传感器的运动轨迹，对数据进行修正、处理，并与三维角色模型相结合。

2.4.2　空间定位技术

Oculus Rift、HTC Vive 以及 PlayStation VR 这三款 VR 产品，在空间定位技术方面都拥有较高的水准。VR 空间定位技术可以确认 VR 眼镜、手柄等设备在空间的实时位置，具有空间定位的 VR 设备不仅能更好地提供沉浸感，也能减少眩晕感的产生，整个画面可以像现实世界中一样根据用户的移动而真的动起来。所以定位技术对于 VR 设备非常重要。

1. 激光扫描定位技术

HTC 的 Lighthouse 定位技术属于激光扫描定位技术，靠激光和光敏传感器来确定运动物体的位置。两个激光发射器(也称基站)被安置在对角，形成大小可调的长方形区域。

Lighthouse 每个基站里有一个红外 LED 阵列，两个转轴互相垂直旋转的红外激光发射器转速为 10 ms/r。基站的工作状态是：以 20 ms 为一个循环，在前 10 ms 内红外 LED 闪光，X 轴的旋转激光扫过整个空间，Y 轴不发光；后 10 ms 内 Y 轴的旋转激光扫过整个空间，X 轴不发光。

HTC Vive 眼镜和手柄上有超过 70 个光敏传感器。通过计算接收激光的时间来计算传感器位置相对于激光发射器的准确位置，由多个光敏传感器可以探测出头戴式显示器的位置及方向。定位过程中，光敏传感器的 ID 会随它接收到的数据同时传给计算单元，计算单元直接区分不同的光敏传感器，根据每个光敏传感器所固定在 VR 眼镜和手柄上的位置以及其他信息，最终构建 VR 眼镜及手柄的三维空间位置。

激光定位技术具有成本低、定位精度高、可分布式处理等优势，且几乎没有延迟，不怕遮挡，即使手柄放在后背也依然能捕捉到物体。可以说激光定位技术避免了基于图像处理技术的复杂度高、设备成本高、运算速度慢、较易受自然光影响等劣势，同时实现了高精度、高反应速度的室内定位。此外，相比于 Oculus Rift 和 PlayStation VR，HTC Vive 能够允许用户在一定的空间内进行活动，对用户来说限制较小，能够适配需要走动的游戏。不过由于 HTC Vive 的激光发射器是利用机械控制来控制激光扫描定位空间，而机械控制本身存在稳定性及耐用性较差的问题，因此 HTC Vive 的稳定性和耐用性稍差。

2. 红外主动式光学定位技术

在空间定位技术方面，Oculus Rift 采用的是红外主动式光学定位技术。Oculus Rift 设备上会隐藏一些红外灯(即为标记点)，这些红外灯可以向外发射红外光，并用红外摄像头实时拍摄。所谓的红外摄像头就是在摄像头外加装红外光滤波片，这样摄像头只能拍摄到 VR 眼镜及 Touch 手柄上红外灯，从而过滤掉 VR 眼镜及 Touch 手柄周围环境的可见光信号，提高了获得图像的信噪比。Oculus Rift 红外主动式光学定位技术示意图如图 2-27 所示。

图 2-27　Oculus Rift 红外主动式光学定位技术示意图

获得红外图像后，将摄像头采集到的图像传输到计算单元中，通过视觉算法过滤掉无用的信息，从而获得红外灯的位置。再利用四个不共面的红外灯在设备上的位置信息，最终将设备纳入摄像头坐标系，拟合出设备的三维模型，并以此来实时监控玩家的头部、手部运动。

此外，Oculus Rift 还配备了九轴传感器，在红外光学定位发生遮挡或模糊时，利用九轴传感器来计算设备的空间位置信息。由于九轴传感器会存在零偏和漂移，所以当红外光学定位系统可以正常工作时，可以利用其所获得的定位信息校准九轴传感器所获得的信息，使得红外光学定位系统与九轴定位系统相互补充。

由于摄像头视角有限，会在很大程度上限制 Oculus Rift 的适用范围，所以无法使用 Oculus Rift 来运行需要大范围走动的虚拟现实应用。

3. 可见光主动式光学定位技术

索尼的 PlayStation VR 采用的也是光学定位技术，与 Oculus Rift 不同的是它采用了可见光主动式光学定位技术。

类似之前 PlayStation Move 的彩色发光物体追踪，PlayStation VR 设备采用体感摄像头定位 VR 眼镜和控制器的位置。VR 眼镜和控制器上会放 LED 灯球，每个 VR 眼镜和控制器各装配一个可以自行发光的 LED 灯球，且不同光球发光颜色不同，这样摄像头拍摄时，光球与背景环境各个光球之间就可以很好地区分。为了解决单个摄像头定位精度不高、鲁棒性不强的问题，PlayStation 4 采用了体感摄像头，即双目摄像头，利用两个摄像头拍摄到的信息计算光球的空间三维坐标。表 2-8 给出了三种 VR 产品定位技术对比。

表 2-8　三种 VR 产品定位技术对比

产品名称	Oculus Rift	PlayStation VR	HTC Vive
定位类型	红外定位	可见光定位	激光定位
定位精度	较高	较差	高
抗遮挡性	较强	较差	强
稳定性和耐用性	强	强	弱
抗光性	较好	较差	较好
多目标定位	可实现但不宜过多	可实现但不宜过多	可实现且无限制
可移动范围	小	小	大

2.4.3　视线跟踪技术

在虚拟世界中视觉感知的生成主要依赖对用户头部的跟踪，即当用户头部发生运动时，生成虚拟环境中的场景将会随之改变，从而实现实时的视觉显示。但在现实世界中，人们可以在不转动头部的情况下，仅仅通过移动视线就能改变看到的场景。在这一点上，单纯依靠头部跟踪是不全面的。为了弥补这一缺陷，可以在虚拟现实系统中引入视线跟踪技术。

在 VR 系统中，将视线的移动作为人机交互方式，不但可以弥补头部跟踪技术的不足，同时还可以简化传统交互过程中的步骤，使交互更为直接。例如，视线交互可以代替鼠标的指点操作，如果用户盯着感兴趣的目标，计算机便能自动将光标置于其上。目前，视线交互方式多用于军事(如飞行员观察记录等)、阅读以及帮助残疾人进行交互等。视线跟踪技术示意图如图 2-28 所示。

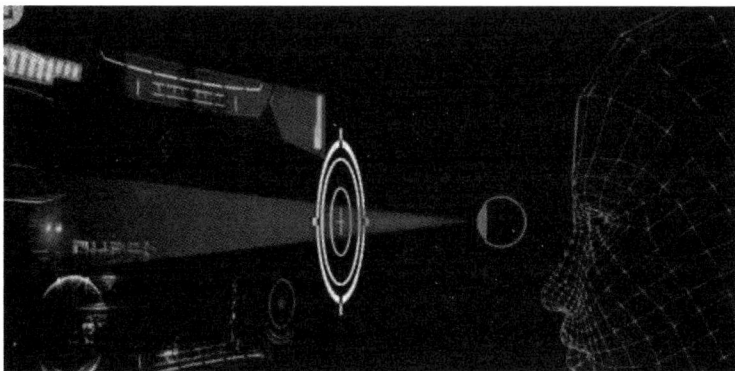

图 2-28　视线跟踪技术示意图

支持视线移动交互的相关技术称为视线跟踪技术，也叫作眼动跟踪技术。它的主要实现手段可以分为以硬件为基础和以软件为基础两类。以硬件为基础的跟踪技术需要用户戴上特制头盔、特殊隐形眼镜，或者使用头部固定架、置于用户头顶的摄像头等。这类方式识别精度高，但对用户的干扰很大。为了克服视线跟踪装置对人的干扰，近年来人们提出了以软件为基础实现对用户无干扰的视线跟踪方法，其基本工作原理是先利用摄像头获取人眼或脸部图像，然后用图像处理算法实现图中人脸和人眼的检测、定位与跟踪，从而估算用户的注视位置。

2.4.4　触觉、力觉反馈传感技术

触觉、力觉反馈传感技术是运用先进的技术手段，将虚拟物体的空间运动转变成特殊设备的机械运动，在感觉到物体表面纹理的同时，也使用户能够体验到真实的力量感和方向感，从而提供一个崭新的人机交互界面。在 VR 系统中，为了提高沉浸感，用户希望在看到一个物体时，能听到它发出的声音，还希望能够通过自己的触摸，来了解物体的质地、温度、质量等多种信息，这样才全面地了解该物体，从而提高 VR 系统的沉浸感。

触觉是指人与物体接触所得到的全部感觉，包括触摸感、压感、振动感、刺痛感等触觉感知，还包括触觉反馈和力觉反馈所产生的感知信息。触觉反馈是作用在人皮肤上的力，它反映了人触摸物体时的感觉，侧重于人的微观感受，如对物体的表面粗糙度、质地、纹理、形状等感觉；力觉反馈是作用于人的肌肉、关节和筋腱上的力，侧重于人的宏观感受，尤其是人的手指、手腕和手臂对物体运动和受力的感受。用手拿起一个物体时，通过触觉反馈可以感受到物体是粗糙的还是坚硬的，通过力量反馈可以感受到物体的轻重。

由于人的触觉相当敏感，一般精度的装置根本无法满足要求，所以对触觉反馈、力觉反馈设备的研究相当困难。目前大多数 VR 系统将主要精力集中在力觉反馈和运动感知上。其中，很多力觉反馈系统被做成骨架的形式，从而既能检测方位，又能产生移动阻力和有效的抵抗阻力。面对真正的触觉反馈系统，现阶段的研究成果还很不成熟，距离真正的实用性尚有一定距离。

课后习题

一、填空题

1. 目前沉浸式 VR 头显设备可分为三种，分别是_____、_____和_____。

2. 当前 VR 产品必须支持的三个关键参数指标，分别是_____、_____和_____。

二、简答题

1. 简述 VR 系统的分类。

2. 简述如何将 VR/AR 内容与实际应用深度融合。

第 3 章　VR 应用程序开发

2016 是 VR 元年，这一观点已经在计算机、互联网行业中达成共识，各类 VR 应用也层出不穷，如何快速、高效地开发出一款 VR 应用呢？对于开发 VR 应用的软件开发工程师来说，VR 应用程序开发是在运用美术素材的基础上，将策划人员设计的策划方案(用户需求)转变为符合需求的 VR 应用的过程。

本章主要介绍 VR 应用程序开发的基本概念，并简要介绍使用游戏引擎(Unity 3D 或 Unreal Engine 4)开发 VR 应用中所涉及的技术、工具及相关语言。

3.1　VR 应用概述

VR 技术的应用十分广泛。本节主要介绍 VR 应用及其特征两部分内容，让读者对 VR 应用有个大致的了解和认识。

3.1.1　VR 应用

VR 应用也称为 VR 资源或 VR 内容，一般是指针对用户的某种体验需求所开发的 VR 资源。简单地说，人们平常体验到的各种 VR 资源都可以称为 VR 应用。所有基于 VR 技术基准制作，并以产生 VR 体验为目的的内容，都可视为 VR 应用。例如，一个简单的全景图片、一个复杂的 VR 交互资源等都是 VR 应用。

VR 应用并不是必须在 VR 设备中使用的，也可以在普通的电脑上使用，甚至可以在智能手机上使用。例如，用户既可以在智能手机上以 360° 的方式浏览一张全景图片，也可以使用 VR 眼镜的方式进行浏览。VR 应用区别于传统设备(如 PC、智能手机和 Pad)中的图片、视频，因为它是基于虚拟现实环境设计的，与传统应用的使用环境不一样，传统应用的使用环境是二维平面的，而 VR 应用的使用环境是三维立体的。

Tilt Brush(魔术画笔)是一款 VR 绘图应用,给用户的感觉是一款 3D 版的 Paper 应用,这款工具型的 VR 应用是由旧金山的设计工作室 Skillman& Hackett 开发的。该团队一直在高速仿形和虚拟现实领域探索,有超过 20 多年的硬件开发经验,曾参加过 Kinect(一款流行的 3D 体感摄影机,能捕捉用户全身上下的动作,用身体来进行游戏,带给用户免控制器的游戏与娱乐体验)、Leap Motion(一款手势识别控制器,具备先进的手部追踪功能,能够将双手伸入 VR 和 AR 之中,并与虚拟世界进行互动)、Oculus Rift 等产品的开发工作。2015年 4 月该团队被谷歌收购,Tilt Brush 也就成为谷歌的 VR 应用。

随着 VR 技术的发展,各厂商着力于开发 VR 应用,知名游戏公司 Valve(掌握 Lighthouse 空间定位技术)推出了旗下热门多人在线战术竞技游戏"DOTA2"(刀塔 2)的 VR 版观战模式,该模式是为 HTC Vive 设备量身打造的,画面效果让玩家身临其境。

VR 版观战模式能使玩家增加对游戏的了解,并从高手的操作中汲取经验。该模式将玩家置身于一个宽大的虚拟屏幕前,中间是 DOTA2 地图,两边位列双方的英雄。玩家可通过使用 HTC Vive 手柄来选择双方的某位英雄,查看这位英雄的装备和技能冷却时间以及当前他们在做什么。另外,游戏中地图画面较大,而且很清晰,小树林地形等还原得也很到位。用户可以调出菜单,分析双方的经验值和差距,这两个菜单可直接、立体、透明地展示出来,有种好莱坞大片的感觉。遗憾的是,用户仅是观战模式,如果换成第一人称 VR 实际操作模式,相信体验将更完美。

这两个 VR 应用是非常好的对比案例,虽然它们都是基于 VR 开发的,但 Tilt Brush 的这个应用在全世界已经卖出去了几百万套,用户更愿意用这种方式呈现自己的灵感。相比于 Tilt Brush 的成功,VR DOAT2 观战模式更像是在炒作概念,只有真正实现第一人称 VR 实际操作模式,才能够使现有的应用实现新的飞跃。

3.1.2　VR 应用的特征

对于 VR 应用的特征,目前业界没有统一的定义,但成功的 VR 应用应该具有以下三个特征:高置入性,高交互性、高自由性。

1. 高置入性

VR 应用的场景不是 PC、智能手机等的平面场景,而是将用户置入三维虚拟场景,所以高置入性是 VR 应用的特征之一。

(1) 从有框走向无框。传统应用的界面,不管是基于 PC、智能手机或 Pad 等设备,其使用界面都是有边界的,是在某个框内呈现的;而 VR 应用是将用户置于一个虚拟的场景中,就好比置入大千世界中,是没有边界的、无框的。

(2) 从平面走向立体。传统应用的呈现方式是平面的,而 VR 应用的呈现方式是三维立体空间,从平面走向立体是 VR 应用开发的核心要素之一,如图 3-1 所示。

图 3-1　VR 三维立体空间

2. 高交互性

在 VR 世界里，一切的交互方式都可以重新定义。VR 应用的交互方式不再局限于键盘、鼠标及触摸屏的输入方式，而是变为无限可能的输入方式，除了射线与按钮这些常用输入方式，位移与位置定位、动作与手势也可以成为一种输入方式，如图 3-2 所示。

图 3-2　VR 高交互性

3. 高自由性

虚拟现实技术让一切变得皆有可能，实现传统环境里不可实现的场景，例如模拟安全火场逃生、认识细胞结构等，如图 3-3 和图 3-4 所示。

图 3-3　安全火场逃生

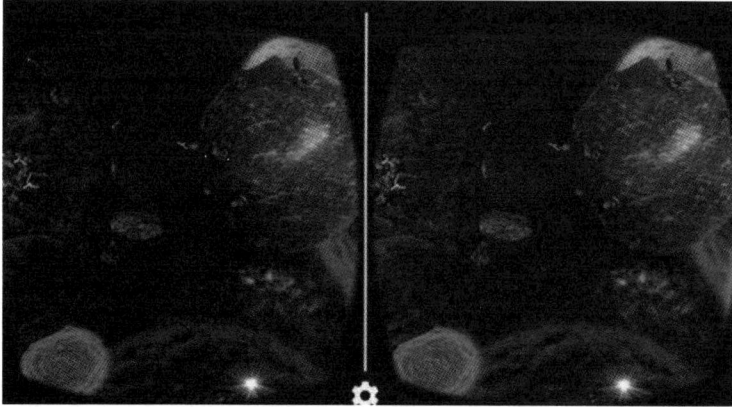

图 3-4   认识细胞结构

3.2   VR 应用程序开发简介

本节主要从 VR 应用与 VR 硬件设备，以及 VR 应用的类型两方面介绍 VR 应用程序开发的相关技术。

3.2.1   VR 应用与 VR 硬件设备

目前，各类 VR 硬件设备已经呈现百家争鸣的势头，市场上也出现了不少优秀的硬件产品，如 HTC Vive，Oculus Rift，Gear VR 等 VR 眼镜，Manus VR 数据手套、Kinect 3D 体感摄影机、Leap Motion 手势识别控制器等 VR 输入设备。当前制约 VR 产业发展的最核心因素是 VR 应用资源的缺乏。

VR 应用与 VR 硬件设备的关系就好比食物与餐具，食物(VR 应用)在制作过程(不包括菜谱设计过程)中需要食材(美术、音效等素材)，需要厨房里的厨具(VR 应用开发工具)提供烹饪环境，需要厨师(软件开发工程师)进行加工烹饪。虚拟现实也需要有 VR 应用和 VR 硬件设备。

3.2.2   VR 应用的类型

目前主流的 VR 应用有如下几个类型。

1. 全景图片和全景视频

全景图片和全景视频是较为常见的 VR 应用类型，该类型主要是利用全景拍摄设备进行实拍，经后期制作(拼接缝合和交互处理)形成的 VR 应用。通常只需将该类型 VR 应用导入到支持全景图片或全景视频的软件平台上，就可以直接体验。

2. PC 端运行的 EXE 应用

在 PC 端运行的 VR 应用有两种类型，一种是全景图片和全景视频，另一种是在

Windows 系统中的 EXE 可执行文件(以 .exe 作为后缀)，双击该 EXE 文件即可运行 VR 应用。需要说明的是，由于硬件性能问题，在 Mac 系统上运行的 VR 应用较少。

3. 手机端运行的 VR 应用

除了 PC 端上运行的 VR 应用，多数 VR 应用是在手机端(包括一体机)上运行。在 Android 系统上运行的 VR 应用，其安装包以 .apk(Android Package)作为后缀；在 iOS 系统上运行的 VR 应用，其安装包以 .ipa(iPhone Application)作为后缀。

4. WebVR 应用

现在多数 VR 应用都是以应用程序的形式呈现的，这意味着用户在体验 VR 应用前，必须先搜索、下载、安装之后才能运行。而 WebVR 则将 VR 体验搬进了浏览器，即 Web + VR = WebVR。

WebVR 是处于测试阶段的 JavaScript API，可以将 Gear VR、Oculus Rift 等 VR 眼镜直接和浏览器连接，进行 VR 体验。比如，用户在网页上看到一个 VR 视频，准备戴上 VR 眼镜去欣赏，然而在网页上无法找到进入 VR 视频的入口。这种情况下，如果浏览器支持 WebVR，就可以直接点击网页视频上的相关菜单，连接 VR 眼镜观看即可。WebVR 应用提供了专门访问 VR 硬件的接口，让开发者能构建基于浏览器的舒适的 WebVR 体验。

WebVR 应用是基于互联网的交互式虚拟现实系统，兼有桌面式和分布式虚拟现实系统的特征。WebVR 应用在实景式电子商务、虚拟社区、虚拟展馆等方面具备一定的应用前景，是虚拟现实发展的方向之一。目前 WebVR 应用在应用开发模式、虚拟场景构建方法、数据传输与交互等方面还存在不少技术问题，需要逐步解决。

3.3　VR 开发三剑客

对于使用游戏引擎开发 VR 应用的开发者(不包括使用编辑器开发 VR 应用的开发者)来说，想开发 VR，必须要掌握下面三种武器：开发引擎、开发工具和编程语言。

3.3.1　开发引擎

VR 开发引擎主要使用的是游戏开发引擎，游戏开发引擎是指一些已编写好的可编辑游戏系统或者一些交互式实时图像应用程序(例如 VR 应用)的核心组件。这些引擎为游戏设计者提供了编写游戏所需的各种工具，其目的是让游戏设计者能容易、快速地做出游戏。游戏引擎包含以下系统：渲染引擎(即渲染器，含二维图像引擎和三维图像引擎)、物理引擎、碰撞检测系统、音效、脚本引擎、电脑动画、人工智能、网络引擎以及场景管理等。游戏引擎像一个发动机，控制着游戏的运行；VR 开发引擎(使用游戏引擎)也像一个发动机控制 VR 应用的运行。VR 应用开发常用的引擎如下：

1. Unity 3D

Unity 3D 是由丹麦 Unity 公司开发的、一个让使用者轻松创建诸如 3D 游戏、建筑可视化、实时三维动画等类型互动内容的多平台综合型游戏开发工具，是一个全面整合的专业引擎。具体包含整合的编辑器、跨平台发布，地形编辑、着色器、脚本，网络、物理、版本控制等特性。

作为一款跨平台的游戏开发工具，Unity 3D 从一开始就被设计成易于使用的产品，支持包括 iOS、Android、PC(Windows、Mac)、Web、PS4、XBox 等多个平台的发布。同时作为一个完全集成的专业级应用，Unity 包含了功能强大的游戏引擎。

Unity 3D 类似于 Director、Blender Game Engine、Virtools 或 Torque Game Builder 等以交互的图形化开发环境为首要方式的软件。Unity 3D 支持 C#、JavaScript 两种程序开发语言，同时还支持几乎所有美术资源文件格式，其编辑器可在 Windows 和 Mac 系统下运行。

Unity 3D 之所以炙手可热，与其完善的技术以及丰富的个性化功能密不可分。Unity 3D 易于上手，降低了对 VR 应用开发人员、游戏开发人员的要求。下面对 Unity 3D 的特色进行阐述。

1) 综合编辑

Unity 3D 的用户界面是层级式的综合开发环境，具备可视化编辑、详细的属性编辑器和动态的预览特性。其强大的综合编辑特性被用来快速制作游戏或者 VR 应用，大大缩短了开发周期。Unity 3D 的用户界面如图 3-5 所示。

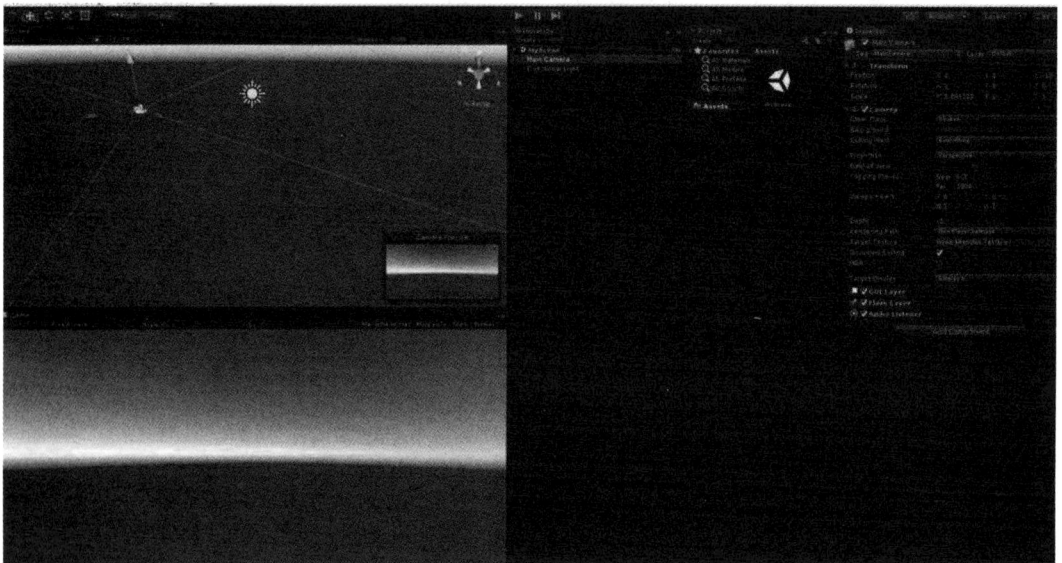

图 3-5　Unity 3D 用户界面

2) 图形引擎

Unity 3D 的图形引擎使用的是 Direct3D(Windows)、OpenGL(Mac、Windows)和自有的 API(Wii)，可以支持 Bump mapping、Reflection mapping、Parallax mapping、Screen Space Ambient occlusion、动态阴影所使用的 Shadow Map 技术与 Render-to-Texture 和全屏 Post Processing 效果。

3) 着色器

Unity 3D 的着色器(Shader)编写使用 ShaderLab 语言，同时支持自有工作流中的编写方式或主流着色语言(Shader Language)编写的 Shader。Shader 对画面的控制力就好比在 Photoshop 中编辑数码照片，在高手手里可以营造出各种惊人的画面效果。

4) 地形编辑器

Unity 3D 内有功能强大的地形编辑器，支持地形创建和树木与植被贴片，支持水面特效，尤其是在低端硬件环境下也可以流畅地运行广阔茂盛的植被景观，能够使新手快速、方便地创建出场景中所需要使用的各种地形。Unity 3D 地形效果图如图 3-6 所示。

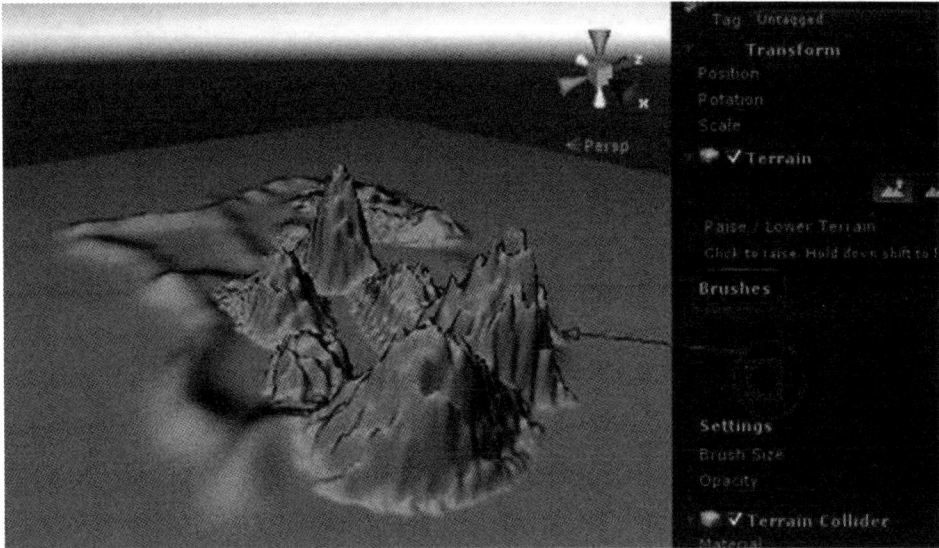

图 3-6 Unity 3D 地形效果图

5) 物理特效

物理引擎是使用计算机程序模拟牛顿力学环境，涉及质量、速度、摩擦力和空气阻力等变量，可以用来模拟各种不同情况下的效果。Unity 3D 内置 NVIDIA 强大的 PhysX 物理引擎(可以支持 Windows、Linux、Mac、Android 等平台)，可以方便、准确地开发所需要的物理特效。

2. Unreal Engine 4

Unreal Engine 4(虚幻 4 引擎，UE4)是目前世界最知名、授权最广的顶尖游戏引擎，是游戏开发者为开发游戏而制作的、完整的游戏开发工具套件，也是 VR 应用开发者最常使用的开发引擎之一。UE4 是一个面向 PC、XBox、PlayStation、iOS 和安卓等平台的完整开发框架，提供了大量核心技术、内容创建工具以及支持基础设施内容。UE4 的各方面功能设计思想都是使得内容创建和编程变得更方便，赋予设计师尽可能多的控制权来开发可视化环境中的资源，最小化软件开发工程师的协助；同时为软件开发工程师提供一个高度模块化的、可升级的、可扩展的架构，以便开发、测试及发行各种类型的应用。UE4 通过 Epic Games 的集成合作伙伴计划集成了大量领先的中间技术，使 UE4 成为高度成熟的工具，可加速软件开发工程师构建复杂的、次时代内容。UE4 界面如图 3-7 所示。

图 3-7   UE4 界面

用 UE4 制作游戏或 VR 应用时，有两大必不可少的部分：第一部分是制作 3D 场景。UE4 为用户准备了可以高度渲染 3D 图形的工具，运用这些功能就可以制作出逼真、唯美的 3D 场景。但仅凭场景是做不出游戏或 VR 应用的。第二部分是编程。游戏或 VR 应用不仅仅是展示三维的美丽风景和角色，还需要通过操作让角色行动起来，例如扣动 HTC Vive 手柄扳机键(扣动 VR 应用中的武器扳机)，就会发射弹药，物体被击中就会爆炸，敌人死亡本队就得分，这些都不只是 3D 图形工具可以完成的，必须要通过编程才能实现。制作 3D 场景和编写让 3D 模型动起来的程序，两者兼备才能完成游戏或 VR 应用的制作。

UE4 编程主要分两大部分——C++ 和蓝图。

1) C++

C++ 作为一种规范的编程语言被广泛使用，它以 C 语言为基础并大大强化了其功能，应用于对性能要求较高、对底层设备进行操作等程序开发领域。如今，有不少软件开发工程师在使用 C++，这些软件开发工程师可以很容易地进入到 UE4 的开发中。但对于缺乏编程经验的人来说，学习 C++ 相对比较困难。要使用 C++ 进行开发，还需要 Visual Studio 这样的集成开发环境。

2) 蓝图

蓝图是 UE4 中的一种可视化语言，实现将各种可执行的处理以节点(形状像是一块块的小板子)的形式创建，然后只需用鼠标将其排列、连接就可以实现程序的功能。对于有 C++ 编程经验的人来说，可能会觉得使用蓝图制作程序比较繁琐。但对于想学习 VR 编程的人来说，蓝图是一个便于上手的工具。UE4 蓝图如图 3-8 所示。

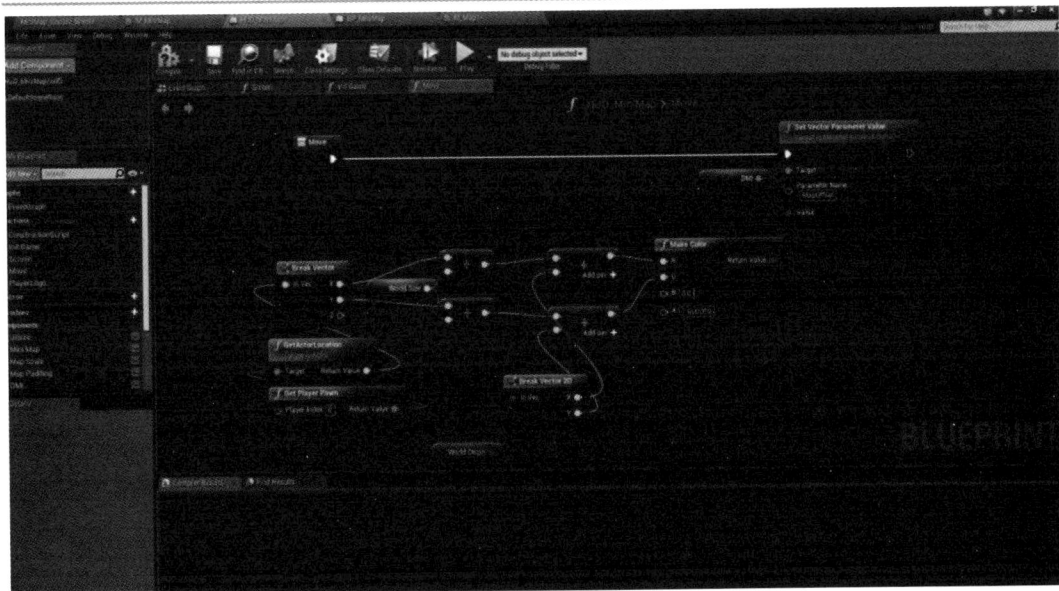

图 3-8　UE4 蓝图

在创建项目阶段该使用哪一种编程方式呢？对于有编程经验的用户，建议使用 C++ 方式创建项目，而对于基本没有编程经验的用户而言，蓝图是更好的选择。

3.3.2　开发工具

开发工具是指专业的代码开发工具，可通过开发工具的语法检查、关键字高亮显示、代码自动补全等功能，以及其他开发者完成的辅助工具，提高代码编写效率。

目前，在 VR 应用项目开发过程中，主要用到的开发工具是 Microsoft Visual Studio。Microsoft Visual Studio(VS) 是微软公司的开发工具包系列产品。VS 是一个相对完整的开发工具集，它包括了整个软件生命周期中所需要的大部分工具，如 UML 工具、代码管控工具、集成开发环境等。利用 VS 所编写的目标代码适用于微软支持的所有平台，包括 Windows、Windows Mobile、Windows CE、.NET Framework、.NET Compact Framework、Microsoft Silverlight 和 Windows Phone。Visual Studio 是目前最流行的 Windows 平台应用程序的集成开发环境，也是使用 Unity 3D 和 UE4 开发 VR 应用时最常用的程序开发工具，最新版本为 Visual Studio 2017。

Visual Studio 提供了许多应用程序模板来帮助用户创建程序，并提供了一些用于编写程序的编程语言。

1. Visual C#

Visual C# (读作 "C sharp") 是为生成在 .NET Framework 上运行的各种应用程序而设计的。C# 使用简单、功能强大、类型安全，而且是面向对象的。C# 凭借许多创新，在保持 C 语言表示形式和优美特征的同时，可实现应用程序快速开发。使用 VR 引擎 Unity 3D 开发 VR 应用时，最常用的编程语言就是 C#。

2. Visual C++

Visual C++ 是一种功能强大的语言，在生成本机 Windows(COM+)应用程序或基于 .NET Framework 的 Windows 应用程序时，能进行深入、细致的控制。使用 VR 引擎 UE4 开发 VR 应用时，最常用的编程语言就是 C++。

3. Visual Basic

Visual Basic 提供了一种简单快捷的方法来创建基于 .NET Framework 的 Windows、Web 和移动设备应用程序。与所有的基于 .NET Framework 的程序一样，使用 Visual Basic 编写的程序都具有安全性和语言互操作方面的优点。

4. Web 应用程序

(1) VS 用于开发基于 Web 的应用程序，可以使用任何编程语言来编写，例如 ASP.NET Web 应用程序、Web 控件库和 ASP.NET AJAX 服务器控件。

Visual Studio 还支持 JScript、Visual F#、Windows 应用程序、Office 应用程序、SharePiont 应用程序、扩展性应用程序开发，限于篇幅，此处不做介绍。

(2) MonoDevelop。MonoDevelop 是一个适用于 Linux、Mac 和 Windows 的开放源代码集成开发环境，主要用来开发 Mono 与 .NET Framework 软件。MonoDevelop 集成了很多 Eclipse 和 Microsoft Visual Studio 的特性，如智能提示、版本管理、GUI 与 Web 设计工具。目前 MonoDevelop 支持的语言有 Python、C#、C 和 C++、Java、Visual Basic、.NET、Vala 等。

Unity 3D 开发引擎中自带了 MonoDevelop 集成开发环境，但大多数 Windows 开发者还是选用 Visual Studio 作为 Unity 3D 的集成开发环境，因为 VS 提供了完整的辅助工具、完善的调试工具和大量的教程文档。

3.3.3　编程语言

对于 VR 应用开发而言，不同的开发引擎使用的编程语言也是不同的。目前主流引擎对应的主要编程语言有 C++、C#、JavaScript 和 UnityScript。需要注意的是这里的 JavaScript 并非通常理解的 JavaScript 语言。

1. C++

C++ 是在 C 语言的基础上开发的一种面向对象的编程语言，它既可以进行 C 语言的过程化程序设计，又可以进行以抽象数据类型为特点的基于对象的程序设计，还可以进行以继承和多态为特点的面向对象的程序设计。C++ 不仅拥有高效运行的实用性特征，同时还致力于提高大规模程序的编程质量与程序设计语言的问题描述能力。C++ 语言常用于系统开发、游戏开发、嵌入式开发等应用领域，是至今为止最受广大开发者欢迎的最强大的编程语言之一。

C++ 语言具有如下特点：

(1) 支持数据封装和数据隐藏。在 C++ 中，类是支持数据封装的工具，对象则是数据封装的实现。C++ 通过建立用户定义类支持数据封装和数据隐藏。在面向对象的程序设计中，将数据和对该数据进行合法操作的函数封装在一起作为一个类的定义，对象是该类的一个具体实例。每个给定类的对象包含这个类所规定的若干私有成员、公有成员及保护成员，完好定义的类一旦建立，就可看成一个完全封装的实体，可以作为个整体单元使用，类的实际内部工作隐藏起来，使用完好定义类的用户不需要知道类的工作原理，只要知道如何使用它即可。

(2) 支持继承和重用。在 C++ 现有类的基础上可以声明新类型，这就是继承和重用的思想。通过继承和重用，可以更有效地组织程序结构，明确类间关系，并且充分利用已有的类来完成更复杂、更深入的开发。新定义的类为子类，又称派生类，它可以从父类那里继承所有非私有的属性和方法，作为自己的成员。

(3) 支持多态性。多态性表示每个类的表现行为，它采用由父类及其子类组成的一个树型结构。在这个树中，每个子类可以接收一个或多个具有相同名字的消息。当一个消息被这个树中一个类的一个对象接收时，这个对象就动态地决定了给予子类对象消息的某种用法。

继承性和多态性的组合，可以生成一系列虽然类似但独一无二的对象。由于继承性，这些对象共享许多相似的特征；由于多态性，每个对象可以有独特的表现方式。

2. C#

C# 是微软公司发布的一种面向对象的、运行于 .NET Framework 之上的高级程序设计语言。C# 看起来与 Java 相似，它包括了诸如单一继承、接口、与 Java 几乎同样的语法和编译成中间代码再运行的过程。但 C# 与 Java 也有着明显的不同，主要区别是 C# 与 COM(组件对象模型)是直接集成的，而且它是微软公司 .NET Framework 的主角之一。C# 可以使软件开发工程师快速地编写各种基于微软 .NET 平台的应用程序，微软 .NET 提供了一系列的工具和服务来最大程度地简化开发过程。

C# 是一种由 C 和 C++ 衍生出来的面向对象的编程语言，它在继承 C 和 C++ 强大功能的同时去掉了一些它们的复杂特性(例如没有宏以及不允许多重继承)。C# 综合了 VB 简单的可视化操作和 C++ 的高运行效率，以其强大的操作能力、简洁的语法风格、创新的语言特性和便捷的面向组件编程的支持成为 .NET 开发的首选语言。

C# 使得 C++ 开发工程师在开发程序时可调用由 C/C++ 编写的本机原生函数，保留了 C/C++ 原有的强大功能。因此 C/C++ 软件开发工程师可以快速转向 C# 开发。

C# 与 C++ 的主要区别如下：

(1) 编译目标：C++ 代码可直接编译为本地可执行代码；C# 代码先默认编译为中间语言(IL)，在执行时再通过 Just-In-Time 将需要的模块临时编译成本地代码。

(2) 内存管理：C++ 需要显式地删除动态分配到堆上的内存；C# 采用垃圾回收机制自动地在合适的时机回收不再使用的内存。

(3) 指针：C++ 中大量地使用指针，而 C# 使用对类实例的引用，如果想在 C# 中使用指针，就必须声明该内容是非安全的。不过，一般情况下 C# 中没有必要使用指针。

(4) 字符串处理：在 C# 中，字符串是作为一种基本数据类型来对待的，因此比 C++ 中对字符串的处理要简单得多。

(5) 库：C++ 依赖以继承和模板为基础的标准库，C# 则依赖 .NET 基库。

(6) 继承：C++ 允许类的多继承，而 C# 只允许类的单继承，通过接口实现多继承。

(7) 功能：C# 可用于网页设计，而 C++ 则无此功能。

3. JavaScript 和 UnityScript

JavaScript 是一种属于网络的脚本语言，被广泛用于 Web 应用开发，常用来为网页添加各式各样的动态功能，为用户提供更流畅美观的浏览效果。通常 JavaScript 脚本是通过嵌入在 HTML 中来实现自身功能的。JavaScript 具有如下特点：

(1) JavaScript 是一种解释性脚本语言(代码不进行预编译)。

(2) JavaScript 主要用来向 HTML 页面添加交互行为。

(3) JavaScript 可以直接嵌入 HTML 页面,但写成单独的 js 文件有利于结构和行为的分离。

(4) JavaScript 具有跨平台特性，在绝大多数浏览器的支持下，可以在多种平台(如 Windows、Linux、Mac、Android、IOS 等)下运行。

JavaScript 脚本语言同其他语言一样，有它自身的基本数据类型、表达式、算术运算符及程序的基本程序框架。

上面介绍的是通常意义上的 JavaScript 语言，需要重点强调的是，Unity 3D 开发引擎支持的 JavaScript(UnityScript)并不是上述 JavaScript 语言，两者差别很大。UnityScript 完全是 Unity 3D 的语言，同时仅在 Unity 3D 中可用。UnityScript 原先被官方称作用于 Unity 3D 的 JavaScript，但是一些较新的文档都已经将其称为 UnityScript 了。虽然 JavaScript 的语法在 UnityScript 中几乎都可以使用，但 UnityScript 是一种具有静态类型检查且更加具有面向对象编程特点的语言，所以可以把 UnityScript 当作一门新语言来学习。

课后习题

一、填空题

1. VR 开发三剑客分别是_____、_____和_____。

2. 成功的 VR 应用应该具有以下三个特征，分别是_____、_____和_____。

二、简答题

1. 简述 C++ 语言的特点。

2. 简述 C++ 和 C# 语言的区别。

3. 简述 Unity 与 UE 游戏引擎的区别。

第 4 章　Krisma VR 编辑器

前三章分别介绍了虚拟现实的基本概念、VR 硬件交互设备及相关技术以及 VR 应用程序开发的基本概念。其中 VR 应用程序开发主要指的是使用游戏引擎(Unity 3D 或 Unreal Engine 4)开发 VR 应用，从本章开始，将会系统介绍如何使用 KrismaVR 编辑器开发 VR 应用。

4.1　Krisma VR 编辑器简介

Krisma VR 编辑器是深圳迪乐普公司自主研发，国内首款集内容编辑、制作、播出于一体的专业 VR 动画编辑器，无须任何编程即可完成各种 VR 课件内容制作。其特色为基于模板化组合动画的 VR 内容制作，既可基于三维模型、图片、视频、PPT、图文字幕等基础元素创作任意复杂的 VR 组合动画，也可基于系统提供的各类组合动画模板快速制作各种 VR 课件。

相对于基于 Unity/UE4 等编程实现的 VR 内容制作，Krisma VR 编辑器通过可视化编辑实现 VR 内容制作，大幅降低了制作门槛，提高了制作效率。Krisma VR 编辑器可以接入任意触发方式，例如交互式手柄、手势识别、键盘鼠标、语音控制、内部属性逻辑判断、外部数据接入控制，也可以基于 VR 一体机、立体 LED 大屏/投影、裸眼 3D 等各类显示终端播放。下面分别对 Krisma VR 系统模块功能和系统工作流程两方面进行介绍。

4.1.1　Krisma VR 编辑器系统模块功能

Krisma VR 编辑器系统分为两个功能模块，具体如下：

(1) VR Designer：场景设计器，主要用于场景设计、动画编辑和引出项设置，以层为单元，模板化生成虚拟场景、动画、三维图文、多层字幕、多通道视频、实时外部数据展示

Krisma VR 编辑器系统

等模块元素；场景中所有的物件属性均可关联 VR 控制，各种逻辑运算也可关联 VR 控制。

(2) VR Page Editor：页面编辑器，主要用于导入场景设计器设计制作的场景，基于"时轨＋事件触发方式"按页面结构编辑视频动画，并进行引出项设置及外部数据接入。

4.1.2 Krisma VR 编辑器系统工作流程

Krisma VR 编辑器系统的工作流程分为以下两个步骤：

(1) 进入 VR Designer 场景设计器，设计场景、编辑动画并设置引出项，生成场景文件供给 VR Page Editor 直接编辑使用。

(2) 点开 VR Page Editor 页面编辑器，在 VR Page Editor 页面编辑器界面导入 VR Designer 场景设计器设计制作的场景文件，对其中的视屏动画和引出项进行关联组合编排，并设置数据库连接，生成的页面文件可供读取播放。系统控制界面如图 4-1 所示。

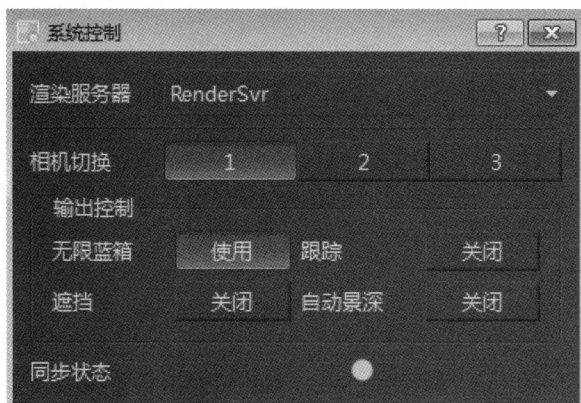

图 4-1   系统控制界面

4.2   VR Designer

VR Designer 场景设计器主要用于场景制作、动画编辑和引出项设置等。

VR Designer 的界面包括菜单栏、工具栏、信息栏、场景视窗和工具视窗；其中菜单栏、工具栏、场景视窗和信息栏不可移动，工具视窗是可以拖动并选择打开或关闭的。

VR Designer 的菜单栏在主界面的左顶端，不可移动，包括文件、编辑、视图、设置、布局和帮助等 6 个栏目。

4.2.1   VR Designer 菜单栏

1. 文件

文件包括 9 个分栏目：新建场景、打开场景、导入场景、最近打开的场景、导入 3D 模型、保存场景、保存场景为、场景打包为和退出程序，主要用于对场景文件的操作处理。

开始使用编辑器

(1) 新建场景：新建一个空白场景文件。

(2) 打开场景：打开一个已保存的场景文件；VR Designer 只能够打开名为 *.asn 的场景文件。

(3) 导入场景：导入一个已保存的场景文件；VR Designer 只能够导入名为 *.asn 的场

景文件。

(4) 最近打开的场景：显示最近打开的场景文件。

(5) 导入 3D 模型：给 2D/3D 层导入一个已经编辑好的 3D 模型为子节点或同级节点。

(6) 保存场景：将编辑好的场景文件保存到磁盘。

(7) 保存场景为：将编辑好的场景文件命名后保存到磁盘。

(8) 场景打包为：将编辑好的场景文件命名后打包到磁盘，打包文件可防止文件在转移后下次使用时出现材质丢失的状况。

(9) 退出程序：退出 VR Designer 程序。

2. 编辑

编辑包括 3 个分栏目：撤销、复原、查看键信号。编辑界面如图 4-2 所示。

(1) 撤销：撤销上一次编辑。

(2) 复原：复原上一次编辑。

(3) 查看键信号：查看当前场景文件的键信号。

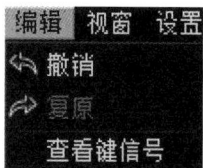

图 4-2　编辑界面

3. 视图

视图包括 10 个分栏目：场景树、场景属性、场景视窗、资源浏览、工具、动画编辑器、Windows Style、WindowsXP Style、WindowsVista Style、Fusion Style，主要用于设置某个工具视窗是否显示，勾选即显示，不勾选即隐藏。视图界面如图 4-3 所示。

图 4-3　视图界面

(1) 场景树：在可编辑工具视窗里选择打开或关闭场景树视窗。

(2) 场景属性：在可编辑工具视窗里选择打开或关闭场景属性视窗。

(3) 场景视窗：默认勾选打开。

(4) 资源浏览：在可编辑工具视窗里选择打开或关闭资源浏览视窗。

(5) 工具：在可编辑工具视窗里选择打开或关闭工具视窗。

(6) 动画编辑器：在可编辑工具视窗里选择打开或关闭动画编辑器视窗。

(7) Windows Style：将视窗风格设置成 Windows 风格。

(8) WindowsXP Style：将视窗风格设置成 Windows XP 风格。

(9) WindowsVista Style：将视窗风格设置成 Windows Vista 风格。

(10) Fusion Style：将视窗风格设置成 Fusion Style 风格。

4. 设置

设置包括 3 个分栏目：渲染服务器、快捷键设置和场景格式，设置界面如图 4-4 所示。

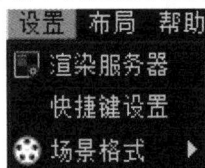

图 4-4　设置界面

(1) 渲染服务器：设置服务器、运行模式、视频卡、视频切换器、渲染层等参数。

(2) 快捷键设置：设置 VR Designer 的快捷键，如图 4-5 所示。

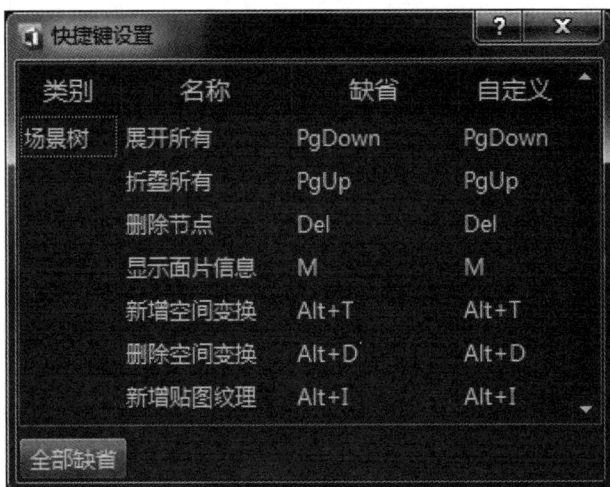

图 4-5　快捷键设置界面

(3) 场景格式：设置场景输出保存的类型。

5. 布局

布局包括 9 个分栏目：单视窗、双视窗竖排、双视窗横排、三视窗竖排、三视窗横排、四视窗、保存界面布局、恢复界面布局和恢复默认界面，主要用于设置场景视窗的显示方式和整个界面的布局。布局界面如图 4-6 所示。

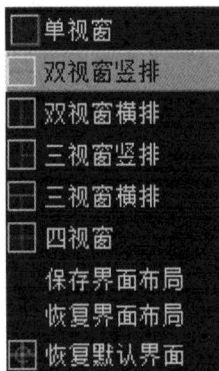

图 4-6　布局界面

(1) 单视窗：场景视窗出现一个可选视窗，默认是全景图。

(2) 双视窗竖排：场景视窗出现顶视图和全景图，顶视图在上，全景图在下。

(3) 双视窗横排：场景视窗出现顶视图和全景图，顶视图在左，全景图在右。

(4) 三视窗竖排：场景视窗出现前视图、顶视图和全景图，全景图在左，前视图在右上，顶视图在右下。

(5) 三视窗横排：场景视窗出现前视图、顶视图和全景图，全景图在上，前视图在左下，顶视图在右下。

(6) 四视窗：场景视窗出现左视图、前视图、顶视图和全景图，左视图在左上，顶视图在左下，前视图在右上，全景图在右下。

(7) 保存界面布局：保存设置好的界面布局。

(8) 恢复界面布局：打开设置好的界面布局。

(9) 恢复默认界面：VR Designer 界面窗口化，场景视窗和四视窗相同。

VR Designer 场景视窗的四视窗排列如图 4-7 所示。

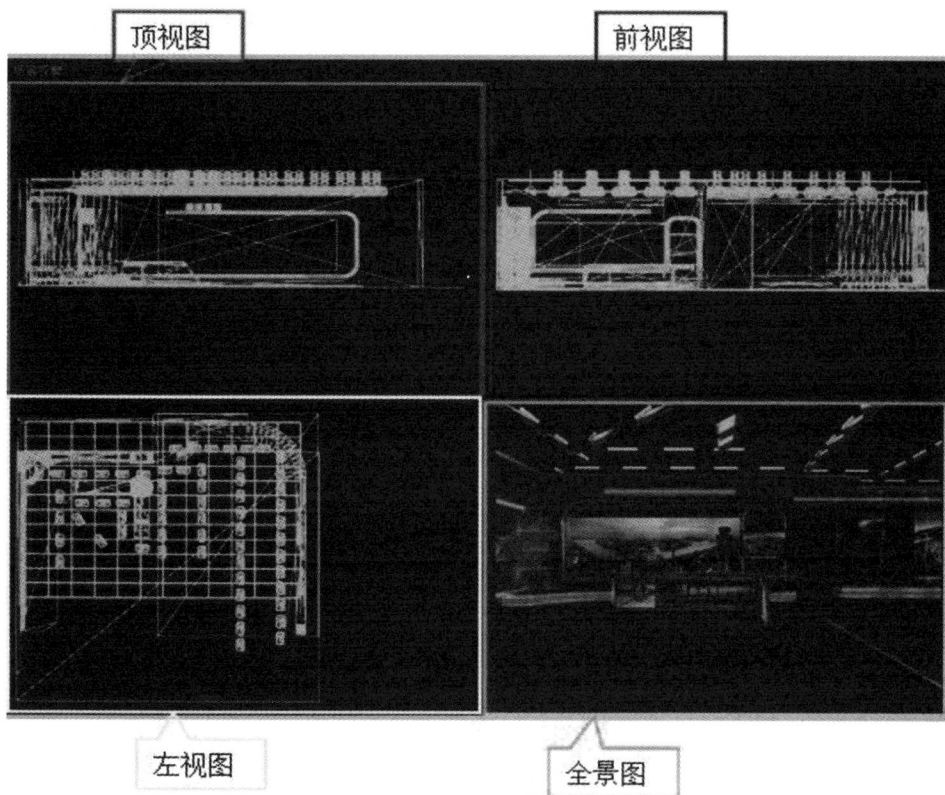

图 4-7　VR Designer 场景视窗的四视窗排列

4.2.2　VR Designer 工具栏

VR Designer 的工具栏在主界面的左上角、菜单栏的下面，主要包括文件工具条、编辑工具条、相机工具条、操纵器工具条和视窗工具条。

1. 文件工具条

文件工具条的图标为 ，每个工具的作用说明如表 4-1 所示。

表 4-1　文件工具条说明

栏目名称	图标	描　述
新建场景		新建一个空白场景
打开场景		打开一个已保存的场景
保存场景		保存场景到原路径

2. 编辑工具条

编辑工具条的图标为 ，每个工具的作用如表 4-2 所示。

表 4-2　编辑工具条说明

栏目名称	图标	描　述
撤销		撤销上一次编辑
复原		复原上一次编辑

3. 相机工具条

相机工具条的图标为 ，用于操纵视图，每个工具的作用如表 4-3 所示。

表 4-3　相机工具条说明

栏目名称	图标	描　述	说　明
缩放		缩放视图	让编辑器对象处于放大或缩小状态
视野		改变视图的张角/视野	改变编辑器相机视角的角度与视野大小
平移		平移视图	对编辑器进行移动
环游		环游视图	对场景进行全方位游览
使用编辑器相机		切换使用编辑器相机	切换不同编辑器相机，改变视角

4. 操纵器工具条

操纵器工具条的图标为 ，用于操纵场景对象，每个工具的作用如表 4-4 所示。

表4-4 操纵器工具条说明

栏目名称	图标	描　述	说　明
位移		移动场景对象	对场景对象进行移动操作
缩放		缩放场景对象	对场景对象进行放大或缩小操作
旋转		旋转场景对象	对场景对象进行旋转操作
锁定		锁定场景对象	未锁定，已锁定，场景对象被锁定后，不可被编辑

5. 视窗工具条

视窗工具条的图标为　　　　，用于打开或关闭各种工具视窗，每个工具的作用如表4-5所示。

表4-5 视窗工具条说明

栏目名称	图标	描　述	说　明
场景树		切换场景树视窗	视窗打开，视窗关闭
场景属性		切换场景属性视窗	视窗打开，视窗关闭
资源浏览		切换资源浏览视窗	视窗打开，视窗关闭
工具		切换工具视窗	视窗打开，视窗关闭
动画编辑器		切换动画编辑器视窗	视窗打开，视窗关闭
高级动画编辑器		打开高级动画编辑器视窗	可进行复杂动画编辑
连接编辑器		打开连接编辑器视窗	可设置引出项和内连接并编辑函数

4.2.3　右键快捷工具栏

在菜单栏或工具栏右侧空白处单击鼠标右键，会弹出一个右键菜单栏。

右键菜单栏包括场景树、资源浏览、场景属性、工具、文件工具条、编辑工具条、相机工具条、操纵器工具条和视窗工具条，通过它们可以打开或关闭工具视窗和工具条。

工具视窗和工具条全部打开时的右键快捷工具栏如图 4-8 所示。

工具视窗工具条全部关闭时的右键快捷工具栏如图 4-9 所示。

图 4-8　工具视窗和工具条全部打开时的
　　　　右键快捷工具栏

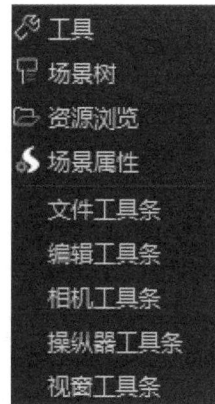

图 4-9　工具视窗和工具条全部关闭时的
　　　　右键快捷工具栏

VR Designer 的场景视窗在界面右上部，可以通过它从不同角度对场景进行预览。

场景视窗包括全景图(Panorama)、左视图(Left)、前视图(Front)、顶视图(Top)四类。在"菜单栏"→"布局"里可以选择不同的场景视窗，四视窗如图 4-10 所示。

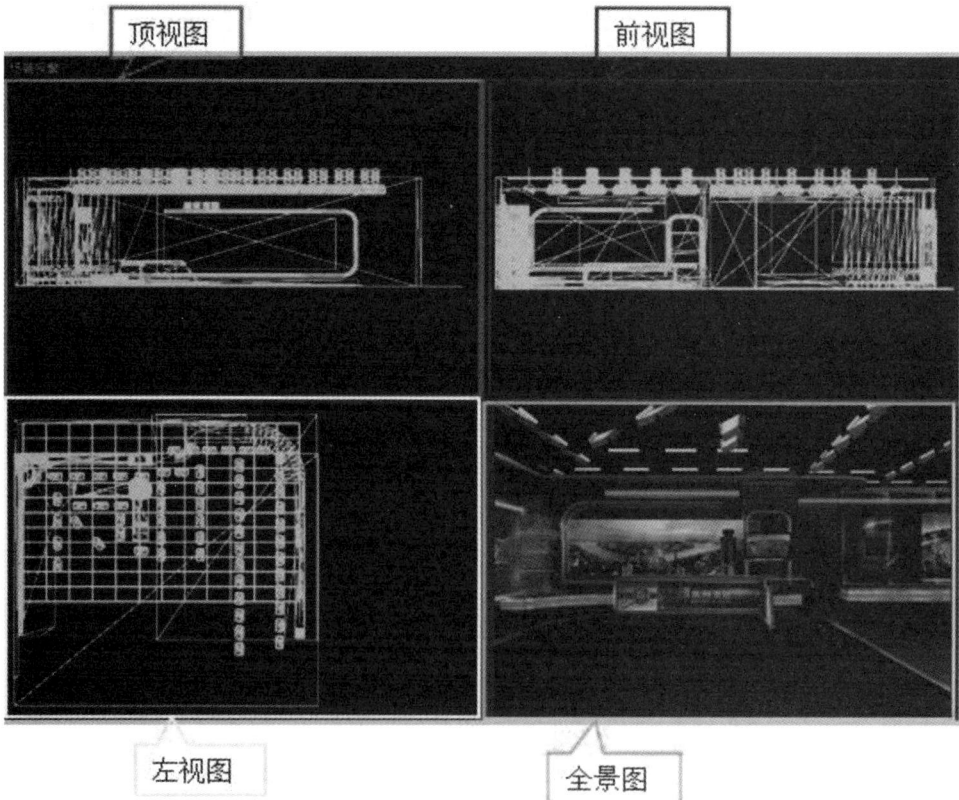

图 4-10　四视窗

在场景视窗的任意一点右击，会弹出操纵器工具窗界面，如图 4-11 所示。

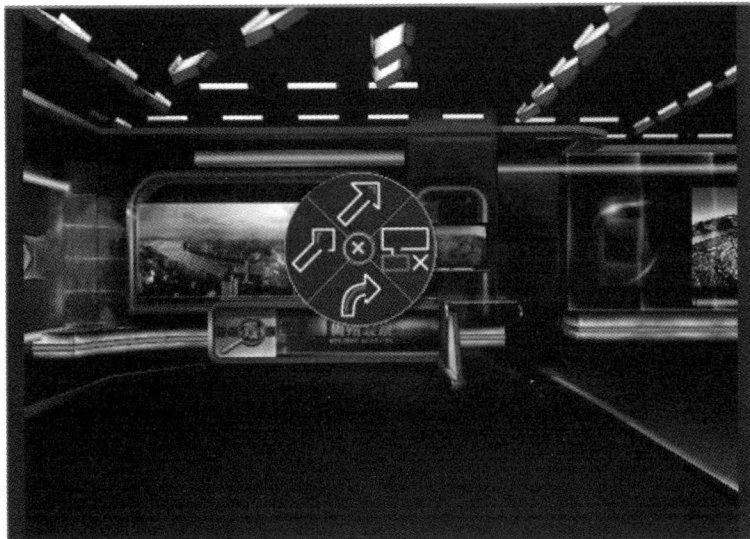

图 4-11　操纵器工具箱界面

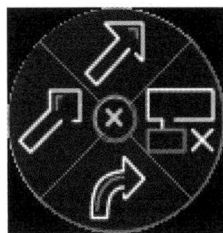

图 4-12　操纵器工具窗

操纵器工具窗如图 4-12 所示。

操纵器工具窗中的各工具用法如表 4-6 所示。

表 4-6　操纵器描述及说明

栏目名称	图标	描　述	说　明
位移		移动场景对象	对场景对象进行移动
缩放		缩放场景对象	对场景对象进行放大或缩小
旋转		旋转场景对象	对场景对象进行旋转
删除		删除场景对象	对场景对象进行删除
关闭		关闭操纵器工具窗口	

4.3　VR Designer 工具视窗

VR Designer 工具视窗在场景视窗的左边和下边，包含场景树、资源浏览、场景属性、工具、动画编辑器、高级动画编辑器和连接编辑器。

各工具视窗也可由"工具栏"→"视窗工具条"打开或关闭，其中场景树、资源浏览、工具、场景属性可以环绕场景视窗自由拖动，动画编辑器固定在页面的底部，打开高级动画编辑器或连接编辑器会弹出相应的高级动画编辑器窗口和连接编辑器窗口。

4.3.1　场景树

场景树用于对场景对象进行分层、分组管理，并对场景元素及其属性进行添加或删除，场景树界面如图 4-13 所示。

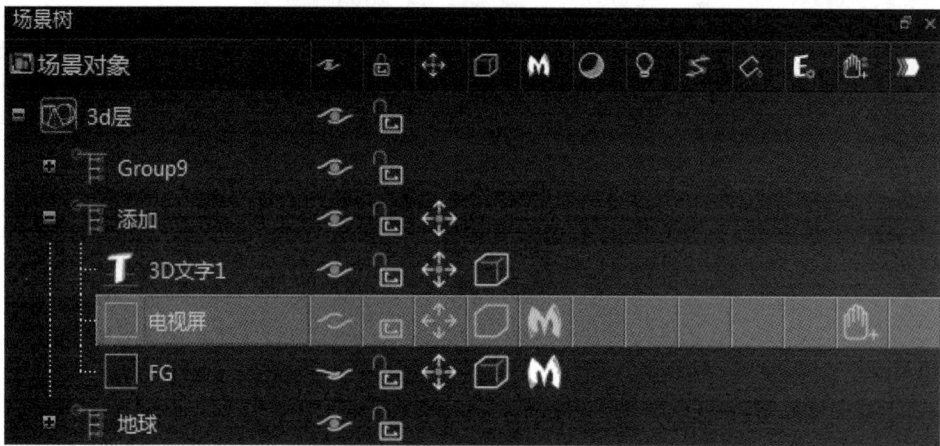

场景树

图 4-13　场景树界面

场景树还能用于存放制作场景的资源，包括插件库、图片库、模型库、收藏库和资源浏览几个模块。

1. 插件库

插件库用于存放软件内部生成的资源，包括常见的三维物体、纹理和材质。

1) 三维物体

三维物体用于对 2D 层、3D 层、组、常见几何体和复杂曲面的建模，以及文字、灯光的制作。常见几何体包括圆盘、箭头、长方体、圆柱、椎体、球体、金字塔、倒角矩形、矩形。复杂曲面包括 2D 条带、挤出、旋转。文字包括 3D 文字、2D 文字。复杂三维物体建模如图 4-14 所示。

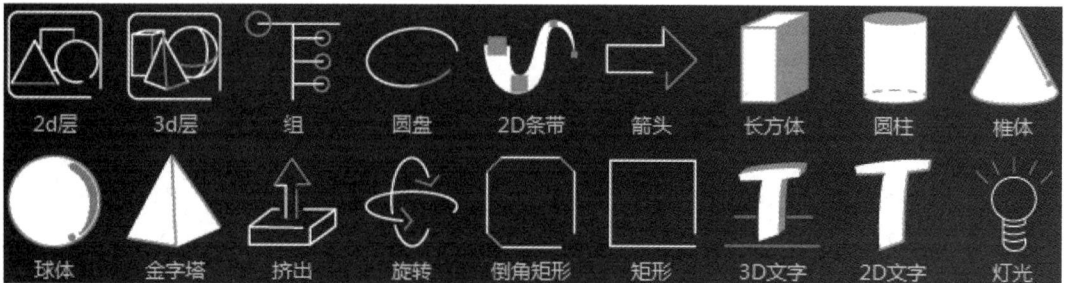

图 4-14　复杂三维物体建模

(1) 2D 层：给场景添加一个二维空间，空间内的物体只具有二维属性。

(2) 3D 层：给场景添加一个三维空间，主要用于三维场景的制作，层内的物体具有三维空间属性。

(3) 组：给层内的物体编组，使组内物体有相同的运动、贴图、材质等属性。

(4) 常见几何体：圆盘、箭头、长方体、圆柱、椎体、球体、金字塔、倒角矩形、矩形，不同的几何体具有不同的几何体属性。

(5) 2D 条带：用简单的光效贴图和贝塞尔曲线组合来制作扫光效果。

(6) 挤出：把平面图进行拉伸挤出形成 3D 物体，可以将一张地图进行挤出使其具有厚度，增加立体感。

(7) 旋转：把平面图围绕中心轴旋转形成 3D 物体，用于复杂 3D 物体的建模。

(8) 文字：包括 3D 文字、2D 文字，用来制作立体字和平面字。

(9) 灯光：给所处层内赋有材质属性的物体提供光照。

2) 纹理

纹理包括图片纹理、系列图片纹理、视频文件纹理、实时视频纹理、多层纹理、文字纹理、层纹理、FG 视频纹理。纹理编辑界面如图 4-15 所示。

(1) 图片纹理：将图片贴在场景对象上。

(2) 系列图片纹理：导入序列图片贴在场景对象上，可以实现动画效果。

(3) 视频文件纹理：将视频文件贴在场景对象上。

(4) 实时视频纹理：将视频作为纹理贴在场景对象上，常用于新闻节目中，制作视频连线。

(5) 多层纹理：将多个图片分层混合贴在同一个场景对象上，例如同时将地表贴图、云层贴图、大气贴图作为多层纹理赋予球体来实现地球的制作，增加地球的立体感。

(6) 层纹理：把目标层作为纹理贴在场景对象上。

(7) FG 视频纹理：把摄像机拍摄的视频作为视频纹理显示在场景对象上。

图 4-15　纹理编辑界面

3) 材质

材质用于存放编辑好的材质属性，为便于调用，材质又分为材质属性和颜色。

(1) 材质属性：场景对象表面各可视属性的结合，包括材料、质感、色彩、纹理、光滑度、透明度、反射率、折射率、发光度等。

(2) 颜色：场景对象表面反射光的效果。

2. 图片库

图片库用于存放常用的贴图。

3. 模型库

模型库用于存放从外部导入的三维模型，例如由 Maya 或者 3D Max 等三维软件制作的模型。

4. 收藏库

收藏库用于存放使用者的个人常用图片和模型资源等。

5. 资源浏览

资源浏览用于对本台计算机内可用资源的浏览和调出。

4.3.2　场景属性

场景属性的作用是显示、编辑场景对象的属性参数，场景对象的属性参数决定了场景对象在场景中的位置、状态、显示效果和运动效果等。场景属性界面如图 4-16 所示。

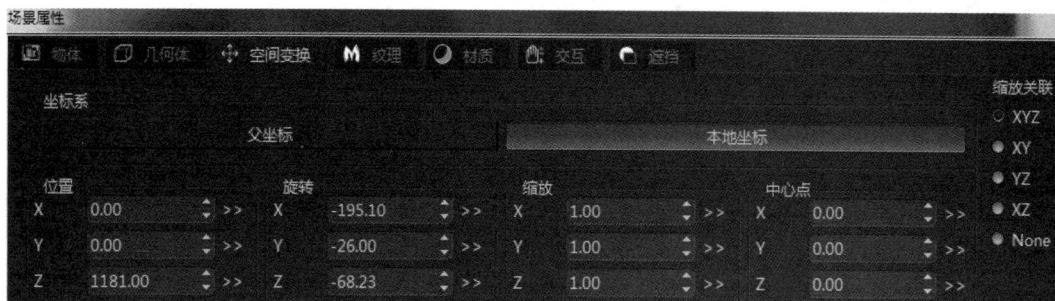

图 4-16　场景属性界面

场景属性和场景对象是密不可分的，不同类型的场景对象有不同的场景属性，场景属性可以在场景树工具视窗里添加或删除。场景树界面如图 4-17 所示。

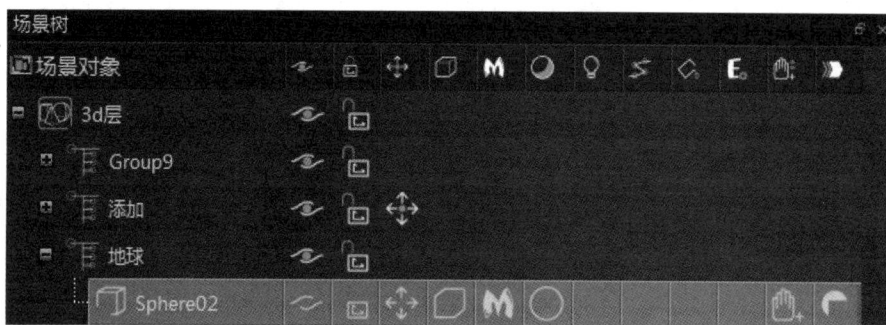

图 4-17　场景树界面

1. 层的场景属性

层的场景属性有空间变换、渲染层、层环境、摄像机等 4 个项目，其界面如图 4-18 所示。

图 4-18　层的场景属性界面

层的场景属性描述及说明如表 4-7 所示。

表 4-7　层的场景属性描述及说明

栏目名称	图标	描　述	说　明
空间变换		设置层的坐标、角度和缩放等参数	
渲染层		设置层的渲染模式、混合方式和深度缓冲等参数	
层环境		设置层的环境、背景颜色及显示效果	
摄像机		设置摄像机的位置、姿态、相机和目标等参数	目标是 3D 目标相机的参数，姿态是 3D 自由相机的参数

2. 组的场景属性

组的场景属性有物体、空间变换、纹理、材质、交互操作、遮挡 6 个栏目，其界面如图 4-19 所示。

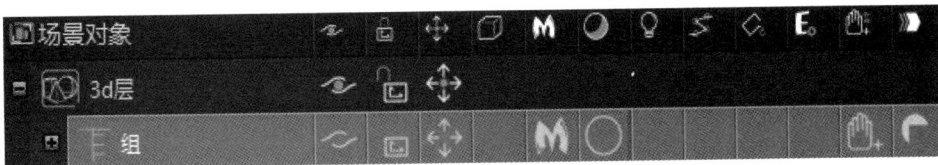

图 4-19　组的场景属性界面

组的场景属性描述如表 4-8 所示。

表 4-8　组的场景属性描述

栏目名称	图　标	描　述
物体		设置组的可见、透明度、混合和可用灯光
空间变换		设置组在层里的坐标、角度、缩放等参数
纹理		设置组的纹理
材质		设置组的材质或颜色
交互操作		设置交互操作的操作模式
遮挡		设置遮挡参数

3. 物体的场景属性

物体的场景属性有空间变换、几何体、纹理、材质(或色彩)、灯光、交互操作、遮挡 7

个栏目，其界面如图 4-20 所示。

图 4-20　物体的场景属性界面

物体的场景属性描述及说明如表 4-9 所示。

表 4-9　物体的场景属性描述及说明

栏目名称	图标	描　述	说　明
空间变换		设置 3D 物体在层里的坐标、角度、缩放等参数	
物体		设置 3D 物体的可见、透明度、混合、可用灯光	
几何体		设置 3D 物体的几何属性	几何体特有，不可删除
纹理		设置 3D 物体的显示效果	
材质		设置 3D 物体的材质或颜色	
交互操作		设置交互操作的操作模式	
遮挡		设置遮挡参数	

4. 灯光的场景属性

灯光的场景属性有空间变换、纹理、材质(或色彩)、灯光、遮挡 5 个栏目，其界面如图 4-21 所示。

图 4-21　灯光的场景属性界面

灯光场景属性描述及说明如表 4-10 所示。

表 4-10　灯光场景属性描述及说明

栏目名称	图标	描　述	说　明
空间变换		设置灯光在层里的空间位置、缩放等参数	
灯光		设置灯光光效参数	灯光特有，不可删除
遮挡		设置遮挡参数	

4.3.3　属性编辑

1. 渲染层

渲染层是层属性，分为可见、混合、混合颜色和深度缓冲，其属性编辑界面如图 4-22 所示。

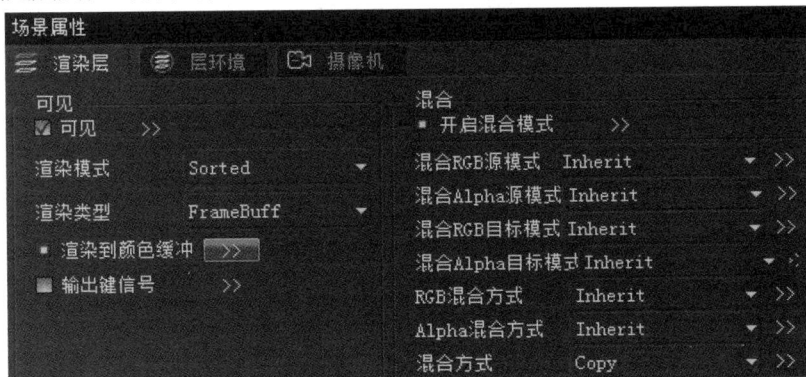

(a)

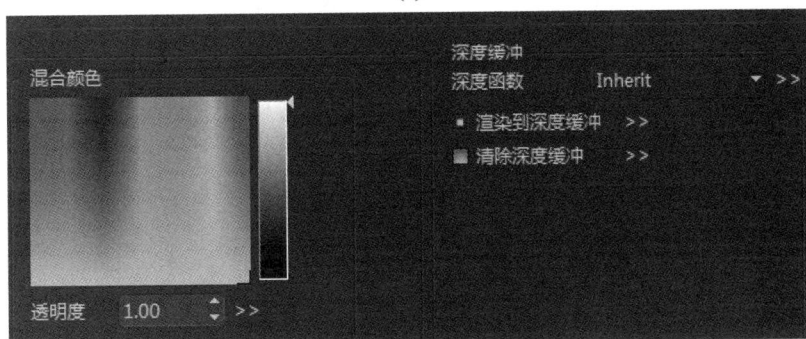

(b)

图 4-22　渲染层属性编辑界面

1) 可见

可见包括选择可见、选择锁定、渲染模式、渲染类型、选择渲染到颜色缓冲和选择输出键信号等内容。

(1) 渲染模式：包括 Sorted(排序渲染)、Hierarchical(分层渲染)，如图 4-23 所示。

图 4-23　渲染模式

(2) 渲染类型：FrameBuff 只作为帧缓存输出；FB，Texture 既可作为帧缓存输出，又可作为纹理使用(配合层纹理进行使用)；Texture 只作为纹理使用，如图 4-24 所示。

图 4-24　渲染类型

下面以 3D 层——古典为层纹理，以长方体为添加层纹理的场景对象为例说明三种不同渲染类型的效果。

FrameBuff：显示层和无层纹理效果的物体，如图 4-25 所示。

图 4-25　显示层和无层纹理效果的物体

FB，Texture：显示层和有层纹理效果的物体，如图 4-26 所示。

图 4-26　显示层和有层纹理效果的物体

Texture：只显示有层纹理效果的物体，如图 4-27 所示。

图 4-27　只显示有层纹理效果的物体

2) 混合

混合用来选择物体的混合模式和混合方式，把某一像素位置原来的颜色和将要画上去的颜色，通过某种方式混在一起，从而实现特殊的效果。混合通常用来实现半透明的效果，其中将要画上去的颜色称为源颜色，原来的颜色称为目标颜色，将要绘制的对象称为源对象，已在帧缓存中的对象称为目标对象。

混合包括选择是否开启混合模式、选择混合 RGB 源模式、选择混合 Alpha 源模式、选择混合 RGB 目标模式、选择混合 Alpha 目标模式、选择 RGB 混合方式、选择 Alpha 混合方式和选择混合方式。

【例 4-1】　设源对象的某个顶点的颜色值为(Rs，Gs，Bs，As)，目标对象对应此顶点的颜色值为(Rd，Gd，Bd，Ad)，源混合因子为(Sr，Sg，Sb，Sa)，目标混合因子为(Dr，Dg，Db，Da)，该顶点最终颜色值为(Cr，Cg，Cb，Ca)，则有

Cr = Rs*Sr<OP>Rd*Dr，

Cg = Gs*Sg<OP>Gd*Dg，

Cb = Bs*Sb<OP>Bd*Db，

Ca = As*Sa<OP>Ad*Da。

这里 R、G、B、A 的值域是<0，1>，<OP>可以是加法(+)、减法(−)、逆向减法、最小值、最大值或按位逻辑操作，并且其优先级小于乘法(*)，RGB 混合方式、Alpha 混合方式即运算方式<OP>。

任意混合 RGBA 的值并不是简单的 RGBA 的值与混合因子的乘积，它们之间是一种逻辑运算的关系，如表 4-11 所示。

表 4-11　混合 RGBA 模式及说明

混合模式	参数对象	描　　述
混合 RGB 源模式	源 RGB 混合值	混合源 RGB 值的算法
混合 Alpha 源模式	源 Alpha 混合值	混合源 Alpha 值的算法
混合 RGB 目标模式	目标 RGB 混合值	混合目标 RGB 值的算法
混合 Alpha 目标模式	目标 Alpha 混合值	混合目标 Alpha 值的算法

混合 RGB 源模式、混合 Alpha 源模式、混合 RGB 目标模式、混合 Alpha 目标模式的混合模式相同，不同的混合模式定义了了不同的混合 RGBA 的值。

(1) 混合 RGB 源模式。混合源 RGB 值说明如表 4-12 所示。

表 4-12　混合源 RGB 值说明

混合模式	含　　义	描　　述
Inherit	继承	继承上一级的混合模式。如果是顶级的层，则混合源 RGB 值 = 源 RGB×源 Alpha
Zero	置零	混合源 RGB 值置零，半透明的区域变黑
One	置一	混合源 RGB 值置一，半透明的区域变全透明

混合模式	含　义	描　　述
Dest Color	目标颜色	混合源 RGB 值 = 目标 RGB 值
Src Color	源颜色	混合源 RGB 值 = 源 RGB 值，即混合源 RGB 值不变
1 − Dest Color	一减目标颜色	混合源 RGB 值 = 1 − 源 RGB 值
1 − SrcColor	一减源颜色	混合源 RGB 值 = 1 − 目标 RGB 值
Src Alpha	源 Alpha	混合源 RGB 值 = 源 Alpha 值
1 − Src Alpha	一减源 Alpha	混合源 RGB 值 = 1 − 源 Alpha 值
Dest Alpha	目标 Alpha	混合源 RGB 值 = 目标 Alpha 值
1 − Dest Alpha	一减目标 Alpha	混合源 RGB 值 = 1 − 目标 Alpha 值
Src Alpha Saturate	取源 Alpha 最小值	混合源 RGB 值 = 源 Alpha 值和 1 − 目标 Alpha 值的最小值
Const Color	设定颜色	混合源 RGB 值 = 自定义 RGB 值
1 − Const Color	一减设定颜色	混合源 RGB 值 = 1 − 自定义 RGB 值
Const Alpha	设定 Alpha	混合源 RGB 值 = 自定义 Alpha 值
1 − Const Alpha	一减设定 Alpha	混合源 RGB 值 = 1 − 自定义 Alpha 值

(2) 混合 Alpha 源模式。混合源 Alpha 值说明如表 4-13 所示。

表 4-13　混合源 Alpha 值说明

混合模式	含　义	描　　述
Inherit	继承	继承上一级的混合模式。如果是顶级的层，则混合源 Alpha 值 = 源 Alpha 值，即混合源 Alpha 值不变
Zero	置零	混合源 Alpha 值置零，半透明的区域变黑
One	置一	混合源 Alpha 值置一，半透明的区域变全透明
Dest Color	目标颜色	混合源 Alpha 值 = 目标 RGB 值
Src Color	源颜色	混合源 Alpha 值 = 源 RGB 值
1 − Dest Color	一减目标颜色	混合源 Alpha 值 = 1 − 源 RGB 值
1 − SrcColor	一减源颜色	混合源 Alpha 值 = 1 − 目标 RGB 值
Src Alpha	源 Alpha	混合源 Alpha 值 = 源 Alpha 值，即混合源 Alpha 值不变
1 − Src Alpha	一减源 Alpha	混合源 Alpha 值 = 1 − 源 Alpha 值
Dest Alpha	目标 Alpha	混合源 Alpha 值 = 目标 Alpha 值
1 − Dest Alpha	一减目标 Alpha	混合源 Alpha 值 = 1 − 目标 Alpha 值

混合模式	含　义	描　　述
Src Alpha Saturate	取源 Alpha 最小值	混合源 Alpha 值 = 源 Alpha 值与 1 − 目标 Alpha 值中的最小值
Const Color	设定 RGB	混合源 Alpha 值 = Const Color 的 RGB 值
1 − Const Color	一减设定 RGB	混合源 Alpha 值 = 1 − Const Color 的 RGB 值
Const Alpha	设定 Alpha	混合源 Alpha 值 = Const Alpha 值
1 − Const Alpha	一减设定 Alpha	混合源 Alpha 值 = 1 − Const Alpha 值

　　当混合模式选择 Const Color 时，可以使用右侧的混合颜色栏来设置颜色；当混合模式选择 Const Alpha 时，可以使用下方的透明度来设置 Alpha 值，颜色设置界面如图 4-28 所示。

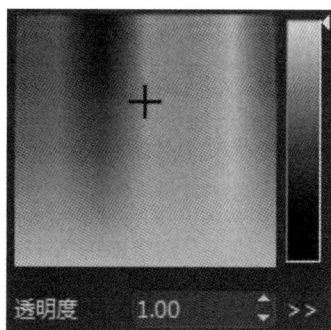

图 4-28　颜色设置界面

　　混合 RGB 目标模式与混合 RGB 源模式的混合方式相同，混合 RGB 目标模式定义的是混合目标 RGB 值。

　　混合 Alpha 目标模式与混合 Alpha 源模式的混合方式相同，混合 Alpha 目标模式定义的是混合目标 Alpha 值。

　　RGB 混合方式、Alpha 混合方式的算法相同，混合方式即运算方式<OP>，混合方式说明如表 4-14 所示。

表 4-14　混合方式说明

混合方式	含　义	描　　述
Inherit	继承	继承上一级的混合方式。如果是顶级的层，则作加法运算
Add	加	作加法运算
Subtract	减	作减法运算
Rev Subtract	反减	作反减运算
Min	最小值	取最小值
Max	最大值	取最大值
Logic Op	逻辑运算	作逻辑运算

(3) 混合方式。当 RGB 混合方式、Alpha 混合方式选择 Logic Op(逻辑运算)时，以二进制形式进行逻辑运算来定义 RGB 的混合值，逻辑运算由混合方式来定义。RGB 的混合方式说明如表 4-15 所示。

这里 RGB 的值域是二进制的<00 000 000, 11 111 111>，即十进制的<0, 255>。

表 4-15　RGB 的混合方式说明

混合方式	含　义	描　　述
Clear	置零	混合 RGB 值 = 00 000 000，同 0
Set	置一	混合 RGB 值 = 11 111 111，同 255
Copy	复制	混合 RGB 值 = 混合源 RGB 的值
Copy Inverted	倒向复制	混合 RGB 值 = 混合源 RGB 的值进行非运算
Noop	不混合	混合 RGB 值 = 混合目标 RGB 的值
Invert	倒向	混合 RGB 值 = 混合目标 RGB 的值进行非运算
And	与	混合 RGB 值 = 混合源 RGB 值与混合目标 RGB 值进行与运算
Nand	与非	混合 RGB 值 = 混合源 RGB 值与混合目标 RGB 值进行与非运算
Or	或	混合 RGB 值 = 混合源 RGB 值与混合目标 RGB 值进行或运算
Nor	或非	混合 RGB 值 = 混合源 RGB 值与混合目标 RGB 值进行或非运算
Xor	异或	混合 RGB 值 = 混合源 RGB 值与混合目标 RGB 值进行异或运算
Equiv	同或	混合 RGB 值 = 混合源 RGB 值与混合目标 RGB 值进行同或运算
And Reverse	与反	混合 RGB 值 = 混合目标 RGB 值进行非运算后再与混合源 RGB 值进行与运算
And Inverted	与倒	混合 RGB 值 = 混合源 RGB 值进行非运算后再与混合目标 RGB 值进行与运算
Or Reverse	或反	混合 RGB 值 = 混合目标 RGB 值进行非运算再与混合源 RGB 值进行或运算
Or Inverted	或倒	混合 RGB 值 = 混合源 RGB 值进行非运算后再与混合目标 RGB 值进行或运算

Alpha 的混合方式说明如表 4-16 所示。

表 4-16　Alpha 的混合方式说明

混合方式	含　义	描　　述
Clear	置零	混合 Alpha 值 = 00 000 000，同 0
Set	置一	混合 Alpha 值 = 11 111 111，同 255
Copy	复制	混合 Alpha 值 = 混合源 Alpha 的值
Copy Inverted	倒向复制	混合 Alpha 值 = 混合源 Alpha 的值进行非运算
Noop	不混合	混合 Alpha 值 = 混合目标 Alpha
Invert	倒向	混合 Alpha 值 = 混合目标 Alpha 的值进行非运算
And	与	混合 Alpha 值 = 混合源 Alpha 值与混合目标 Alpha 值进行与运算
Nand	与非	混合 Alpha 值 = 混合源 Alpha 值与混合目标 Alpha 值进行与非运算
Or	或	混合 Alpha 值 = 混合源 Alpha 值与混合目标 Alpha 值进行或运算
Nor	或非	混合 Alpha 值 = 混合源 Alpha 值与混合目标 Alpha 值进行或非运算
Xor	异或	混合 Alpha 值 = 混合源 Alpha 值与混合目标 Alpha 值进行异或运算
Equiv	同或	混合 Alpha 值 = 混合源 Alpha 值与混合目标 Alpha 值进行同或运算
And Reverse	与反	混合 Alpha 值 = 混合目标 Alpha 值进行非运算后再与混合源 Alpha 值进行与运算
And Inverted	与倒	混合 Alpha 值 = 混合源 Alpha 值进行非运算后再与混合目标 Alpha 值进行与运算
Or Reverse	或反	混合 Alpha 值 = 混合目标 Alpha 值进行非运算再与混合源 Alpha 值进行或运算
Or Inverted	或倒	混合 Alpha 值 = 混合源 Alpha 值进行非运算后再与混合目标 Alpha 值进行或运算

3) 混合颜色

混合颜色用于编辑混合颜色和透明度，即把通道中的信息混合输出到指定通道中，利用原通道信息进行计算(混合)，把结果输出至指定输出通道，从而改变图片色彩，而被改变的通道只有输出通道。信息给到了输出通道，其颜色也就一致了。

4) 深度缓冲

深度缓冲包括选择深度函数、选择渲染到缓冲深度、选择清除深度缓冲。

深度缓冲是一段数据，它记录了每个像素与观察者的距离。在启用深度缓冲的情况下，如果将要绘制的像素与观察者的距离比原来的像素更近，则像素将被绘制；否则，像素会被忽略掉，不进行绘制。显示结果总是近的物体遮住远的物体，深度缓冲保留的深度取决于选择的深度函数。

如果选择的深度函数是 Compare Function.Less Equal，那么只有小于或等于当前深度值的值才会被保留，而大于当前深度值的值会被抛弃。

像素的深度值是由视矩阵和投影矩阵决定的。近裁平面(离相机最近的渲染位置)上的像素的深度值为 0，远裁平面(离相机最远的渲染平面)上的像素的深度值为 1。场景中的每个对象都需进行绘制，通常最靠近相机的像素会被保留，这些对象阻挡了它们后面对象的可见性。

深度函数包括 Inherit(继承)、Never、Always、Less、Less equal、Equal、Greater equal、Greater、Equal，深度函数选择界面如图 4-29 所示。

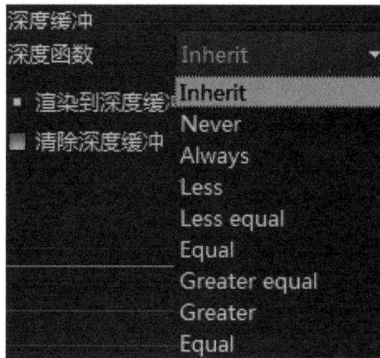

图 4-29　深度函数选择界面

2. 层环境

层环境用来编辑层环境或层背景的红、绿、蓝、色相、饱和度、亮度、类型/透明度等参数，其界面如图 4-30 所示。

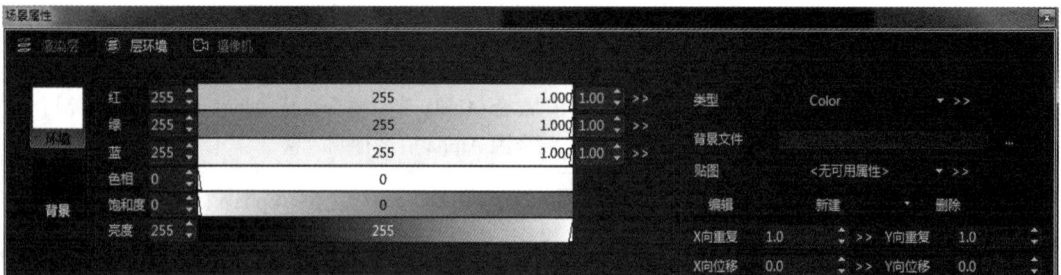

图 4-30　层环境界面

1) 环境

环境设置用于给目标层添加设定的环境光，可以设置环境光的红、绿、蓝、色相、饱和度、亮度等参数。环境设置界面如图 4-31 所示。

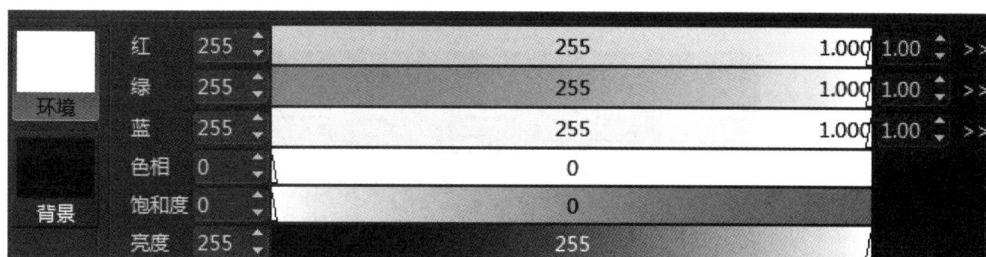

图 4-31　环境设置界面

2) 背景

背景设置用于设置目标层的背景颜色，默认为黑色，可以设置层背景的红、绿、蓝、色相、饱和度、亮度和透明度等参数。背景设置界面如图 4-32 所示。

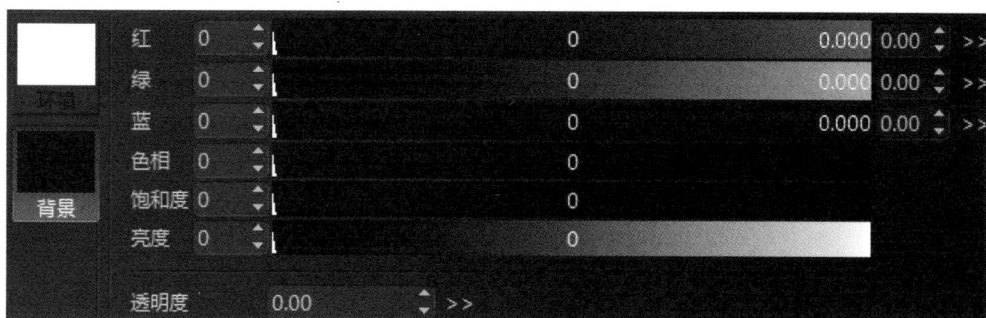

图 4-32　背景设置界面

注意：只有当目标层作为层纹理，且背景输出类型选择 Color 时，背景透明度才有效果。

3) 类型

类型设置用于选择背景的类型，设置背景文件，选择贴图，编辑图像属性、X 向重复、Y 向重复、X 向位移、Y 向位移。

类型分为 Color(色彩)、Image(图片)、Texture(纹理)，如图 4-33 所示。

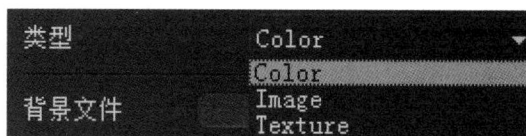

图 4-33　类型界面

4) 背景文件

当背景类型选择 Image 时，可选择图像文件，支持的格式有 *.jpg、*.tif、*.jpeg、*.bmp、*.tga、*.pcx、*.pic、*.png、*.sgi。

5) 贴图

当背景类型选择 Texture 时，可对贴图进行设置。

6) 新建

新建包括图像纹理、视频纹理、实时视频纹理、多重纹理、渲染层纹理、系列图片纹理、FG 视频纹理等。新建界面如图 4-34 所示。

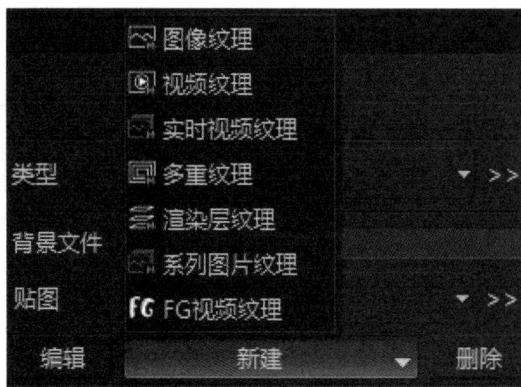

图 4-34　新建界面

点击编辑，场景属性出现纹理栏，此纹理栏即新建纹理的纹理属性。

3. 摄像机

摄像机分为新增 2D 相机、新增 3D 自由相机和新增 3D 目标相机，如图 4-35 所示。对于所有的场景，要在摄像机里勾选跟踪才会有跟踪效果。

图 4-35　摄像机界面

编辑摄像机参数效果需要使所连接的编辑器相机处于关闭状态，并可通过编辑相机的位置、姿态来制作虚拟摇臂。

1) 2D 相机

2D 相机可以设定摄像机的位置、姿态和视口等参数，如图 4-36 所示。

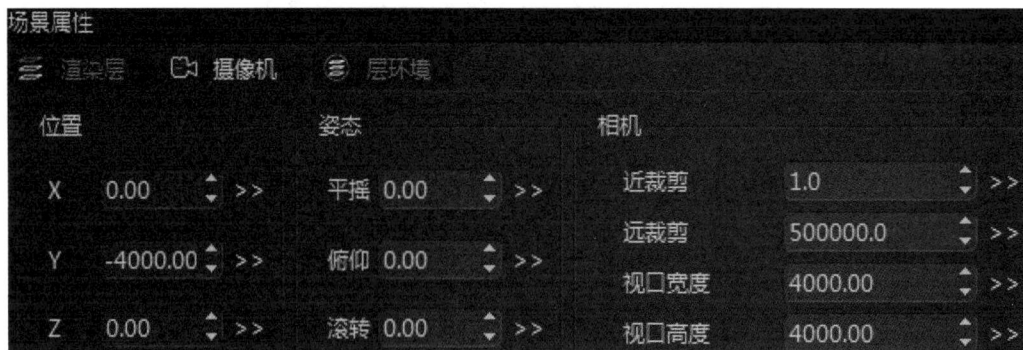

图 4-36　2D 相机界面

2) 3D 自由相机

3D 自由相机可以设定摄像机的位置、姿态和裁剪参数并选择使用跟踪。其中的垂直张角相当于变焦。3D 自由相机界面如图 4-37 所示。

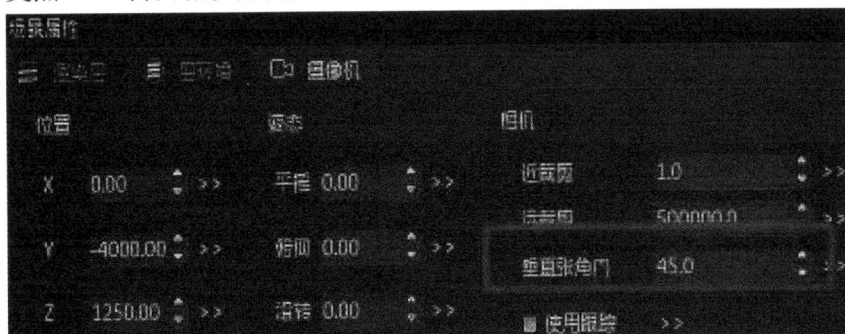

图 4-37　3D 自由相机界面

3) 3D 目标相机

3D 目标相机可以设定摄像机的位置、目标的位置、相机裁剪等参数和选择使用跟踪，如图 4-38 所示。

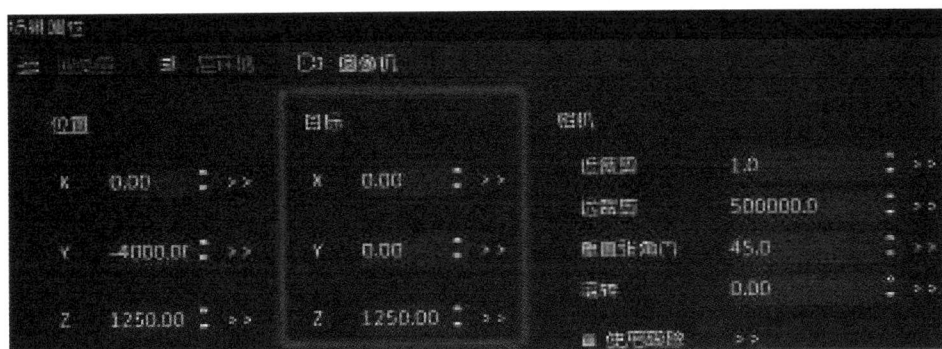

图 4-38　3D 目标相机界面

自由相机和目标相机的区别在于调整对象不同。调整自由相机是调整相机本身的参数，以获得不同的视图；而调整目标相机是调整目标对象的参数，以获得不同的视图。

4. 空间变换

空间变换用于编辑场景对象的位置、旋转、缩放、中心点等参数，空间变换的参数决定了场景对象在空间里的位置、朝向、大小等显示效果。空间变换界面如图 4-39 所示。

图 4-39　空间变换界面

点击操纵器工具条的位移，➕场景视窗上会出现场景对象的坐标轴，坐标轴说明如表 4-17 所示。

表4-17 坐标轴说明

坐标系	栏目	分量	描述
父坐标	位置	X	场景对象左右移动,坐标轴不动
		Y	场景对象前后移动,坐标轴不动
		Z	场景对象上下移动,坐标轴不动
	旋转	X	场景对象沿父坐标——中心点的 X 轴方向旋转
		Y	场景对象沿父坐标——中心点的 Y 轴方向旋转
		Z	场景对象沿父坐标——中心点的 Z 轴方向旋转
	缩放	X	场景对象 X 方向放大/缩小
		Y	场景对象 Y 方向放大/缩小
		Z	场景对象 Z 方向放大/缩小
	中心点	X	场景的中心点 X 坐标
		Y	场景的中心点 Y 坐标
		Z	场景的中心点 Z 坐标
本地坐标	位置	X	场景对象及其坐标轴左右移动
		Y	场景对象及其坐标轴前后移动
		Z	场景对象及其坐标轴上下移动
	旋转	X	场景对象沿本地坐标——中心点坐标轴 X 轴旋转
		Y	场景对象沿本地坐标——中心点坐标轴 Y 轴旋转
		Z	场景对象沿本地坐标——中心点坐标轴 Z 轴旋转
	缩放	X	场景对象 X 方向放大/缩小
		Y	场景对象 Y 方向放大/缩小
		Z	场景对象 Z 方向放大/缩小
	中心点	X	场景对象的中心点 X 坐标
		Y	场景对象的中心点 Y 坐标
		Z	场景对象的中心点 Z 坐标

注意: 本地坐标的中心点坐标受父坐标影响,它的效果坐标值 = 父坐标位置值(X、Y、Z) + 本地坐标中心点值(X、Y、Z)。

当在 2D/3D 层里选定一个场景对象后,场景视窗上面出现一个简洁坐标系,这个坐标系和该场景对象的场景属性——空间变换的坐标系是一致的。

Parent 即父坐标,**Axis** 即本地坐标,如图 4-40 所示。

图 4-40 父坐标与本地坐标

布告板用于设置物体的视图调整方式,分为 Eye、World 和 Axial 模式,如图 4-41 所示。

图 4-41　布告板界面

5. 物体

组、3D 物体拥有物体属性，层、灯光不具有物体属性，主要用来编辑场景对象的可见、混合、可用灯光。物体属性设置界面如图 4-42 所示。

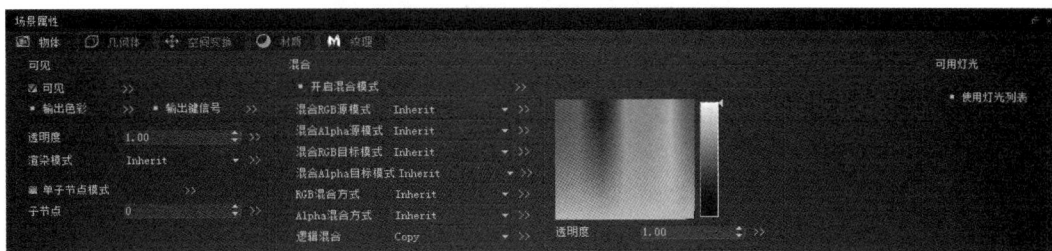

图 4-42　物体属性设置界面

1) 可见

可见属性包括选择可见、输出色彩、锁定、输出键信号、透明度、渲染模式、单子节点模式、子节点。

(1) 可见：显示或隐藏场景对象。这里和场景树——场景属性的可见是关联的，勾选时，场景树——场景属性为可见状态 ◉；取消勾选时，场景树——场景属性为不可见状态 ◐。

(2) 输出色彩：勾选时输出色彩；不勾选时不输出色彩，场景对象透明。

(3) 锁定： 🔒 锁定场景对象时，场景对象不可被编辑。

(4) 输出键信号：勾选时场景对象遮挡前景；不勾选时前景遮挡场景对象(配合遮挡一起使用)。

(5) 透明度：设置场景对象的颜色值(降低透明度数值时，拥有 Alpha 通道，场景对象变透明；没有 Alpha 通道，场景对象变黑)。

(6) 渲染模式：Inherited，继承上一级的渲染模式；Sorted，分类渲染；Hierarchical，分层渲染。

(7) 单子节点模式：组级场景对象只显示一个子级场景物体，默认为第一个。

(8) 子节点：单子节点模式下选择要显示的子级场景物体，数字与组级下场景物体的位置相对应。

2) 可用灯光

勾选使用灯光列表后，可以在灯光列表里选择想要使用的灯光，可以给场景对象添加不同的灯光效果。

6. 几何体

几何体用于设定场景对象的几何属性，不同的几何体虽然几何属性不同，但有相同的渲染模式。

渲染模式包括选择双面模式、填充模式、偏移因子、偏移单位。渲染模式界面如图 4-43 所示。

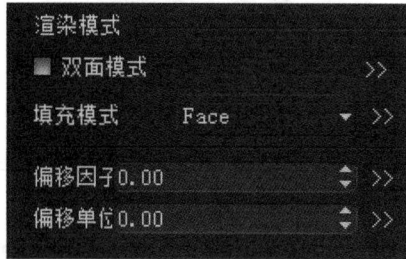

图 4-43　渲染模式界面

(1) 双面模式：勾选双面模式，则场景对象的前后面显示相同的视觉效果；不勾选则为单面模式，场景对象只有单面显示效果。

(2) 填充模式：分为 Face、OutLine、Point，如图 4-44 所示。

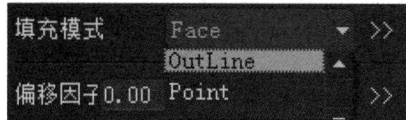

图 4-44　填充模式界面

以圆盘为例，选择 Face 填充模式，如图 4-45 所示。

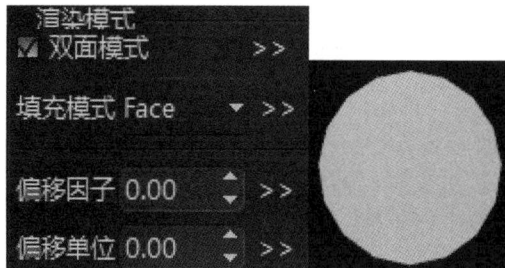

图 4-45　Face 参数设置

以圆盘为例，选择 OutLine 填充模式，如图 4-46 所示。

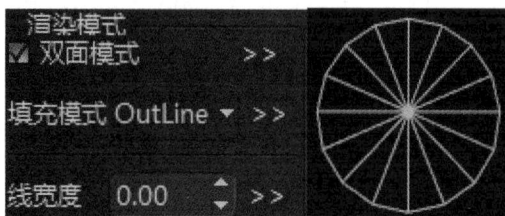

图 4-46　OutLine 参数设置

线宽度：线条的宽度。

以圆盘为例，选择 Point 填充模式，如图 4-47 所示。

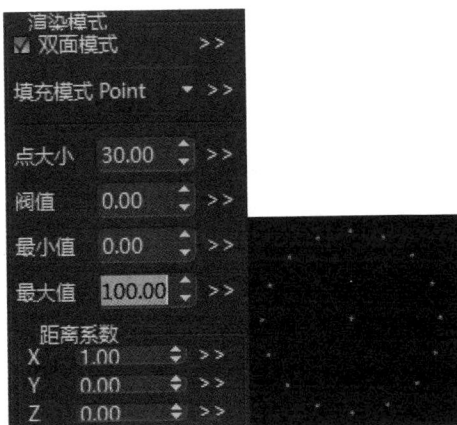

图 4-47　Point 参数设置

点大小：点的大小。

阈值：又叫临界值，是指一个效应能够产生的最低值或最高值。

(3) 偏移因子：在 3D 空间内，当 2 个物体的 2 个面因为设定好的场景属性参数重合在一起时，为了分辨它们，使用偏移因子将这 2 个面在场景视窗上分开。这里偏移因子栏的参数是偏移因子的数值。

(4) 偏移单位：偏移因子的长度单位。

1) 倒角矩形

(1) 渲染模式：选择渲染模式和填充模式。

(2) 倒角矩形：编辑倒角矩形的宽度、高度、倒直角、倒角半径和倒角片数，如图 4-48 所示。

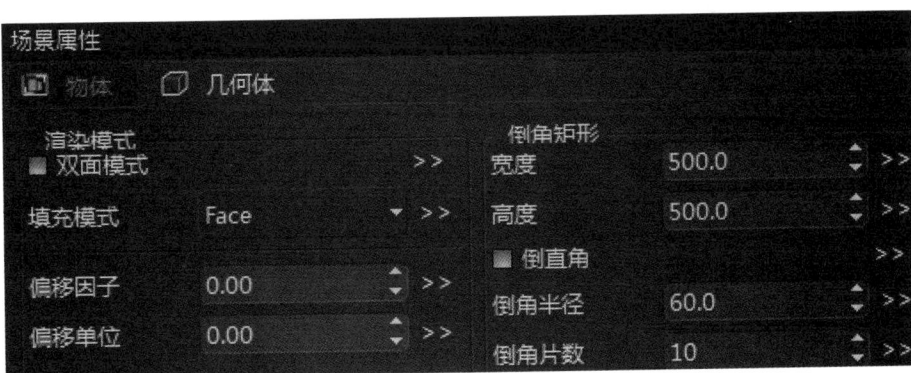

图 4-48　倒角矩形设置

2) 矩形

(1) 渲染模式：选择渲染模式和填充模式。

(2) 矩形：编辑矩形的宽度、高度。

(3) 渐变：选择启用渐变，编辑顶左、顶右、底左、底右的颜色，如图 4-49 所示。

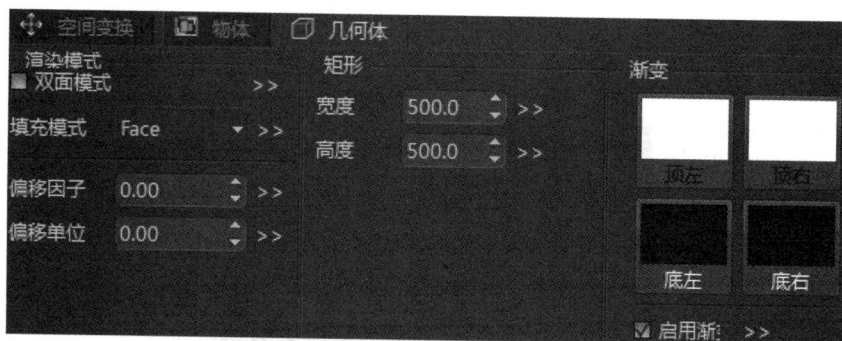

图 4-49　渐变模式界面

可以拖动白色三角或直接输入数字来设置红、绿、蓝、色相、饱和度、亮度、透明度等参数，从而编辑各渐变的色彩，如图 4-50 所示。

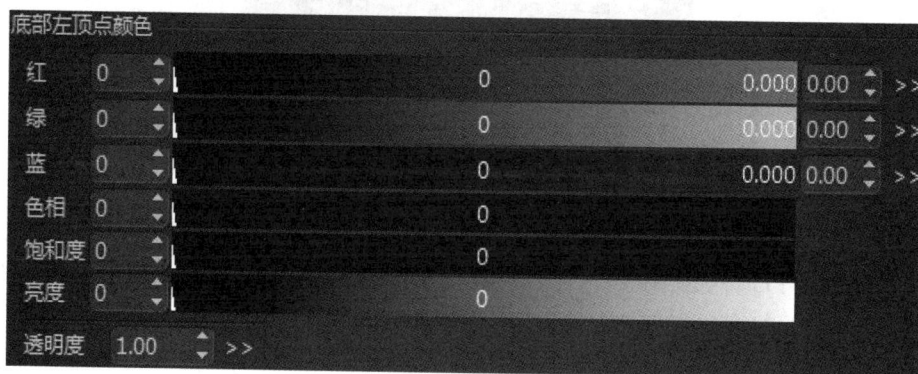

图 4-50　渐变颜色设置

分别设置顶左、顶右、底左、底右为不同颜色时矩形的效果，如图 4-51 所示。

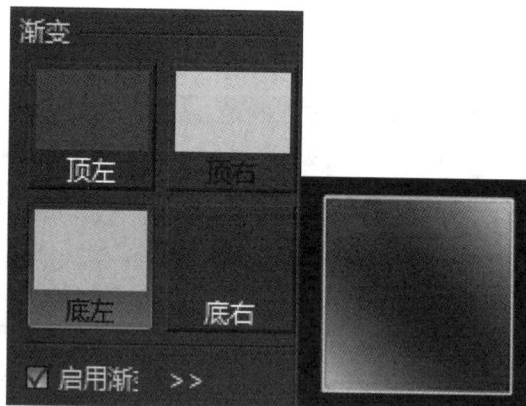

图 4-51　颜色矩阵设置

3) 圆盘

(1) 渲染模式：选择渲染模式和填充模式。

(2) 模型：编辑圆盘的半径、外半径、分段、分层等参数。

(3) 切角：选择是否切角，编辑起始切角和终止切角的角度。

圆盘参数设置如图 4-52 所示。

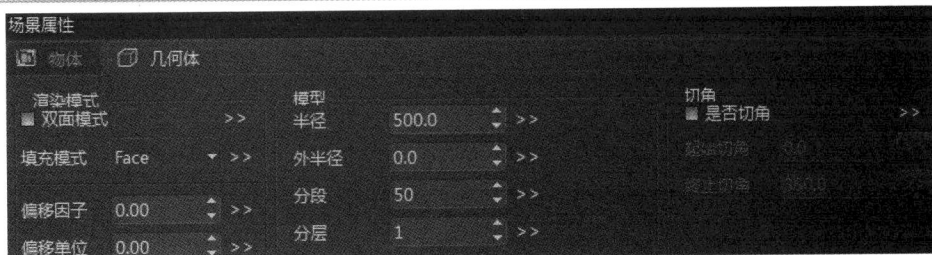

图 4-52　圆盘参数设置

默认参数及效果如图 4-53 所示。

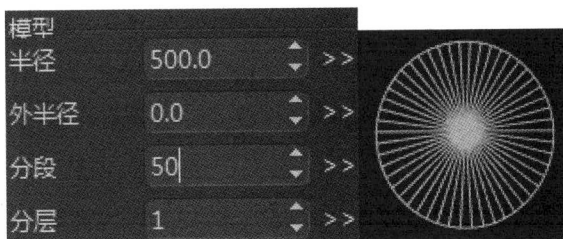

图 4-53　默认参数及效果

分段为 16 的效果如图 4-54 所示。

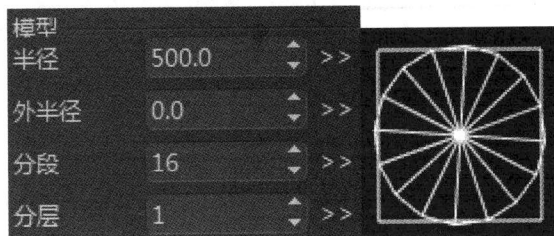

图 4-54　分段为 16 的效果

分层为 3 的效果如图 4-55 所示。

图 4-55　分层为 3 的效果

切角效果如图 4-56 所示。

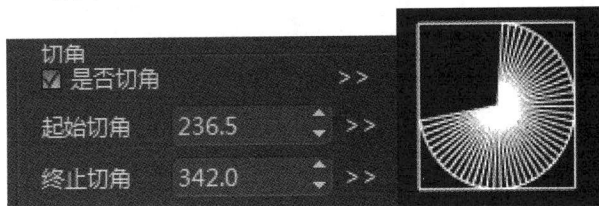

图 4-56　切角效果

外半径为 200 的效果如图 4-57 所示。

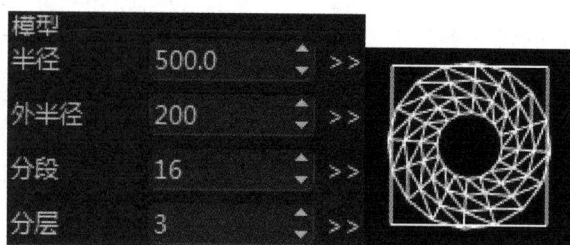

图 4-57　外半径为 200 的效果

4) 箭头

(1) 渲染模式：选择渲染模式和填充模式。

(2) 模型：编辑箭头的长度、宽度、箭嘴长度、箭嘴宽度，选择是否输出箭身、箭头。
箭头参数设置如图 4-58 所示。

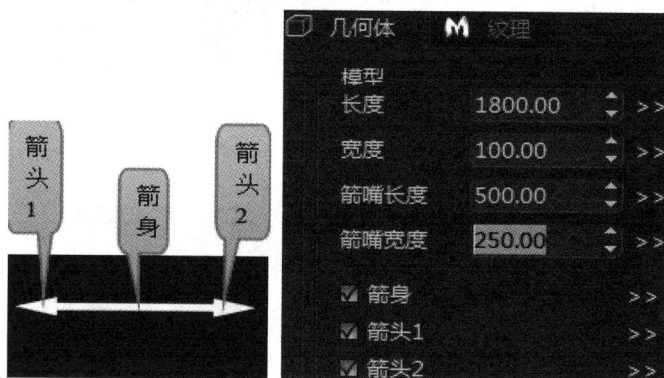

图 4-58　箭头参数设置

5) 长方体

(1) 渲染模式：选择渲染模式和填充模式。

(2) 模型：设置长方体的长、宽、高、长度分段、宽度分段和高度分段。

(3) 绘制选项：选择可见面，勾选则可见。

长方体参数设置如图 4-59 所示。

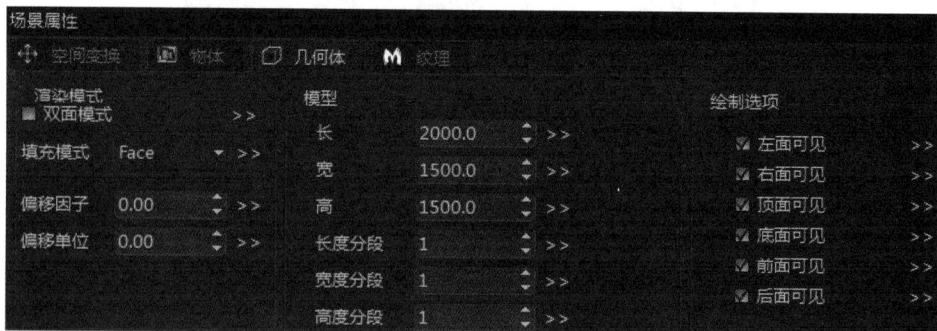

图 4-59　长方体参数设置

6) 圆柱体

(1) 渲染模式：选择渲染模式和填充模式。

(2) 模型：编辑圆柱体的半径、内半径、高、环面数、高度分段、径向分段。

(3) 切角：选择是否切角，编辑起始角和终止角的角度。

圆柱体参数设置如图 4-60 所示。

图 4-60　圆柱体参数设置

7) 锥体

(1) 渲染模式：选择渲染模式和填充模式。

(2) 模型：编辑锥体的底半径、顶半径、高、环面数、高度分段和径向分段。

(3) 切角：选择是否切角，编辑起始角和终止角的角度。

锥体参数设置如图 4-61 所示。

图 4-61　锥体参数设置

8) 球体

(1) 渲染模式：选择渲染模式和填充模式。

(2) 模型：编辑球体的半径、切面高度、环面数和径向分段。

(3) 切角：选择是否切角，编辑起始角和终止角的角度。

球体参数设置如图 4-62 所示。

图 4-62　球体参数设置

9) 金字塔

(1) 渲染模式：选择渲染模式和填充模式。

(2) 模型：设置金字塔的长、宽、高、长度分段、宽度分段和高度分段。

金字塔参数设置如图 4-63 所示。

图 4-63　金字塔参数设置

10) 2D 带条

2D 带条用来制作形状可编辑的带条型 2D 物体，一般多用于扫光效果的编辑。

(1) 渲染模式：选择渲染模式和填充模式。

(2) 模型：编辑带条的固定宽度、分段数、贴图位置、贴图长度等参数。

2D 带条参数设置如图 4-64 所示。

图 4-64　2D 带条参数设置

2D 带条的编辑曲线和编辑效果如图 4-65 所示。

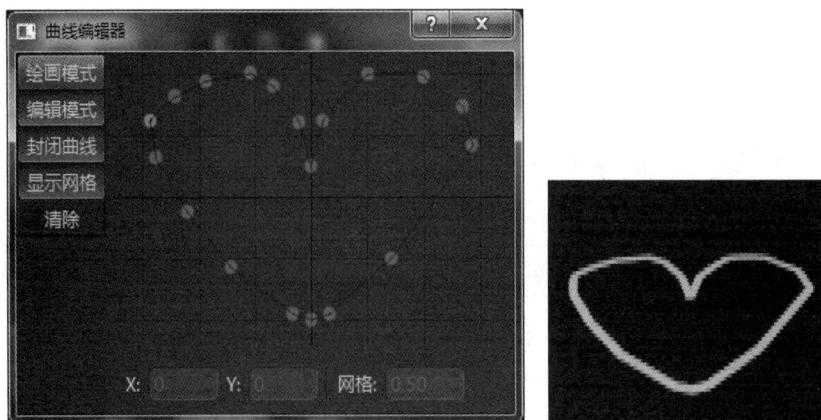

图 4-65　2D 带条的编辑曲线和编辑效果

双击宽度栏可编辑 2D 带条对应分段的宽度，如图 4-66 所示。

图 4-66　2D 带条对应分段的宽度设置

给 2D 带条添加纹理，编辑贴图位置，纹理会沿着 2D 带条的轨迹运动。

11）挤出

挤出是指平面图形沿垂直方向拉伸而形成三维物体，用于模型构建。

(1) 渲染模式：选择渲染模式和填充模式。

(2) 模型：编辑挤出高度、顶缩放、曲线分段、高度分段。

(3) 绘制选项：选择生成主体、生成底部、生成顶部、反转法线。

挤出参数设置如图 4-67 所示。

图 4-67　挤出参数设置

使用曲线编辑器手工绘制曲线，编辑挤出的几何形状，编辑步骤和 2D 带条的编辑步骤一样。

12）旋转

旋转是指平面图形绕竖轴旋转形成三维物体，用于模型构建。

(1) 渲染模式：选择渲染模式和填充模式。

(2) 模型：编辑倾斜、曲线分段、转角分段、底面分段。

(3) 绘制选项：选择生成主体、生成底部、生成顶部、生成切面。

旋转参数设置如图 4-68 所示。

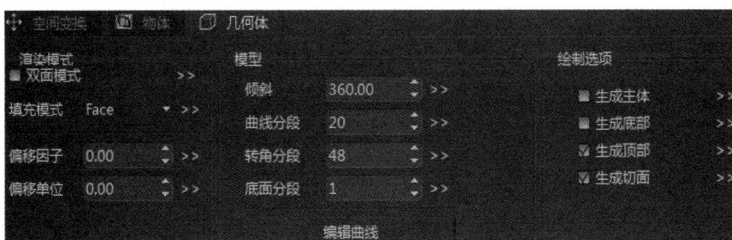

图 4-68　旋转参数设置

默认的旋转参数设置及效果如图 4-69 所示。

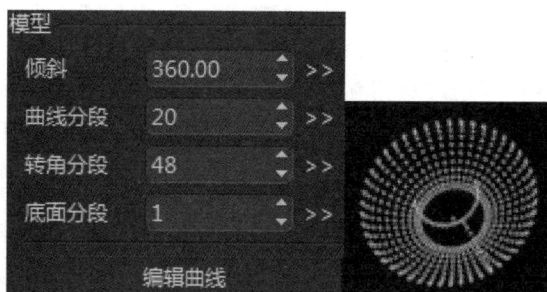

图 4-69　默认的旋转参数设置及效果

编辑倾斜为 300 时的参数设置及效果如图 4-70 所示。

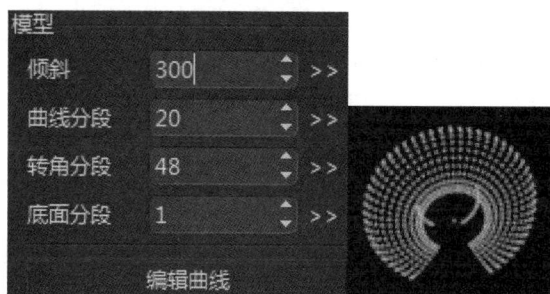

图 4-70　编辑倾斜为 300 时的参数设置及效果

编辑曲线分段为 10 时的参数设置及效果如图 4-71 所示。

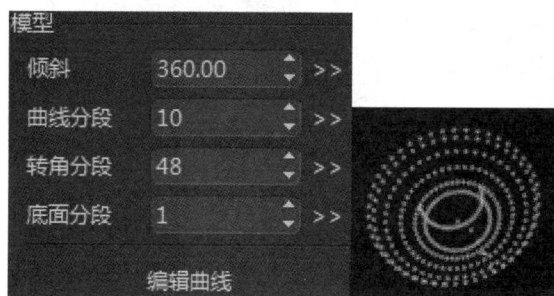

图 4-71　编辑曲线分段为 10 时的参数设置及效果

编辑转角分段为 12 时的参数设置及效果如图 4-72 所示。

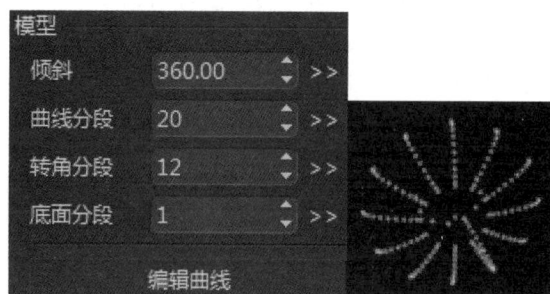

图 4-72　编辑转角分段为 12 时的参数设置及效果

编辑底面分段为 4 时的参数设置及效果如图 4-73 所示。

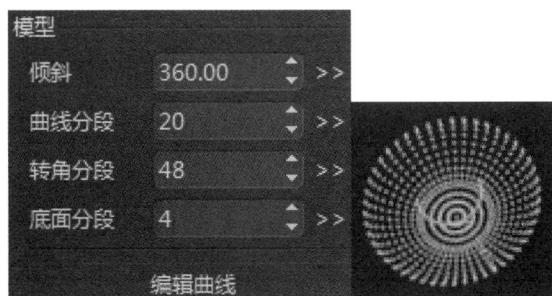

图 4-73 编辑底面分段为 4 时的参数设置及效果

使用曲线编辑器手工绘制曲线，编辑旋转的几何形状，编辑步骤和 2D 带条的编辑步骤一样。

旋转曲线编辑和编辑效果如图 4-74 所示。

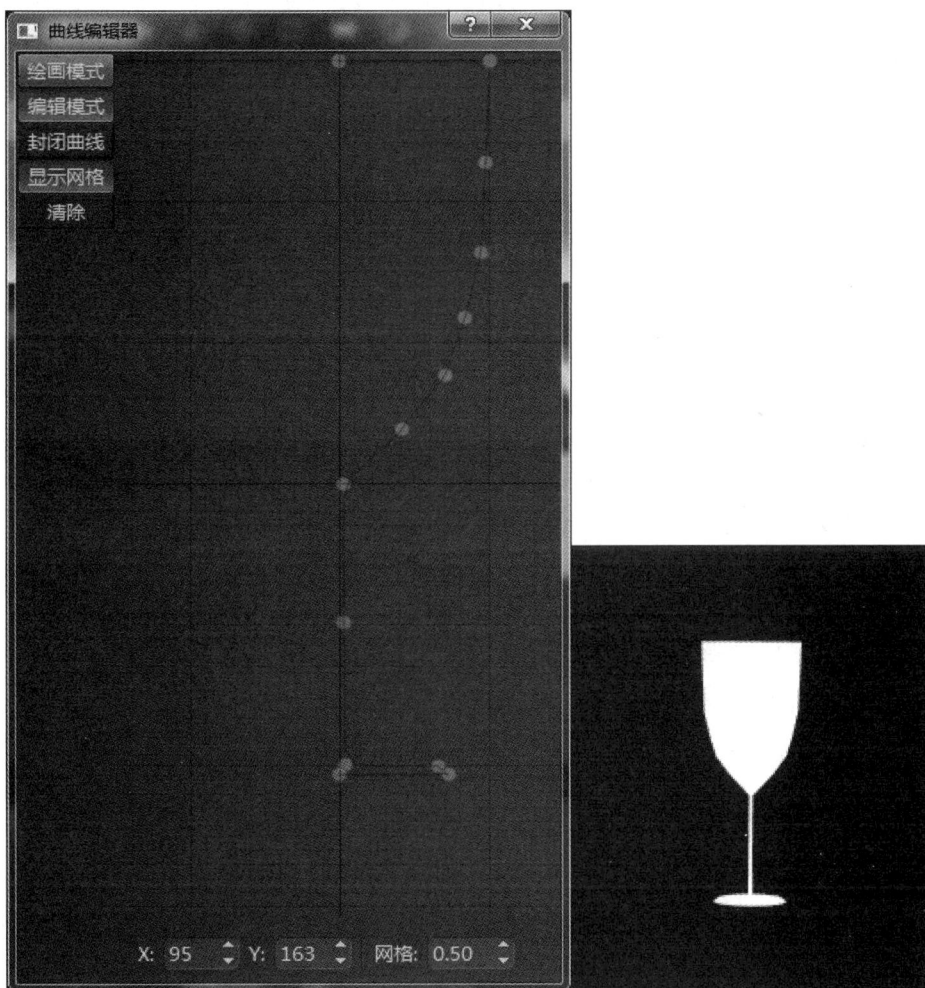

图 4-74 旋转曲线编辑和编辑效果

旋转曲线的编辑效果是曲线绕竖轴旋转一圈的效果。

13) 2D/3D 文字

2D/3D 文字的属性编辑包含文本输入框和文本框。

(1) 文本输入框。

文本输入框位于左侧，可以任意输入文字、编辑文本样式，如图 4-75 所示。

图 4-75　文本输入框

点击图 4-75 左下角的"编辑"，场景属性栏会弹出文本样式编辑栏，如图 4-76 所示。

图 4-76　文字样式编辑栏

① 文本样式：可以选择字体，编辑字符大小、字符间距、行间距，设置倾斜、水平缩放、垂直缩放、排列和行对齐方式，如图 4-77 所示。

图 4-77　文字样式设置

② 字体：包括 B、I、字体格式，如图 4-78 所示。其中 B 为加黑，I 为倾斜，字体格式即选择字体样式，如图 4-79 所示。

图 4-78　字体

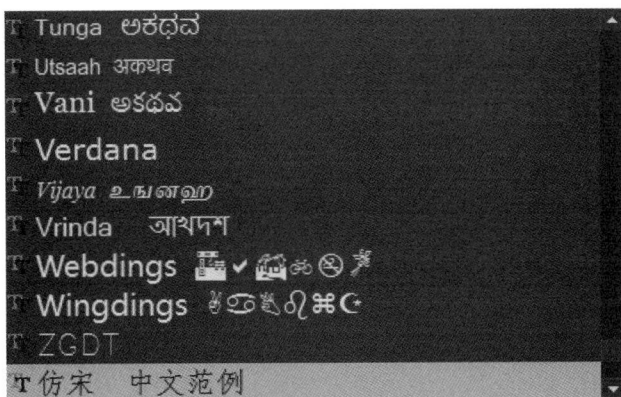

图 4-79　字体设置

选定字体格式后，场景视窗会显示输入的汉字文本。

排列：包括 Left to Right(从左到右)、Right to Left(从右到左)、Vertical(垂直)，如图 4-80 所示。

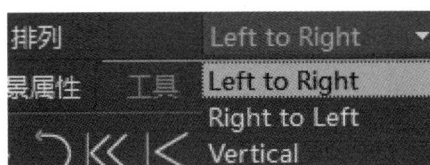

图 4-80　排列设置

行对齐：包括 Left、Center(中心对齐)、Right、Justify(两端对齐)，如图 4-81 所示。

图 4-81　行对齐方式

(2) 文本框。

编辑文本框用于设置文本的宽度、高度、换行、X 对齐、Y 对齐、水平滚动速度和垂直滚动速度。

① 换行：包括 Auto(自动换行)、Word Wrap(词句主动换行)、Shrink to Fit(收缩适应设计)、Single Line(单行)，如图 4-82 所示。

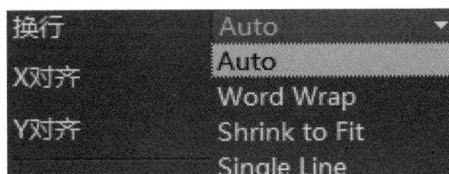

图 4-82　换行设置

② X 对齐：包括 None、Left、Center、Right，如图 4-83 所示。

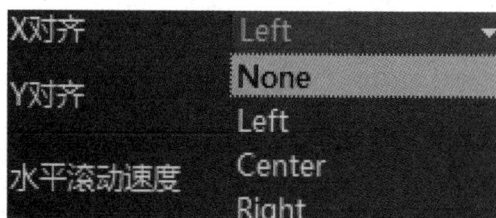

图 4-83　X 对齐设置

③ Y 对齐：包括 None、Top、Center、Bottom，如图 4-84 所示。

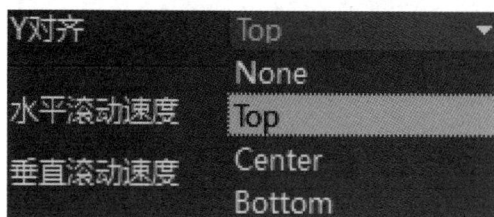

图 4-84　Y 对齐设置

纹理层

7. 新增纹理

新增纹理用于给场景对象添加纹理，包括新增贴图纹理、新增系列文件纹理、新增视频纹理、新增实时视频纹理、新增多重纹理、新增层纹理和新增 FG 视频纹理，如图 4-85 所示。

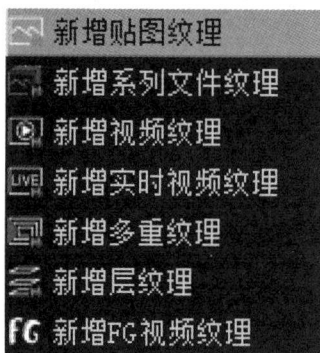

图 4-85　新增纹理设置

场景对象添加纹理后，场景对象的场景属性栏会出现纹理设置栏，添加不同类型的纹理时会出现不同的参数设置。纹理参数设置有纹理属性和贴图属性两个栏目，并且这两个栏目是相同的。

(1) 纹理属性。纹理属性包括关联缩放、缩放、平移、旋转中心、角度、X 反转和 Y 反转。勾选关联缩放，则缩放的 XY 关联变化，即缩放参数 X = Y。

以贴图纹理 Penguins 为例，说明编辑纹理属性各个参数的效果。默认参数设置及效果如图 4-86 所示。

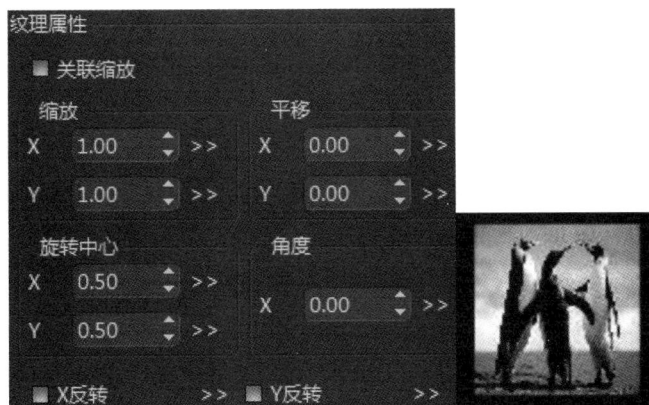

图 4-86　纹理参数设置及效果

勾选 X 反转的效果如图 4-87 所示。

图 4-87　勾选 X 反转的效果

勾选 Y 反转的效果如图 4-88 所示。

图 4-88　勾选 Y 反转的效果

缩放 X 为 1.5 的效果如图 4-89 所示。

图 4-89　缩放 X 为 1.5 的效果

关联缩放 X、Y 为 2 的效果如图 4-90 所示。

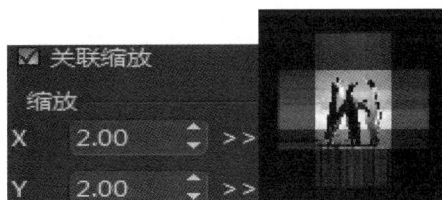

图 4-90　关联缩放 X、Y 为 2 的效果

平移 X 为 0.5 的效果如图 4-91 所示。

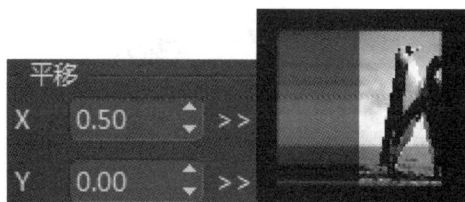

图 4-91　平移 X 为 0.5 的效果

平移 Y 为 −0.5 的效果如图 4-92 所示。

图 4-92　平移 Y 为 −0.5 的效果

旋转中心 X、Y 为 0，角度 X 为 45° 的效果如图 4-93 所示。

图 4-93　旋转中心 X、Y 为 0，角度 X 为 45° 的效果

旋转中心 X、Y 为 0.5，角度 X 为 60° 的效果如图 4-94 所示。

图 4-94　旋转中心 X、Y 为 0.5，角度 X 为 60° 的效果

(2) 贴图属性。贴图属性包括 Wrap(纹理缠绕)、Min Filter(缩小滤镜)、Mag Filter(放大滤镜)、Map Type(贴图类型)、异向性，如图 4-95 所示。

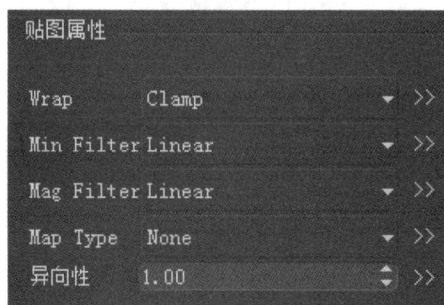

图 4-95　贴图属性设置

以贴图纹理 Penguins 为例，说明编辑贴图属性各个参数的效果。当纹理属性的缩放 X、Y 为 1 时，贴图属性的效果不明显，各参数效果几乎一样，如图 4-96 所示。

图 4-96　X、Y 为 1 贴图属性的效果

设置纹理属性的缩放 X 为 2，Y 为 3，贴图属性默认参数(Wrap 为 Clamp，Min Filter 为 Linear，Mag Filter 为 Linear，Map Type 为 None，异向性为 1.00)的效果如图 4-97 所示。

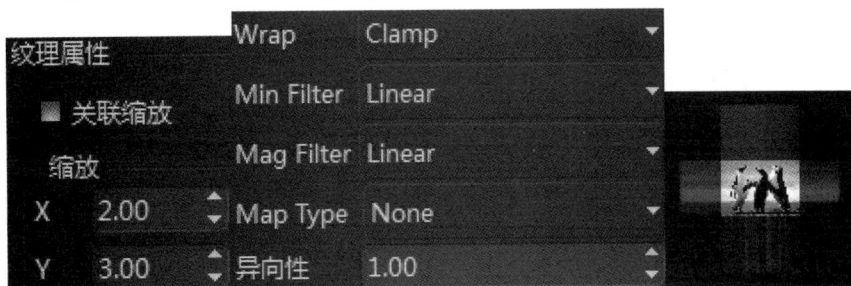

图 4-97　X 为 2、Y 为 3 参数设置及效果

① Wrap 分为 Repeat(重复)、Clamp(夹紧)、Mirrored Repeat(镜像重复)、Clamp to Edge(夹到边缘)、Clamp to Border(夹到边界)、Mirrored Clamp(镜像夹)、Mirrored Clamp to Edge(镜像夹到边缘)、Mirrored Clamp to Border(镜像夹到边界)，如图 4-98 所示。

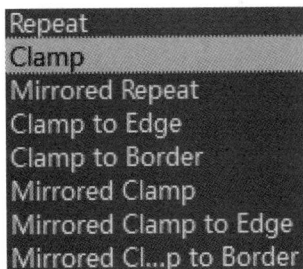

图 4-98　Wrap 设置

Wrap 默认设置为 Clamp 的效果如图 4-99 所示。

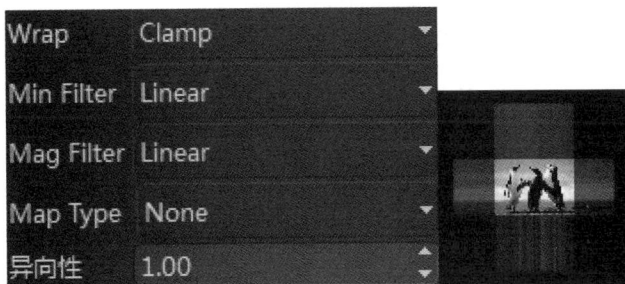

图 4-99　设置 Clamp 的效果

设置 Wrap 为 Repeat 的效果如图 4-100 所示。

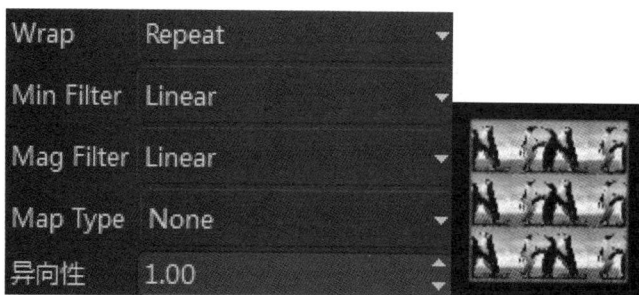

图 4-100　设置 Repeat 的效果

设置 Wrap 为 Mirrored Repeat 的效果如图 4-101 所示。

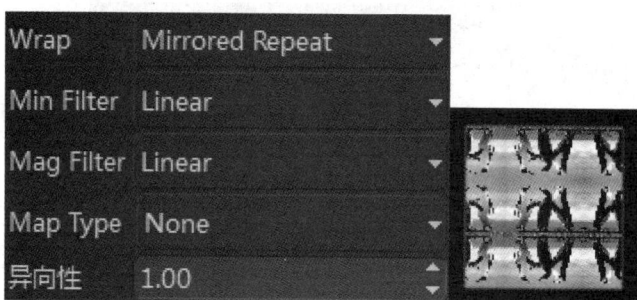

图 4-101　设置 Mirrored Repeat 的效果

设置 Wrap 为 Clamp to Edge 的效果如图 4-102 所示。

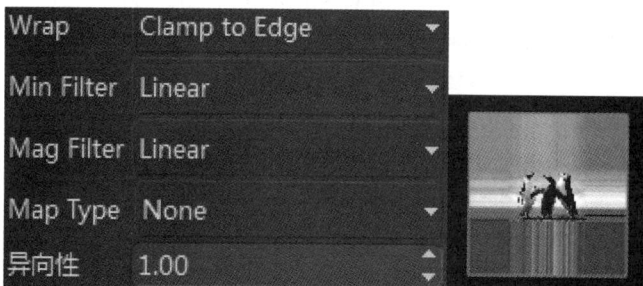

图 4-102　设置 Clamp to Edge 的效果

设置 Wrap 为 Clamp to Border 的效果如图 4-103 所示。

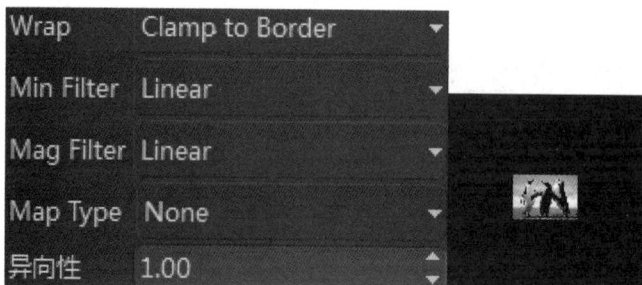

图 4-103　设置 Clamp to Border 的效果

设置 Wrap 为 Mirrored Clamp 的效果如图 4-104 所示。

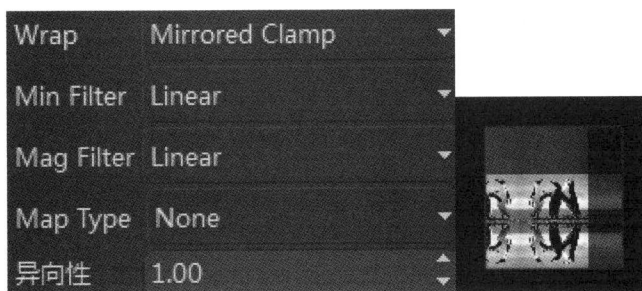

图 4-104　设置 Mirrored Clamp 的效果

设置 Wrap 为 Mirrored Clamp to Edge 的效果如图 4-105 所示。

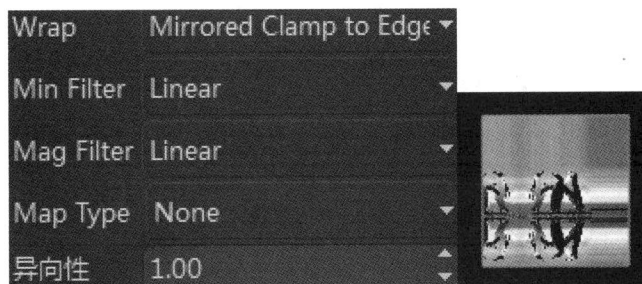

图 4-105　设置 Mirrored Clamp to Edge 的效果

设置 Wrap 为 Mirrored Clamp to Border 的效果如图 4-106 所示。

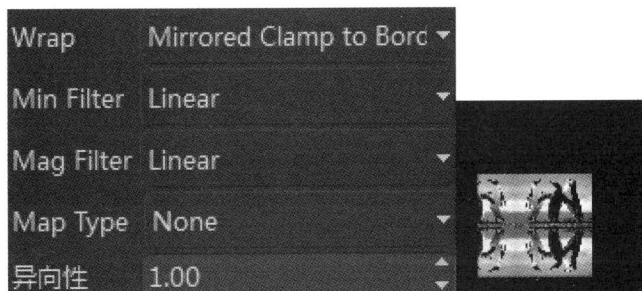

图 4-106　设置 Mirrored Clamp to Border 的效果

② Min Filter 分为 Nearest(取最邻近像素)、Linear(线性内部插值)、NearestMipmap Nearest(最近多贴图等级的最邻近像素)、LinearMipmapNearest(在最近多贴图等级的外部线性插值)、NearestMipmapLinear(在最近多贴图等级的外部线性插值)、LinearMipmapLinear(在最近多贴图等级的外部和内部线性插值)。MinFilter 设置界面如图 4-107 所示。

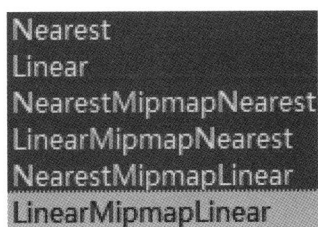

图 4-107　Min Filter 设置界面

默认设置 Min Filter 为 Linear 的效果如图 4-108 所示。

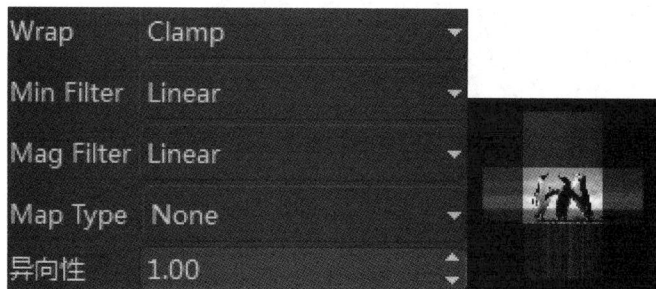

图 4-108　设置 Min Filter 为 Linear 的效果

设置 Min Filter 为 Nearest 的效果如图 4-109 所示。

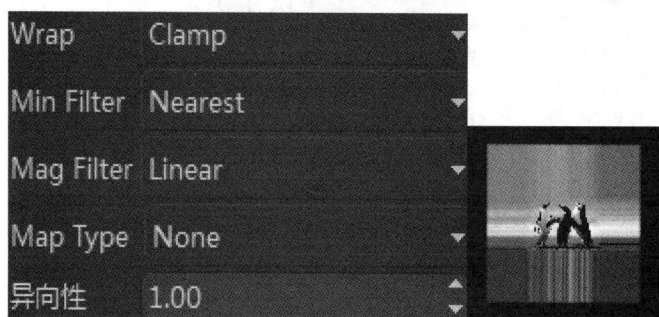

图 4-109　设置 Min Filter 为 Nearest 的效果

设置 Min Filter 为 NearestMipmapNearest(最近多贴图等级的最邻近像素)、Linear MipmapNearest(在最近多贴图等级的外部线性插值)、NearestMipmapLinear(在最近多贴图等级的外部线性插值)、LinearMipmapLinear(在最近多贴图等级的外部和内部线性插值)的效果如图 4-110 所示。

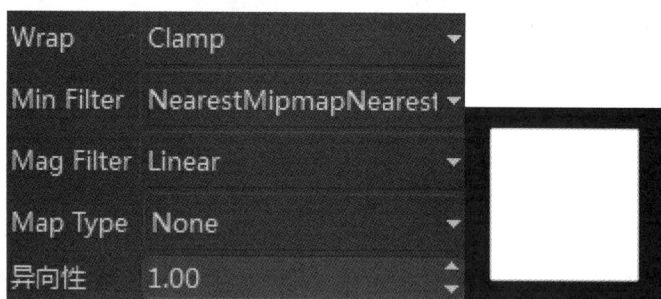

图 4-110　设置 Min Filter 为 NearestMipmapNearest 的效果

③ Mag Filter 分为 Nearest(取最邻近像素)、Linear(线性内部插值)，如图 4-111 所示。

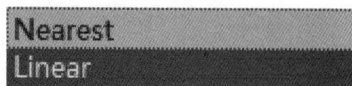

图 4-111　Mag Filter

默认设置 Mag Filter 为 Linear 的效果如图 4-112 所示。

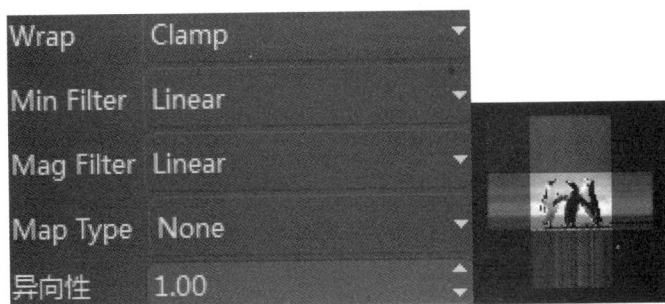

图 4-112　设置 Mag Filter 为 Linear 的效果

设置 Mag Filter 为 Nearest 的效果如图 4-113 所示。

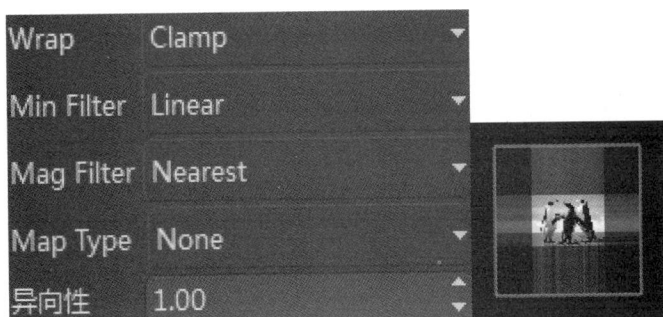

图 4-113　设置 Mag Filter 为 Nearest 的效果

④ Map Type 分为 None、ObjLinear(目标线性映射)、EyeLinear(眼睛线性映射)、SphereMap(球面图)、Reflection(倒影)、Normal(标准)，如图 4-114 所示。

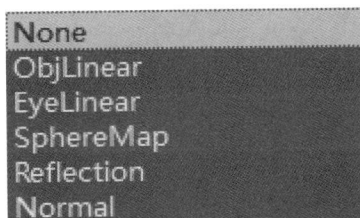

图 4-114　Map Type 设置

设置 Wrap 为 Repeat，默认设置 Map Type 为 None 的效果如图 4-115 所示。

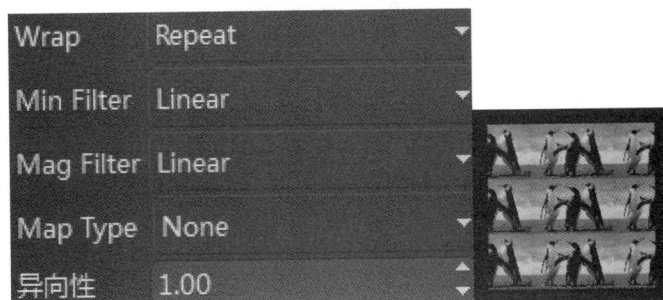

图 4-115　Map Type 为设置 None 的效果

设置 Map Type 为 ObjLinear 的效果如图 4-116 所示。

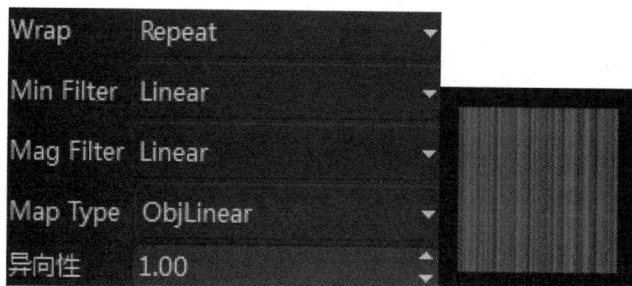

图 4-116　设置 Map Type 为 ObjLinear 的效果

设置 Map Type 为 EyeLinear 的效果如图 4-117 所示。

图 4-117　设置 Map Type 为 EyeLinear 的效果

设置 Map Type 为 SphereMap 的效果如图 4-118 所示。

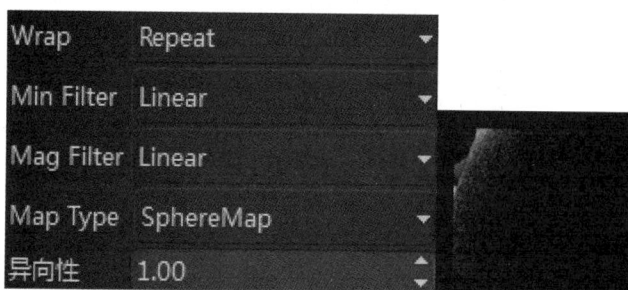

图 4-118　设置 Map Type 为 SphereMap 的效果

设置 Map Type 为 Reflection 的效果如图 4-119 所示。

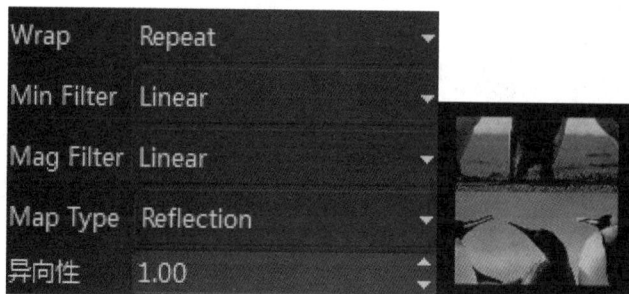

图 4-119　设置 Map Type 为 Reflection 的效果

设置 Map Type 为 Normal 的效果如图 4-120 所示。

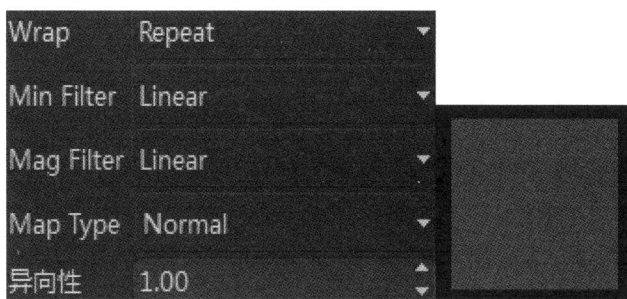

图 4-120　设置 Map Type 为 Normal 的效果

异向性：最小值为 1.00。

1) 贴图纹理

贴图纹理包括预览、图像、编辑纹理和贴图属性，如图 4-121 所示。

(1) 预览：勾选显示预览，可以预览选定的贴图文件。

(2) 图像：可以选择贴图文件，图像文件支持的格式有 *.jpg、*.tif、*.jpeg、*.bmp、*.tga、*.pcx、*.pic、*.png、*.sgi。

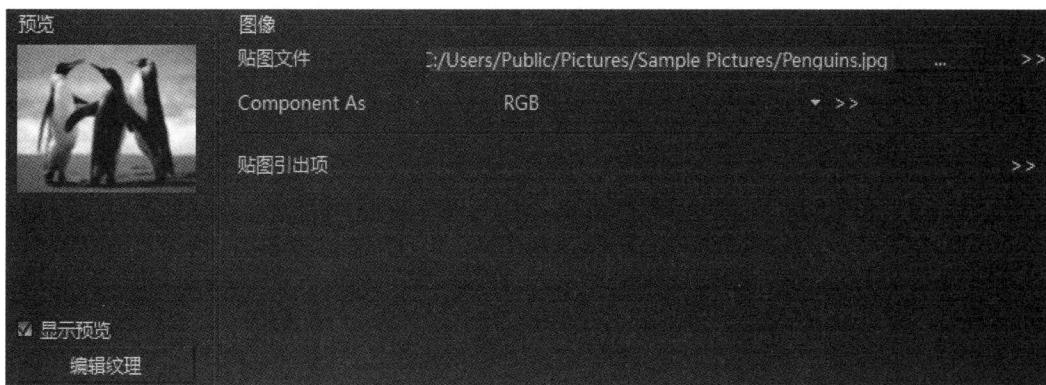

图 4-121　贴图纹理设置

Component As 用于选择输出模式，包含的选项有 RGB、RGBA、Alpha。

① RGB：包含 Red(红色)、Green(绿色)、Blue(蓝色)的彩色通道。

② RGBA：包含 Red(红色)、Green(绿色)、Blue(蓝色)和 Alpha(透明通道)的彩色通道。

③ Alpha：透明通道，如图 4-122 所示。

图 4-122　透明通道

2) 系列文件纹理

系列文件纹理包括系列文件、纹理属性和贴图属性。其中系列文件包括文件选择、Component As、模式、帧索引、循环、帧序号间隔、重复帧数、播放控制、贴图引出项。

(1) 文件选择：可以选择贴图文件，图像文件支持的格式有 *.jpg、*.tif、*.jpeg、*.bmp、*.tga、*.pcx、*.pic、*.png、*.sgi，如图 4-123 所示。

图 4-123　文件选择

(2) Component As 包括 RGB、RGBA、Alpha，如图 4-124 所示。

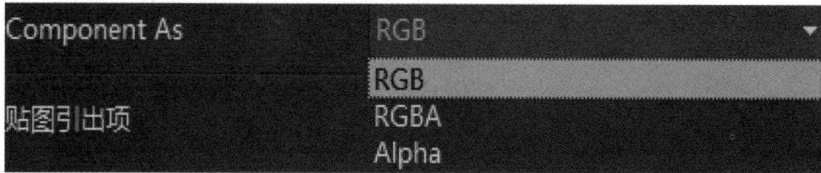

图 4-124　Component As 设置

(3) 模式：包括 SingleFrame(单帧)、Loop(循环)和无限循环，如图 4-125 所示。

图 4-125　模式选择

(4) 播放控制：包括 Play(播放)、Pause(暂停)、Continue(继续)、Rewind and Play(倒带再拨)、Rewind and Pause(倒带暂停)，如图 4-126 所示。

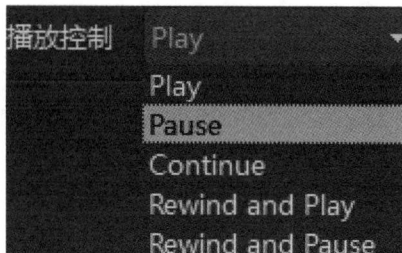

图 4-126　播放控制

3) 视频纹理

视频纹理包括纹理、纹理属性和贴图属性，如图 4-127 所示。

图 4-127　视频纹理

(1) 视频文件：选择视频文件。

(2) 音频文件：选择音频文件。

(3) 使用音频：选择是否使用音频。

(4) 使用视频：选择是否使用视频。

(5) 交错文件：选择是否使用交错文件。

(6) Alpha 通道：选择是否使用 Alpha 通道，编辑图片的透明和半透明度，使用后图片白色部分变为透明。

(7) 播放控制：包括 Play(播放)、Pause(暂停)、Continue(继续)、Rewind and Play(倒带再拨)、Rewind and Pause(倒带暂停)，如图 4-128 所示。

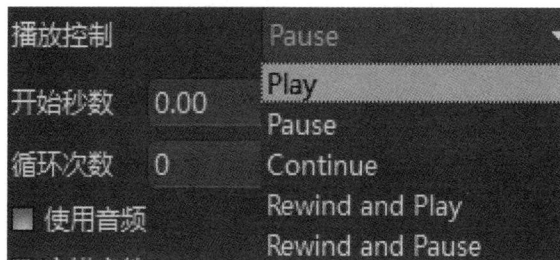

图 4-128　播放控制

4) 实时视频纹理

实时视频纹理包括视频纹理、纹理属性和贴图属性，如图 4-129 所示。

图 4-129　实时视频纹理

(1) 场格式：隔行扫描的外视频需要勾选场格式。

(2) 静帧：勾选静帧，实时视频暂停播放，画面将会被保留。

(3) 外视频序列号：选择外视频序列号。

5) 多重纹理

给场景对象添加多重纹理后，纹理属性出现 3 个同样的纹理属性栏，如图 4-130 所示。

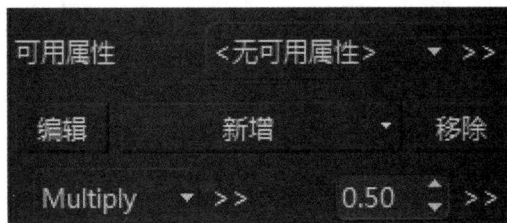

图 4-130　多重纹理

(1) 可用属性：可以选用的纹理属性列表。

(2) 新增：新增纹理可选择贴图纹理、视频纹理、实时视频纹理、层贴图、系列图片纹理、FG 视频纹理，如图 4-131 所示。

图 4-131　新增纹理

(3) 移除：移除添加的纹理。

(4) Multiply：包括 Off、Add、Subtract、Multiply、Replace、Interpolate，如图 4-132 所示。

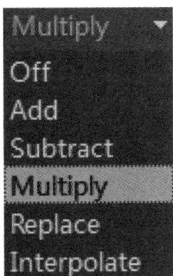

图 4-132　Mulltiply 选项

(5) 透明度：透明度通过点击 `0.50` 进行编辑。

点击新增，选择任意新增纹理(以新增贴图纹理为例)。可用属性变为：ImageTex1，右侧出现贴图纹理的纹理属性，编辑右侧的贴图纹理，即可进行纹理设置，如图 4-133 所示。

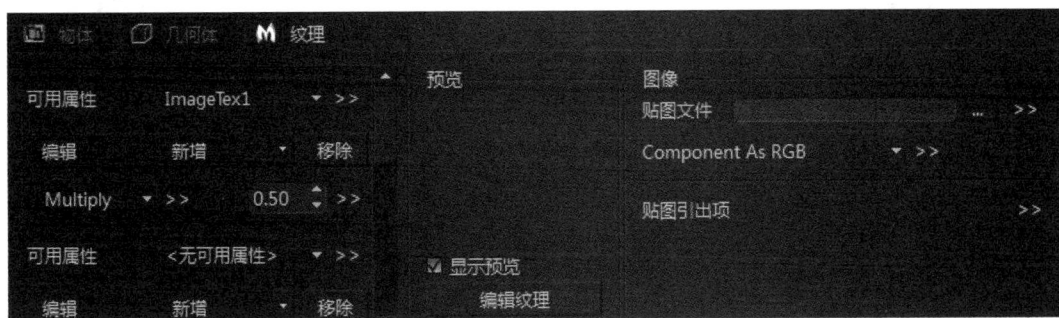

图 4-133　纹理设置

同理，为多重纹理的其他重纹理添加纹理(可以是不同的纹理)，如图 4-134 所示。

图 4-134　多重纹理添加其他重纹理

6) 层纹理

层纹理包括纹理层、纹理属性和贴图属性。纹理属性的说明详见纹理属性；贴图属性的说明详见贴图属性。

(1) 纹理层：选择纹理层、设置背景透明度、设置背景颜色，如图 4-135 所示。

(2) 背景颜色：编辑红、绿、蓝、色相、饱和度、亮度的参数。

图 4-135　层纹理设置

纹理层分为 2d 层和 3d 层，如图 4-136 所示。

图 4-136　纹理层设置

为场景目标添加层纹理，需要编辑作为纹理的层的场景属性：将层环境中的类型设置为 Image/Texture，如图 4-137 所示。

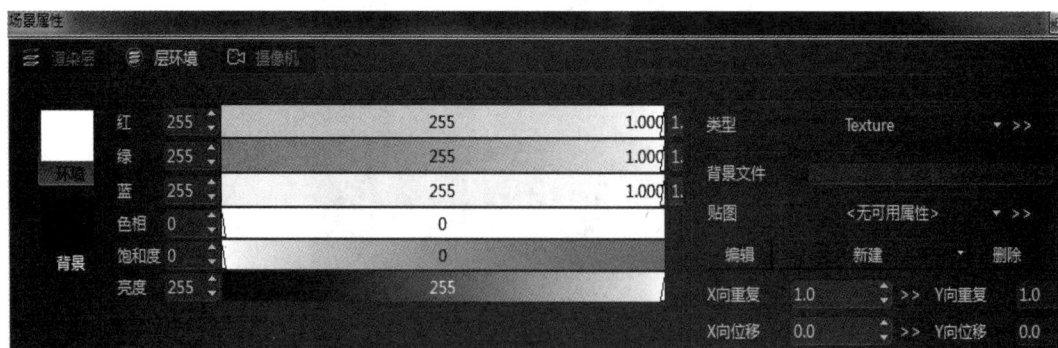

图 4-137　场景属性编辑

7) FG 视频纹理

FG 视频纹理包括 FG 视频纹理、纹理属性和贴图属性。

(1) FG 视频纹理：实时播放 FG 视频，即摄像机实时拍摄的画面，如图 4-138 所示。

(2) 静帧：勾选静帧，视频播放暂停，画面静止。

图 4-138　FG 视频纹理

8. 材质

材质即给场景对象新增材质，分为新增材质和新增颜色，如图 4-139 所示。

图 4-139　材质设置

1) 新增材质

选择当前材质的类型和显示面，编辑场景对象的 Alpha 值、反光系数、红、绿、蓝、色相、饱和度和亮度，如图 4-140 所示。灯光对材质有影响。

当前材质分为 Ambient(环境光)、Diffuse(漫反射)、Emission、Specular(镜面反射)。

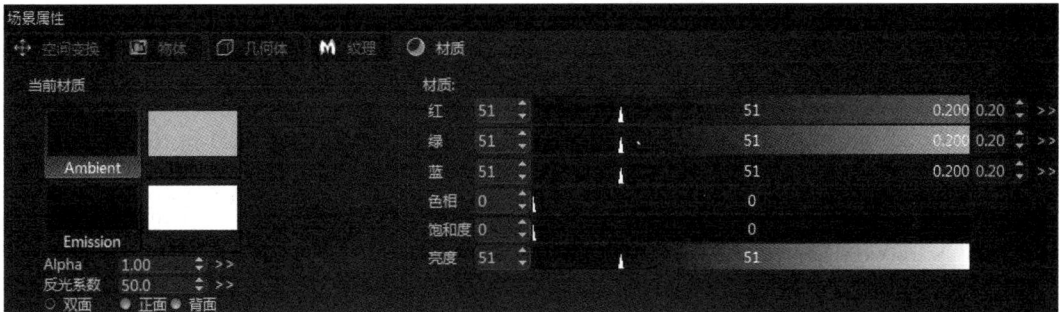

显示面包括双面、正面、背面。

图 4-140　材质颜色设置

2) 新增颜色

选择材质的颜色、设定 Alpha 值、编辑当前色彩的红、绿、蓝、色相、饱和度和亮度的参数，如图 4-141 所示。

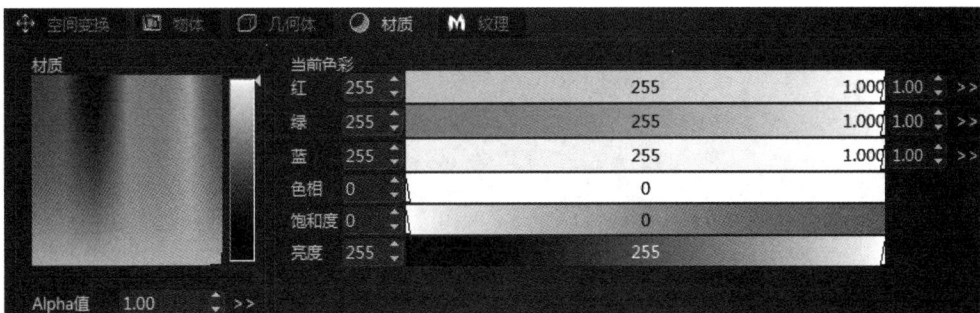

图 4-141　新增颜色

9. 交互操作

交互操作用于设置前景主持人与背景虚拟模块的交互方式，如图 4-142 所示。

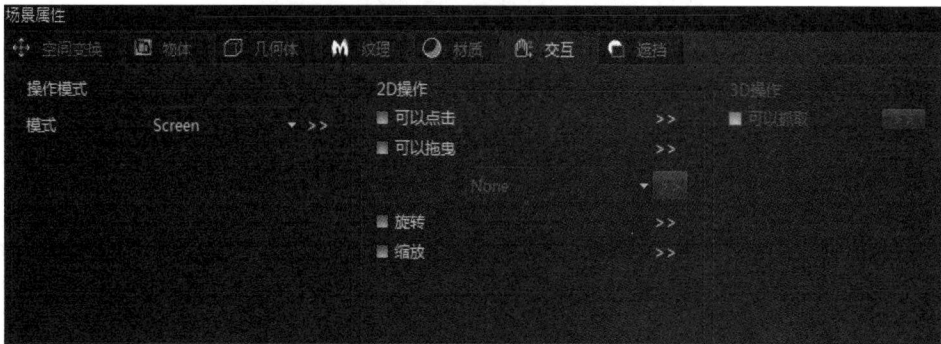

图 4-142 　交互操作

操作模式分为 None、3D、Screen 三种，如图 4-143 所示。

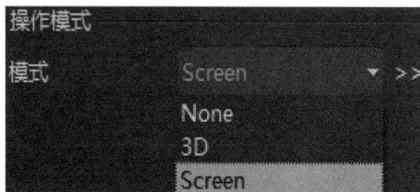

图 4-143 　操作模式

(1) 操作模式为 None：不可进行交互操作。

(2) 操作模式为 3D：可以进行 3D 操作——选择可以抓取，如图 4-144 所示。

图 4-144 　3D 操作模式

(3) 操作模式为 Screen：可以进行 2D 操作——选择可以点击、可以拖拽、旋转、缩放，如图 4-145 所示。

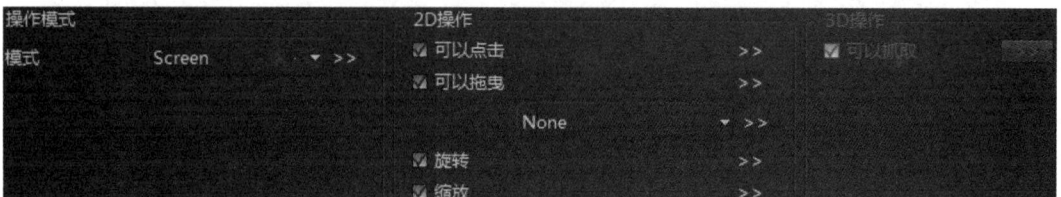

图 4-145 　Screen 操作模式

可以拖拽包括 None、Horizontal(水平)、Vertical(垂直)、Horizontal And Vertical、Left to Right、Right to Left 、Top to Bottom、Bottom to Top 等 8 种操作，如图 4-146 所示。

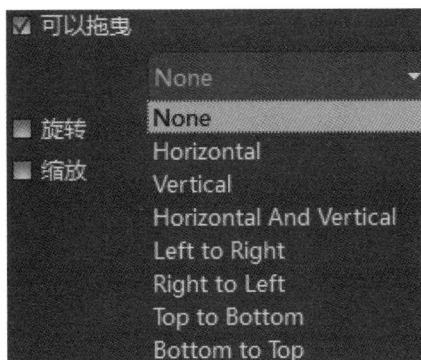

图 4-146　拖拽操作设置

10. 遮挡

遮挡分为遮挡源和被遮挡，遮挡设置如图 4-147 所示。

遮挡

图 4-147　遮挡设置

(1) 遮挡源：选择遮挡源，可以选择遮挡源层号，如图 4-148 所示。

图 4-148　遮挡源设置

(2) 被遮挡：选择被遮挡，可以选择接收层和反向，如图 4-149 所示。

图 4-149　被遮挡设置

11. 灯光

给同一层内的场景对象添加设定的灯光效果，包括开启当前灯光、生成阴影、衰减指数、类型、灯光种类、红、绿、蓝、色相、饱和度、亮度的设置，如图 4-150 所示。

灯光

图 4-150　灯光设置

1) 当前灯光

当前灯光包括散射光、镜面光和环境光。

(1) 散射光：来自同一方向，照射到物体表面后，将沿各个方向均匀反射的光。

(2) 镜面光：镜面光是来自特定方向，被反射到特定方向的光。发射方向和反射方向与该反射平面法线的夹角相等，效果与镜面反射度相关。

(3) 环境光：经过多次反射而来的光称为环境光。无法确定环境光最初的方向，但当特定的光源关闭后，环境光将消失。

2) 衰减指数

衰减指数包括常量衰减、线性衰减、二次衰减，如图 4-151 所示。

图 4-151　衰减指数

3) 类型

类型包括 Spot、Parallel、Point，如图 4-152 所示。

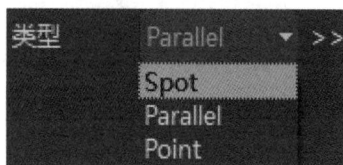

图 4-152　灯光类型

材质与灯光的运用

以 3D 字体为例，不同类型灯光的效果：

(1) Spot 局部光源效果如图 4-153 所示。

图 4-153　Spot 局部光源效果

(2) Parallel 平行光源效果如图 4-154 所示。

图 4-154　Parallel 平行光源效果

(3) Point 点光源效果如图 4-155 所示。

图 4-155　Point 点光源效果

当类型选定为 Spot 时，可以在类型下面编辑焦距张角和聚光指数，如图 4-156 所示。

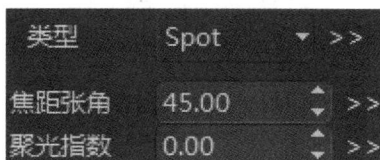

图 4-156　编辑焦距张角和聚光指数

4) 灯光种类

灯光种类可选择散射光、镜面光、环境光；选择后可对应编辑红、绿、蓝、色相、饱和度、亮度等参数。散射光设置如图 4-157 所示。

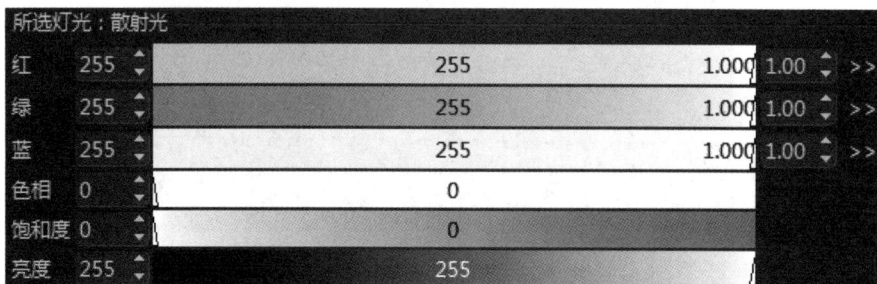

图 4-157　散射光设置

12. 附加功能

改变场景属性的参数就改变了场景对象原有的属性，在任意场景属性的栏目后都有 >> ，即附加功能，如图 4-158 所示。

图 4-158　改变场景属性

点击目标栏目后面的 >> ，出现选择框，如图 4-159 所示。

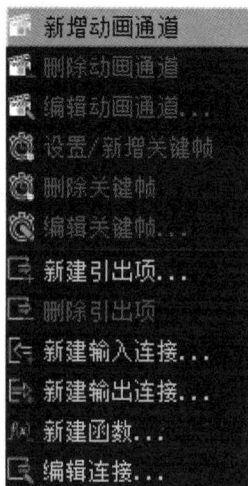

图 4-159　目标栏后的选择框

选择框中的子选项介绍如下：

(1) 新增动画通道：增加一个动画通道。

(2) 删除动画通道：删除选定的动画通道。

(3) 编辑动画通道：编辑选定的动画通道。

(4) 设置/新增关键帧：设置/新增一个关键帧。

(5) 删除关键帧：删除选定的关键帧。

(6) 编辑关键帧：编辑选定的关键帧。

(7) 新建引出项：给目标对象新建引出项。

(8) 删除引出项：删除选定的引出项。

(9) 新建输入连接：给目标对象新建输入连接。

(10) 新建输出连接：给目标对象新建输出连接。

(11) 新建函数：给目标对象新建函数，使其数值随设定的函数变化。

(12) 编辑连接：给几个目标对象建立内部连接，使其变化相互关联。

4.3.4　动画编辑器

动画编辑器

动画编辑器的作用是新建、编辑动画。动画编辑器的工具栏如图 4-160 所示。动画编辑器说明如表 4-18 所示。

图 4-160　动画编辑器工具框

表 4-18　动画编辑器说明

栏目名称	图　标	描　述
关键帧过滤		过滤关键帧
倒带		向后倒退到开始位置
回到开始位置		返回到第一帧位置
跳到上一关键帧		跳跃到上一关键帧的位置
播放/停止		播放动画/停止播放动画
从当前帧播放		从当前帧开始播放动画
循环播放		循环播放选定的动画
跳到下一关键帧		跳跃显示到下一关键帧的状态

续表

栏目名称	图　标	描　述
跳到结束位置	⟫	跳跃到最后一个帧
录制/结束录制	⟫	录制动画/结束录制动画
新建关键帧/控制帧	⏱	新建关键帧/控制帧
删除关键帧/控制帧	⏱	删除不需要的关键帧/控制帧
当前关键帧	20	当前关键帧的帧位
当前动画	Animation4	当前动画的名字
新建动画	🎬	新建一个动画
克隆当前动画	🎬	克隆当前的动画
镜像当前动画	🎬	镜像当前的动画
删除动画	🎬	删除不需要的动画
动画通道	AniChannel53	动画使用的通道

关键帧轴如图 4-161 所示。

图 4-161　关键帧轴

关键帧说明如表 4-19 所示。

表 4-19　关 键 帧 说 明

栏目名称	图　标	描　述
起始帧	0	第一个帧位（可调）
过渡帧轴		可以设置关键帧的时间轴
结束帧	500	最后一个帧位（可调）

4.3.5　高级动画编辑器

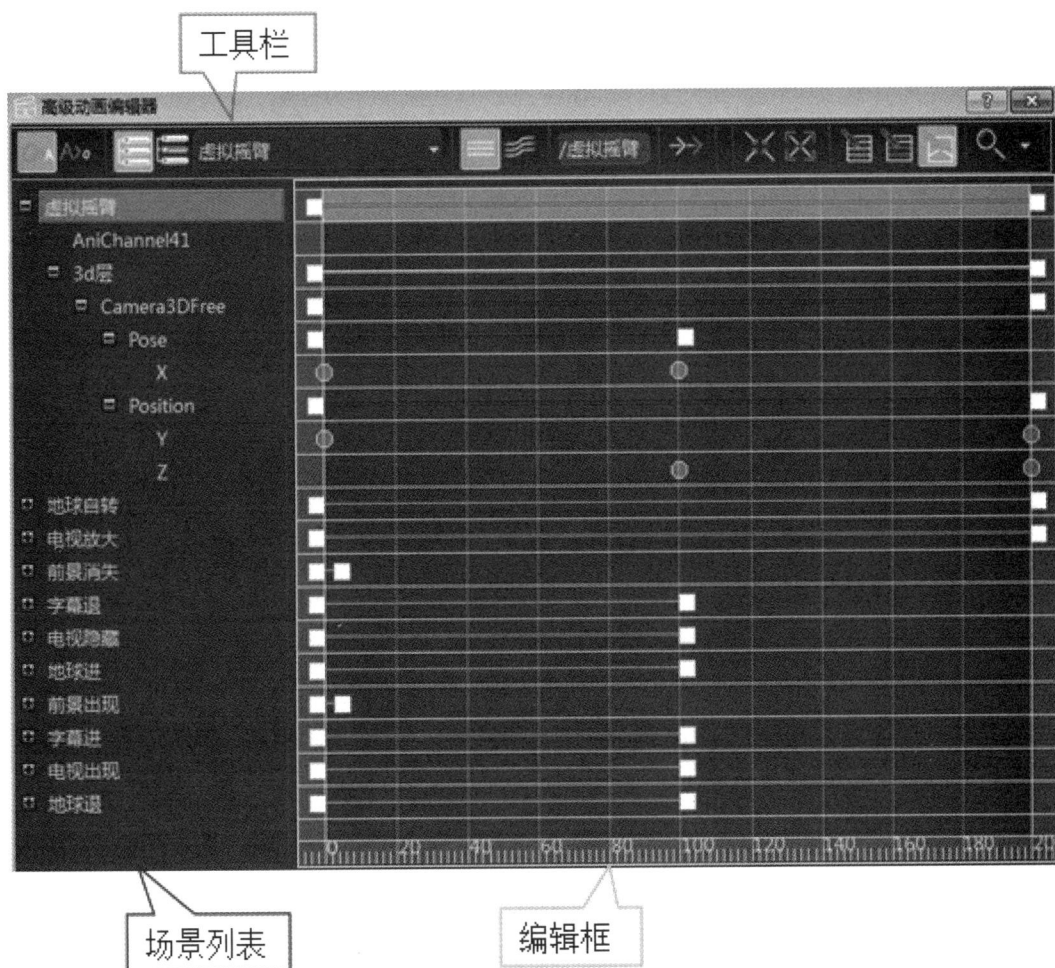

高级动画编辑器用于进一步编辑目标动画，可编辑复杂的曲线变速动画，编辑器界面如图 4-162 所示。

高级动画编辑器

图 4-162　高级动画编辑器

时间线视图如图 4-163 所示。曲线视图如图 4-164 所示。

图 4-163　时间线视图

图 4-164　曲线视图

高级动画编辑器说明如表 4-20 所示。

表 4-20　高级动画编辑器说明

栏目名称	图标	描　述	说　明
物体→属性排列		编辑器按物体→属性排列	
属性→物体排列		编辑器按属性→物体排列	
所有动画		显示所有动画	
当前动画		显示当前选定的动画	
时间线视图		编辑视图为时间线视图	
曲线视图		编辑视图为曲线视图	
渐进动画		选择动画的过渡模式	
视图适合范围		编辑框视图大小适合范围	
视图适合关键帧		编辑框视图大小适合关键帧	
多轨编辑		同时编辑所有时轨关键帧	
范围编辑		同时编辑目标范围内的关键帧	
关键帧编辑		编辑目标关键帧	
添加关键帧		在两关键帧连线上添加关键帧	需要视图为曲线视图,只能在关键帧连线上添加
移动值		编辑目标关键帧的值	需要视图为曲线视图
移动时间		编辑目标关键帧的帧位	需要视图为曲线视图
移动关键帧		任意移动目标关键帧	需要视图为曲线视图
平移关键帧		编辑目标关键帧及朝向边所有关键帧的帧位	需要视图为曲线视图

栏目名称	图标	描　述	说　明
贝塞尔插值		编辑目标关键帧及下一关键帧的插值为贝塞尔插值	需要视图为曲线视图
线性插值		编辑目标关键帧及下一关键帧的插值为线性插值	需要视图为曲线视图
跳跃插值		编辑目标关键帧及下一关键帧的插值为跳跃插值	需要视图为曲线视图
缩放		选择编辑框的缩放类型	分为值方向缩放和时间方向缩放
值方向缩放		值方向缩放	值方向即垂直方向
时间方向缩放		时间方向缩放	时间方向即水平方向
控制点编辑		编辑目标关键帧插值的控制点	需要视图为曲线视图

注意：■用于收起场景对象，■用于展开场景对象。

在高级动画编辑器场景列表中点击鼠标右键，弹出的菜单也可用于编辑动画，右键菜单如图 4-165 所示。

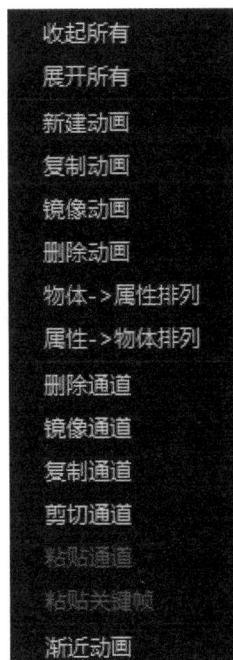

图 4-165　右键菜单

右键菜单功能说明如表 4-21 所示。

表 4-21　右键菜单说明

栏目名称	描　述	说　明
收起所有	收起所有动画的属性分量	
展开所有	展开所有动画的属性分量	
新建动画	新建一个动画	
复制动画	复制选定的动画	
镜像动画	镜像选定的动画	倒播原动画
删除动画	删除选定的动画	
物体→属性排列	编辑器按物体→属性排列	
属性→物体排列	编辑器按属性→物体排列	
删除通道	删除选定的动画通道	
镜像通道	镜像选定的动画通道	倒播原动画通道
复制通道	复制选定的动画通道	
剪切通道	剪切选定的动画通道	
粘贴通道	粘贴选定的动画通道	
粘贴关键帧	粘贴选定的关键帧	粘贴选定关键帧上的参数值和帧位
渐进动画	设置渐进动画的过渡模式	包括入过渡模式和出过渡模式

注意： 除渐进动画外，其他功能在工具栏中也可实现。

1. 渐进动画

渐进动画主要是用来编辑动画的入过渡模式和出过渡模式，如图 4-166 所示。

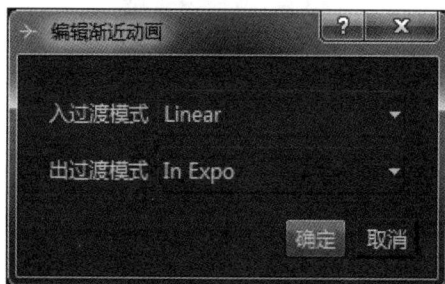

图 4-166　渐进动画设置

入过渡模式和出过渡模式如图 4-167 所示。

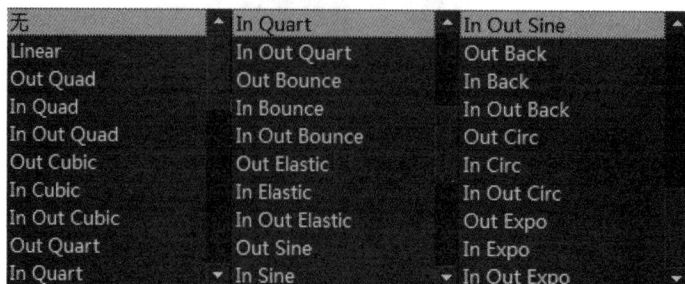

图 4-167　入过渡模式和出过渡模式

如果动画设置了入过渡模式，渐进动画在动画的起始帧之前循环播放。渐进动画的效果与设置的过渡模式相关(如果时间 T 不等于 n 倍的动画时长 t，那么渐进动画在第一个动画的前端剪裁)。

如果动画设置了出过渡模式，渐进动画在动画的结束帧之后向后循环播放。渐进动画的效果与设置的过渡模式相关(如果时间 T 不等于 n 倍的动画时长 t，那么渐进动画在最后一个动画的末端剪裁)。动画模式说明如表 4-22 所示。

表 4-22　动画模式说明

栏目名称	描　　述	说　　明
Linear	线性渐进	
Out Quad	二次方曲线，渐出动画	
In Quad	二次方曲线，渐入动画	
In Out Quad	二次方曲线，渐入渐出动画	
Out Cubic	三次方曲线，渐出动画	
In Cubic	三次方曲线，渐入动画	

栏目名称	描　述	说　明
In Out Cubic	三次方曲线，渐入渐出动画	
Out Quart	四次方曲线，渐出动画	
In Quart	四次方曲线，渐入动画	
In Out Quart	四次方曲线，渐入渐出动画	
Out Bounce	弹力球曲线，渐出动画	
In Bounce	弹力球曲线，渐入动画	
In Out Bounce	弹力球曲线，渐入渐出动画	

栏目名称	描　述	说　明
Out Elastic	弹性渐进，渐出动画	
In Elastic	弹性渐进，渐入动画	
In Out Elastic	弹性渐进，渐入渐出动画	
Out Sine	正弦渐出动画	
In Sine	正弦渐入动画	
In Out Sine	正弦渐入渐出动画	
Out Back	后背，渐出动画	
In Back	后背，渐入动画	

续表三

栏目名称	描　述	说　明
In Out Back	渐入渐出动画	
Out Circ	圆、循环，渐出动画	
In Circ	渐入动画	
In Out Circ	渐入渐出动画	
Out Expo	渐出动画	
In Expo	渐入动画	
In Out Expo	渐入渐出动画	

注意： s即目标动画通道的总值变(s为任意相邻的2个关键帧的值变的总和)，t即目标动画的周期(t＝t结束帧－t初始帧)。

物体→属性排列如图 4-168 所示。

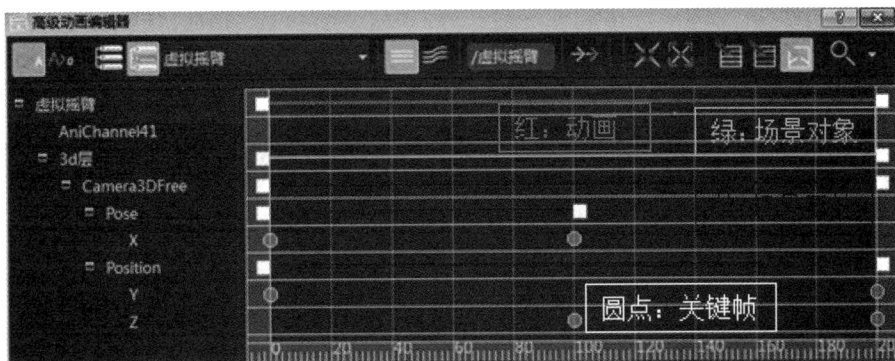

图 4-168　物体→属性排列

属性→物体排列，如图 4-169 所示。

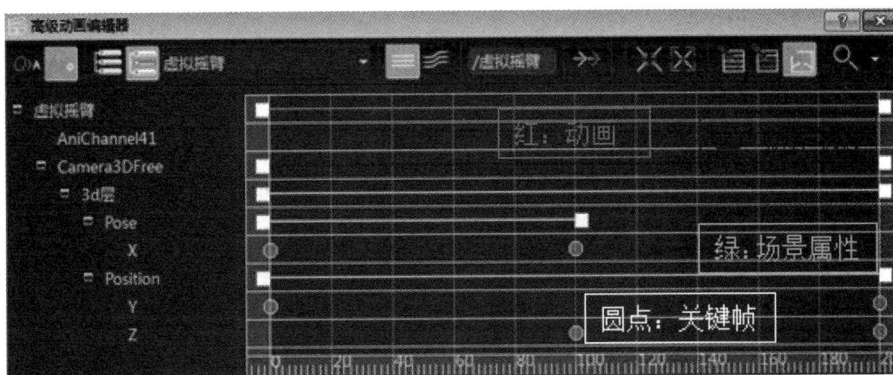

图 4-169　属性→物体排列

2. 时间线视图

时间线视图显示所有添加关键帧的场景对象、场景属性、属性参数的直线图和目标频道的关键帧点，如图 4-170 所示。

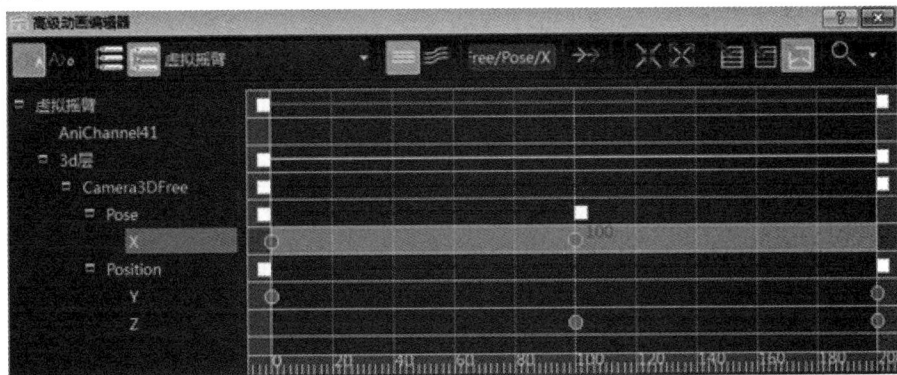

图 4-170　时间线视图

(1) 拖动动画条：编辑选定的动画的起始帧和结束帧。

(2) 拖动场景属性条：编辑选定场景属性的起始帧和结束帧。

(3) 拖动属性参数条：编辑选定属性参数的起始帧和结束帧。

(4) 拖动关键帧：编辑选定关键帧的帧位。

3. 曲线视图

曲线视图只显示单个场景属性分量的曲线图，如图 4-171 所示。

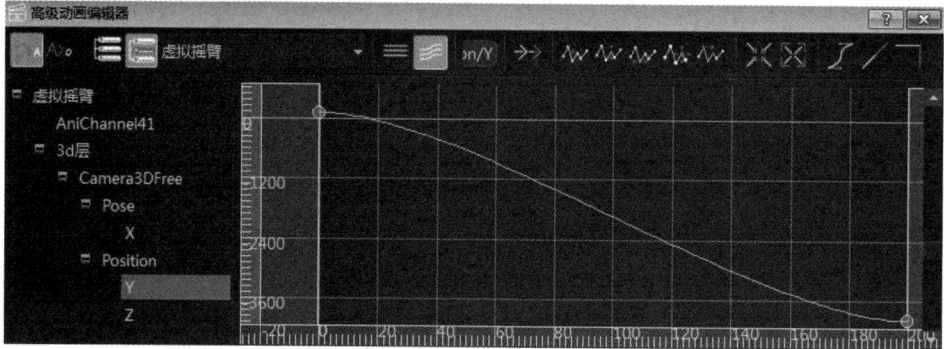

图 4-171　曲线视图

选定控制点编辑 ，点击插值图标 ，目标关键帧与下一关键帧朝插值曲线的一侧出现方框点，拖动方框点可以编辑曲线的坡度。编辑曲线的坡度如图 4-172 所示。

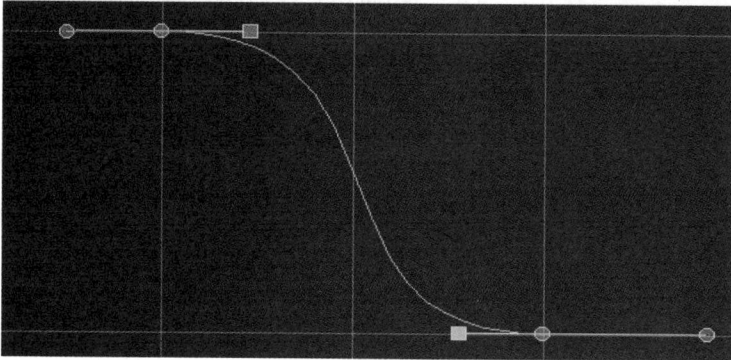

图 4-172　编辑曲线的坡度

(1) 贝塞尔插值：选定关键帧与下一关键帧之间的插值线变为平滑的曲线，场景对象在这 2 个关键帧点内的变化速度等比例于插值曲线的坡度，如图 4-173 所示。

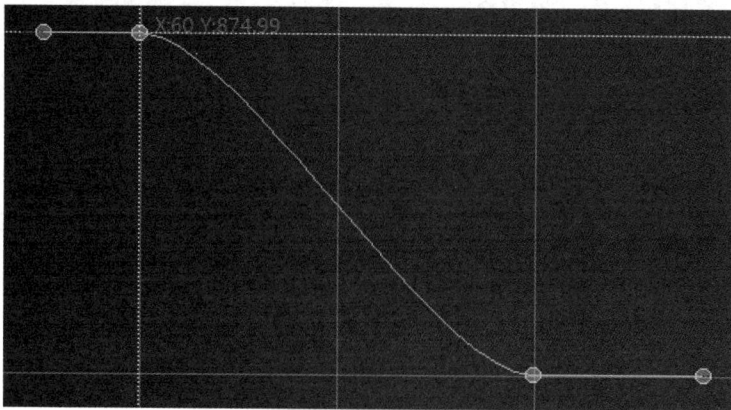

图 4-173　贝塞尔插值

(2) 线性插值：选定关键帧与下一关键帧之间的插值线变为直线段，在这 2 个关键帧点内场景对象的变化是匀速的，如图 4-174 所示。

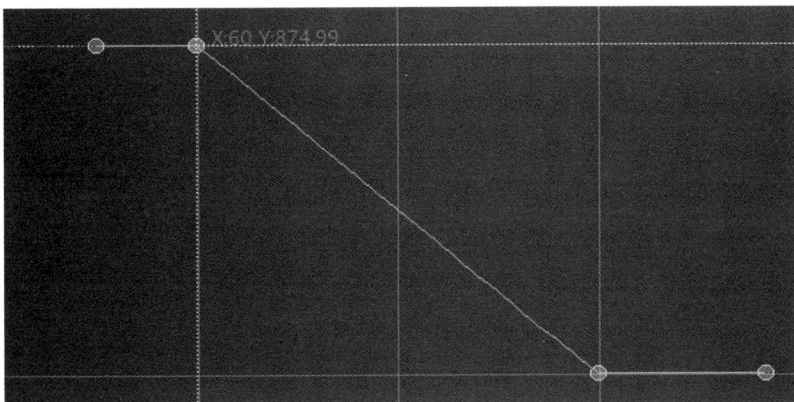

图 4-174　线性插值

(3) 跳跃插值：选定关键帧点与下一关键帧点之间的插值连线变为折线，在这 2 个关键帧点内场景对象先是不变化，到接近下一关键帧点时突然跳跃变化，如图 4-175 所示。

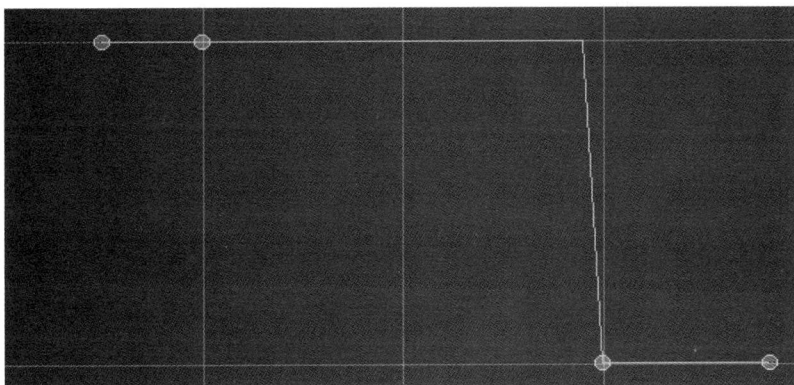

图 4-175　跳跃插值

4.3.6　连接编辑器

连接编辑器的作用是设置、编辑关联的场景属性参数，分为输出连接、内链接和函数。连接编辑器界面如图 4-176 所示。

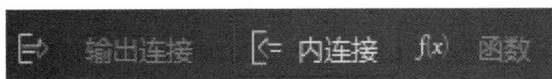

图 4-176　连接编辑器界面

1. 输出连接

输出连接用于编辑引出项，引出目标属性参数以便 Play Control 实时修改，如图 4-177 所示。

输出连接

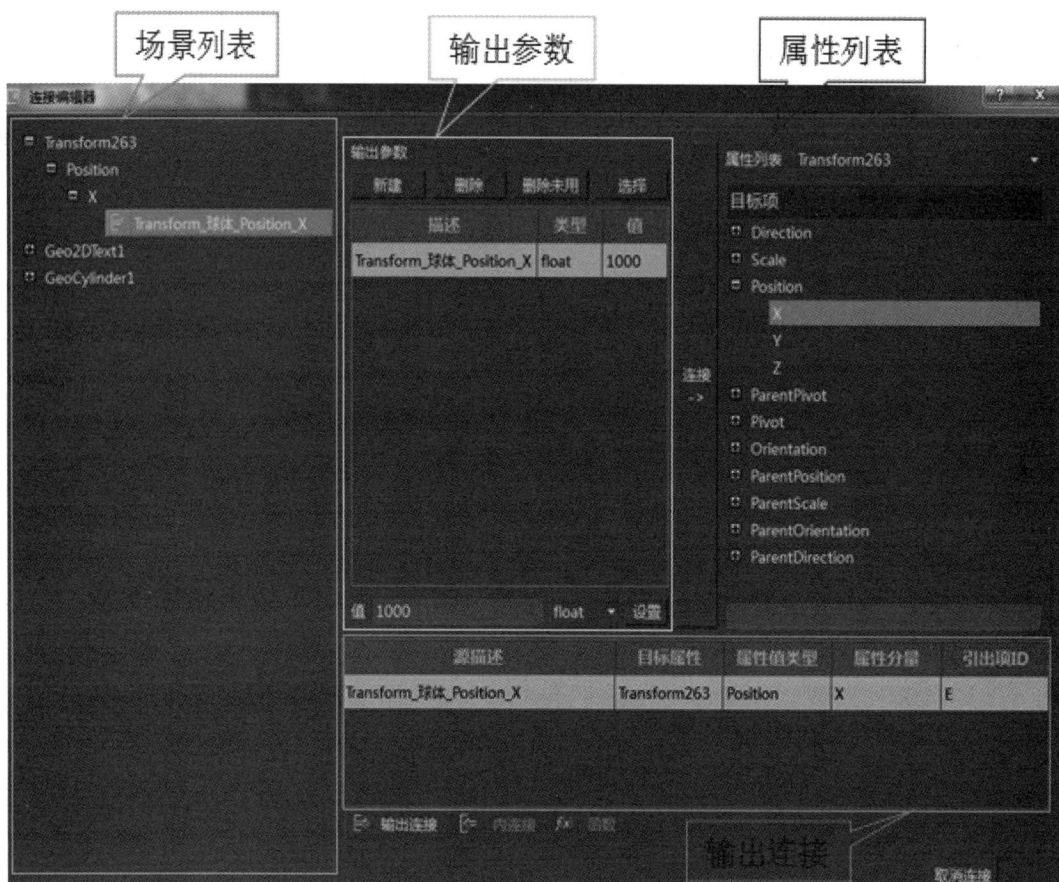

图 4-177　输出连接设置

1) 场景列表

场景列表包含所有设置了引出项、内链接和函数的场景对象及其场景属性。

2) 输出参数

输出参数可以新建、删除、删除未用、选择引出项和编辑引出项的值。

双击"输出参数"→"描述",可以修改引出项的名称。

在值方框里输入要修改的数值,再点击"设置"可以修改引出项的当前值,如图 4-178 所示。

图 4-178　引出当前值

点击值前的三角,可以编辑引出项的类型。

3) 属性列表

属性列表显示设置了引出项的场景对象及其场景属性。

4) 输出连接

输出连接显示引出项的源属性、目标属性、属性值类型、属性值分量和引出项 ID。

2. 内连接

内连接用于把一个属性的参数作为另外一个属性的参数的因变量，如图 4-179 所示。

图 4-179　内连接

1) 场景列表

场景列表包含所有设置了引出项、内连接和函数的场景对象及其场景属性。

2) 源属性列表

源属性列表用于新建输出连接的场景对象及其场景属性。

3) 目标属性列表

目标属性列表用于新建输入连接的场景对象及其场景属性。

4) 内连接

内连接主要显示源属性、源类型、源分量、目标属性、目标类型、目标分量、连接别名。

3. 函数

函数用于多个属性参数变化的关联方式，可以是内连接、引出项或动画的关联，如图 4-180 所示。

函数

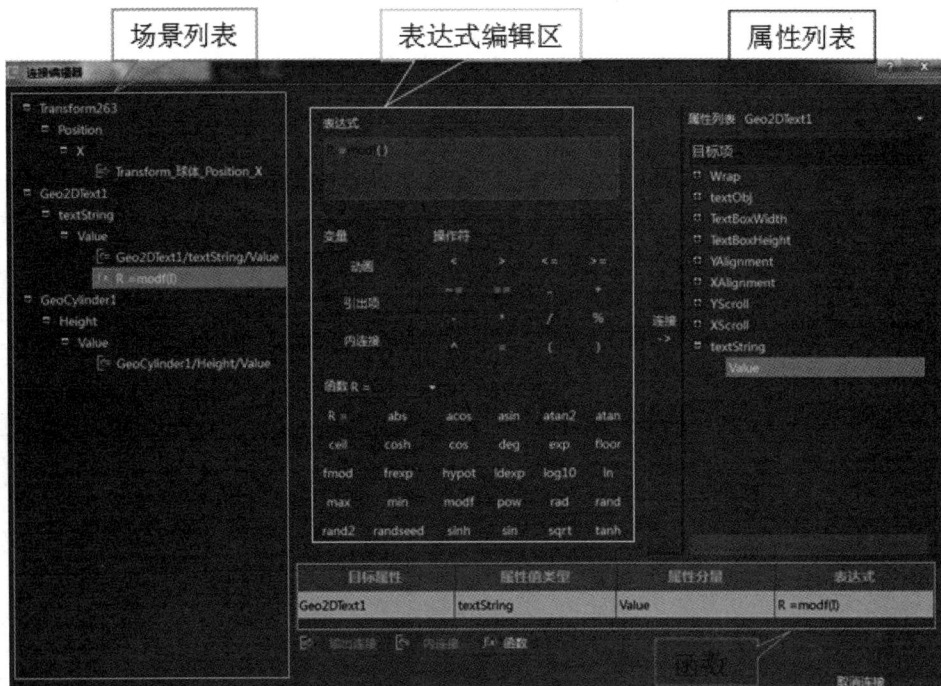

图 4-180　函数设置

1) 场景列表

场景列表包含所有设置了引出项、内连接和函数的场景对象及其场景属性。

2) 属性列表

属性列表用于新建函数的场景对象及其场景属性。

3) 函数

函数用于显示函数的目标属性、属性值类型、属性分量、表达式。

4) 表达式编辑区

表达式编辑区用于显示变量、操作符、函数式，编辑函数的表达式。

5) 表达式

表达式用于编辑函数的表达式。

6) 变量

变量包括动画、引出项、内连接，如图 4-181 所示。

变量说明如表 4-23 所示。

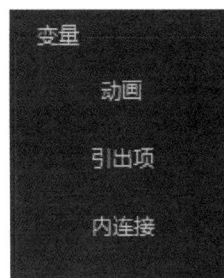

图 4-181　变量界面

表 4-23　变量说明表

变　量	符　号	描　　　述
动画	A	动画计算出来的值
引出项	E	外部提供的值(经由一个输出参数)
内连接	I	内部提供的值(经由另一个参数的连接)

7) 操作符

操作符是连接变量和函数的运算符号，如图 4-182 所示。

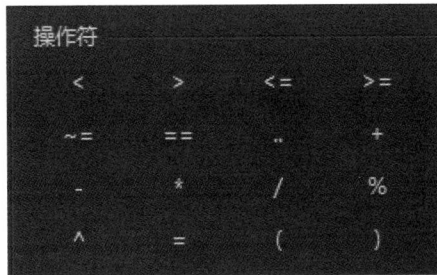

图 4-182　操作符

操作符说明如表 4-24 所示。

表 4-24　操作符说明表

操　作　符	描　述
<	小于
>	大于
<=	小于等于
>=	大于等于
~=	不等于
==	相等
..	字符串连接
+	加法运算
−	减法运算
*	乘法运算
/	除法运算
%	其余数
^	幂
=	赋值
(..)	定义执行次序

函数式选项如图 4-183 所示。

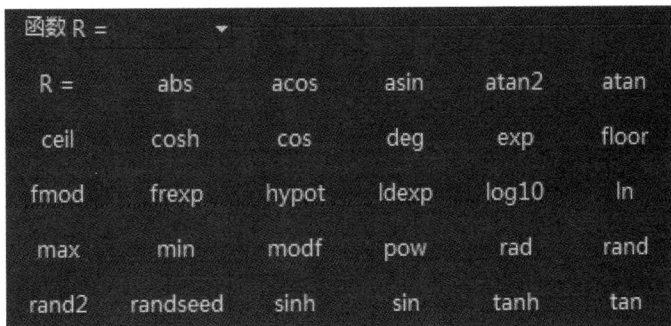

图 4-183　函数式选项

函数说明如表 4-25 所示。

表 4-25　函 数 说 明 表

函数式	描　　述
R=	因变量等于
abs	绝对值
acos	反余弦函数
asin	反正弦函数
atan2	atan2(y，x)是坐标原点指向点(x，y)的射线在坐标平面上与 X 轴正方向夹角的角度
atan	反正切
ceil	大于或者等于指定表达式的最小整数
cosh	双曲余弦函数，返回参数的双曲余弦值
cos	余弦函数
deg	将角度的值从弧度转换为度，求多项式的次数的函数
exp	以 e 为底的指数函数
floor	返回小于或者等于指定表达式的最大整数
fmod	计算 x 对 y 的模，即 x/y 的余数
frexp	把一个浮点数分解为尾数和指数
hypot	计算直角三角形的斜边长
ldexp	计算目标数值乘以 2 的 exp 次幂
log10	以 10 为底数的对数
ln	以 e 为底数的对数
max	最大值
min	最小值
modf	显示目标数值的整数部分
pow	计算 x 的 y 次幂
rad	以弧度表示角的大小
rand	随机数生成器
rand2	随机数
randseed	随机种子，重置下一个数值的随机数生成器
sinh	双曲正弦函数，返回参数的双曲正弦值
sin	正弦函数，返回参数的正弦值
tanh	双曲正切函数，返回参数的双曲正切值
tan	正切函数

4.4　VR Page Editor 的菜单栏

VR Page Editor 即页面编辑器，主要用于导入场景设计器设计制作的场景，对其中的动画和引出项进行关联组合编排，并设置数据库连接等。

VR Page Editor 的主界面主要包括菜单栏、工具栏、信息栏、引出项编辑窗、预览视窗、资源列表、时轨编辑窗和日志，如图 4-184 所示。

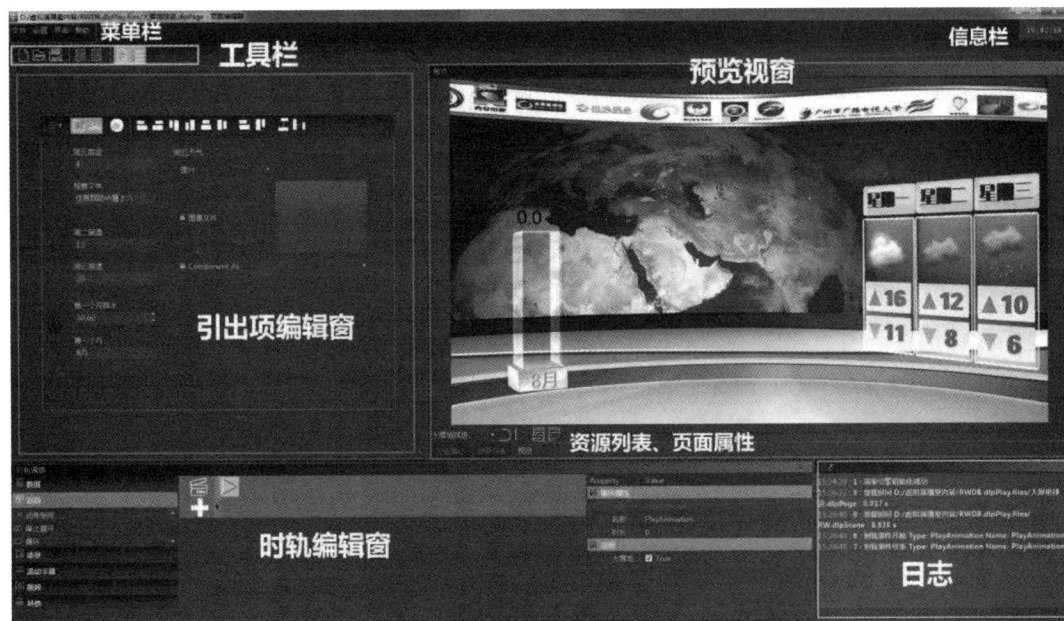

图 4-184　VR Page 主界面

VR Page Editor 的菜单栏在主界面的左顶端，不可移动，菜单栏分为文件、编辑、设置和帮助。

4.4.1　文件

文件包括新建、打开、保存、另存为、打包为、切换布局方向、退出，如图 4-185 所示。

(1) 新建：新建一个空白的场景文件，文件格式为 *.asn。

(2) 打开：打开一个保存好的页面文件；VR Page Editor 可以打开格式为 *.pef 的文件。

(3) 保存：保存编辑好的页面文件。

(4) 另存为：将编辑好的页面文件另存到目标位置。

(5) 打包为：将编辑好的页面文件打包到目标位置。

(6) 切换布局方向：更改软件界面布局，与默认布局左右对称。

(7) 退出：退出 VR Page Editor 程序。

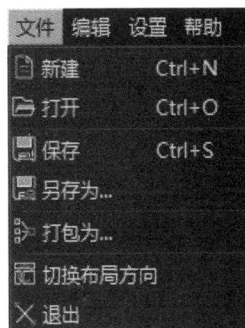

图 4-185　文件界面

4.4.2　设置

设置包括 2 个分栏目，分别是服务器设置、设置快捷键，如图 4-186 所示。

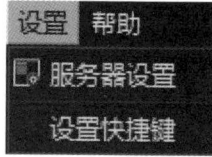

图 4-186　设置界面

(1) 服务器设置：设置服务器、运行模式、视频卡、视频切换器、渲染层的参数。

(2) 设置快捷键：设置 VR Page Editor 的快捷键，缺省属性表示默认的快捷键，如图 4-187 所示。

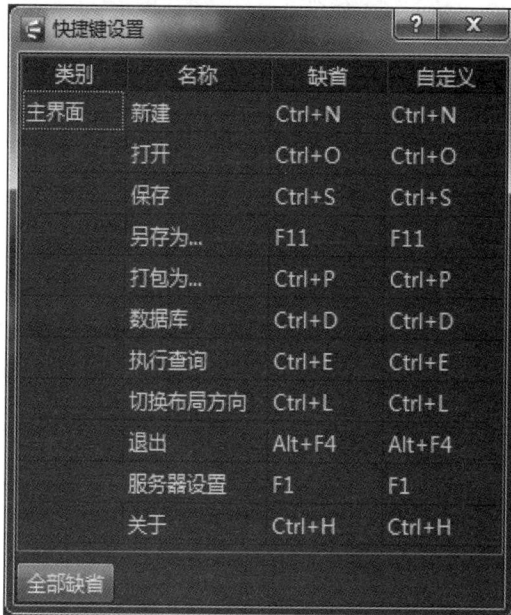

图 4-187　快捷键设置

点击"全部缺省"，所有快捷键使用默认键。

4.4.3　界面

界面包括 3 个分栏目，分别是保存界面布局、恢复界面布局和恢复默认界面布局，如图 4-188 所示。

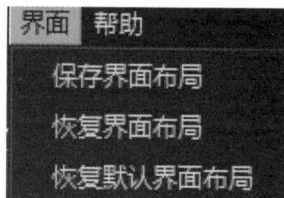

图 4-188　界面菜单

(1) 保存界面布局：保存设置好的界面布局。

(2) 恢复界面布局：恢复设置好的界面布局。

(3) 恢复默认界面布局：恢复默认界面布局。

4.4.4　帮助

点击"帮助"→"关于"，会弹出关于页面编辑器(VR Page Editor)版本信息的窗口，点击 OK，窗口关闭，如图 4-189 所示。

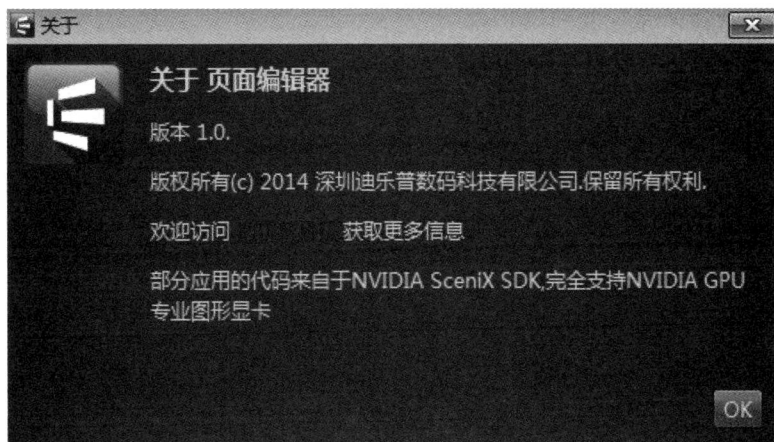

图 4-189　"关于"界面

4.5　VR Page Editor 的工具栏

VR Page Editor 的工具栏在主界面的左上角，菜单栏的下面。

工具栏有 3 个工具条，分别是文件工具条 、数据库工具条 、视窗工具条 。

(1) 文件工具条说明如表 4-26 所示。

VR Page Editor
的工具栏

表 4-26　文件工具条说明表

栏目名称	图标	描　述	说　明
新建		新建页面文件	文件格式为(*.pef)
打开		打开页面文件	文件格式为(*.pef)
保存		保存页面文件	文件格式为(*.pef)

(2) 数据库工具条说明如表 4-27 所示。

表 4-27　数据库工具条说明表

栏目名称	图标	描　述
数据库		打开数据库设置窗口
执行查询		执行数据查询

(3) 视窗工具条说明如表 4-28 所示。

表 4-28　视窗工具条说明表

栏目名称	图标	描　述	说　明
预览		切换预览窗口	视窗打开　视窗关闭
资源列表		切换资源列表视窗	视窗打开　视窗关闭

(4) 右键快捷工具栏。

在工具栏或菜单栏右侧空白处点击鼠标右键，界面会出现一个菜单栏，包括时轨编辑、预览、资源列表、页面属性、日志、文件工具条、数据库工具条和视窗工具条，通过是否勾选它们可以在界面中打开或关闭相应的工具视窗/工具条。工具视窗/工具条全部打开时如图 4-190 所示。工具视窗/工具条全部关闭时如图 4-191 所示。

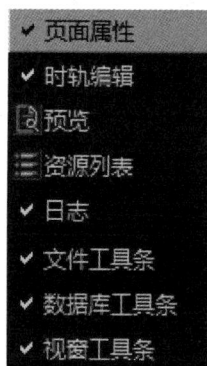

图 4-190　工具条打开

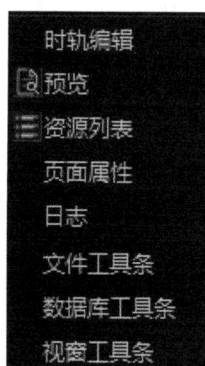

图 4-191　工具条关闭

4.6　VR Page Editor 的信息栏

VR Page Editor 的信息栏在主界面的右顶端，如图 4-192 所示。

图 4-192　VR Page Editor 信息栏

数字是当前时间，圆点是指示灯，指示灯表示当前信息栏编辑状态，绿色为已连接状态，红色为未连接状态。

4.7　VR Page Editor 的引出项编辑窗

VR Page Editor 的引出项编辑窗在界面左部，用于存放从资源列表中选择好的引出项，并排列整齐以便在 Play Control 播控时做实时修改，如图 4-193 所示。

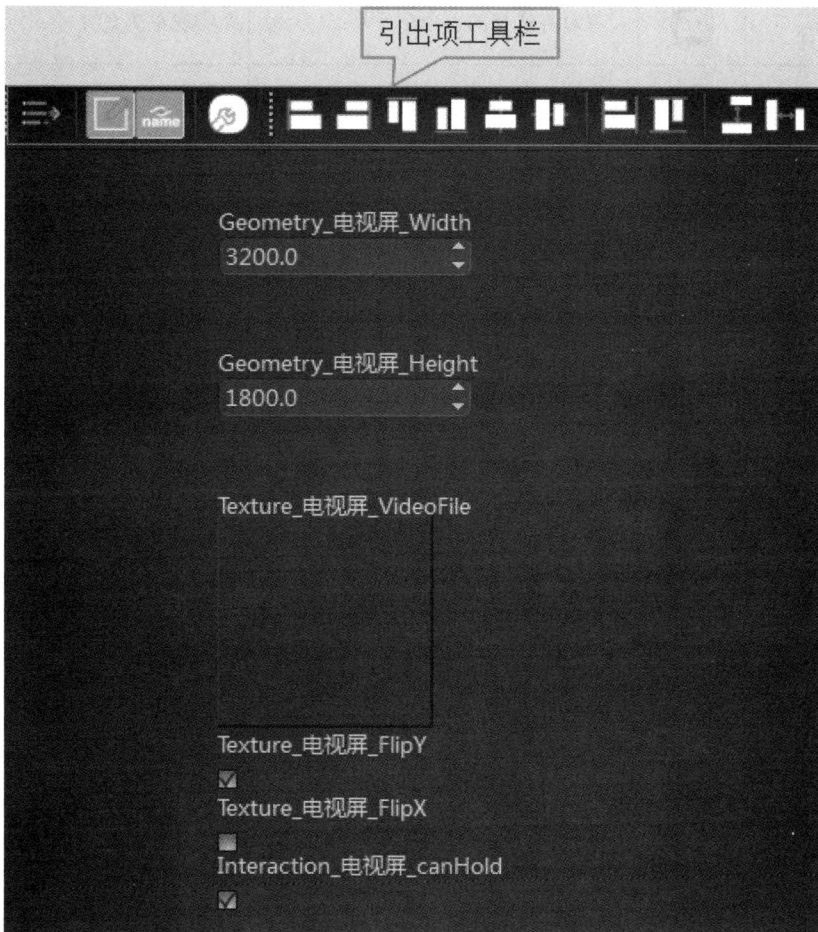

图 4-193　引出项工具栏界面

引出项工具栏如表 4-29 所示。

表 4-29　引出项工具栏表

栏目名称	图标	描　述	说　明
添加所有输出参数		把场景所有输出参数加入到页	需要编辑模式处于显示状态
编辑模式		显示/设置 Tab 切换顺序	不显示编辑模式 显示编辑模式
显示名称		切换显示名称标签页状态	显示引出项名称 不显示引出项名称
设置背景		把当前帧设为页背景	
左对齐		左对齐选择的引出项	实现左侧对齐
右对齐		右对齐选择的引出项	实现右侧对齐
顶部对齐		顶部对齐选择的引出项	实现顶部对齐
低部对齐		底部对齐选择的引出项	实现底部对齐
垂直居中		垂直居中对齐选择的引出项	实现垂直居中对齐
水平居中		水平居中对齐选择的引出项	实现水平居中对齐
相同宽度		把选择引出项设为相同宽度	将引出项宽度设置为一样
相同高度		把选择引出项设为相同高度	将引出项高度设置为一样
间隔宽度		设置选择的引出项间隔宽度相同	将引出项间隔的宽度设置为一样
间隔高度		设置选择的引出项间隔高度相同	将引出项间隔的高度设置为一样

4.8　VR Page Editor 的工具视窗

VR Page Editor 的工具视窗在引出项编辑窗的右部和下部，包括预览视窗、资源列表、页面属性、日志、引出项编辑窗和时轨编辑窗,各工具视窗可由右键菜单栏打开或关闭,引出项编辑窗、预览视窗、资源列表还可由"工具栏"→"视窗工具条"打开或关闭。

4.8.1　预览

预览主要用于预览导入的场景文件中的动画或查看组合编排后的动画效果,如图 4-194 所示。

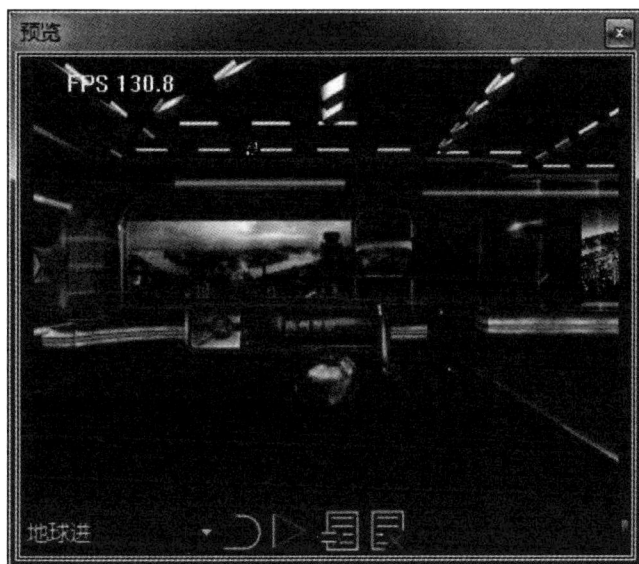

图 4-194　预览界面

预览功能说明如表 4-30 所示。

表 4-30　预览功能说明表

栏目名称	图　标	描　述
倒带		使动画回到开始位置
播放/暂停		播放/暂停动画
加到页面		加载当前动画
从页面移除		移除当前动画

4.8.2　资源列表

资源列表分为引出项和动画,主要用于显示当前场景所设置的引出项和编辑的动画,并且对需要的引出项和动画进行选择,如图 4-195 所示。

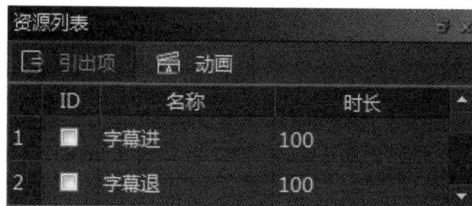

图 4-195　资源列表界面

4.8.3　页面属性

页面属性用于查看场景文件的路径，设置输出层和引出项编辑框的大小，如图 4-196 所示。

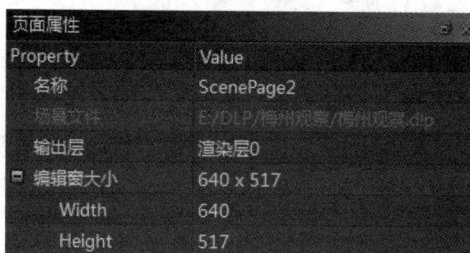

图 4-196　页面属性界面

4.8.4　日志

日志用于显示 VR Page Editor 的系统消息，如图 4-197 所示。

图 4-197　日志界面

4.8.5　时轨编辑

时轨编辑用于编辑时轨与事件的组合，对动画和引出项进行关联组合编排，时轨编辑界面如图 4-198 所示。

时轨编辑

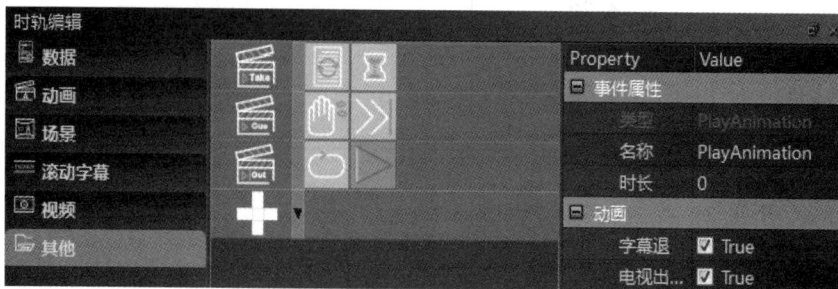

图 4-198　时轨编辑界面

1. 时轨

时轨类型包括播出、准备、卸载、手势、动画开始、动画结束、动画暂停、动画恢复、槽、场景对象、条件。时轨功能说明如表 4-31 所示。

表 4-31　时轨功能说明表

时轨名称	图标	描　述
播放		选中 Play Control 对应动画条目，点击播出，页面文件播放，同时执行时轨上的事件
准备		选中 Play Control 对应动画条目，点击准备，页面文件复位，然后执行时轨上的事件
卸载		选中 Play Control 对应动画条目，点击卸载，先执行时轨上的事件，然后页面文件被卸载
手势		主持人做出设定的手势时，时轨上的事件开始执行
动画开始		指定的动画开始播放时，时轨上的事件开始执行
动画结束		指定的动画播放结束时，时轨上的事件开始执行
动画暂停		指定的动画暂停播放时，时轨上的事件开始执行
动画恢复		指定的动画暂停后继续播放时，时轨上的事件开始执行
槽		指定的信号或者条件信号执行时，时轨上的事件开始执行
场景物体		指定的触发物体被触发时，时轨上的事件开始执行
条件		指定的引出项满足条件时，时轨上的事件开始执行

2. 事件

事件类型包括数据、动画、场景、滚动字幕、视频、其他。事件功能说明如表 4-32 所示。

表 4-32　事件功能说明表

事件名称	图　标	描　述
更新引出项		选择需要的引出项
动画倒带		将指定的动画倒带
停止循环		停止指定动画的循环播放

续表

事件名称	图　标	描　　述
循环		循环播放指定的动画
播放动画		播放指定的动画
恢复动画		指定的动画暂停后继续播放
停止动画		指定的动画停止播放
暂停动画		指定的动画暂停播放
卸载场景		卸载指定的场景
加载场景		加载指定的场景
重设场景		重设指定的场景
等待		等待指定的时间后，等待后面的事件开始执行
条件信号		指定的引出项满足设定的条件时触发指定的槽时轨
信号		触发指定的槽时轨

课后习题

一、填空题

1. Krisma VR 编辑器包含两个最主要的功能模块，分别是_____和_____。
2. 连接编辑器有三种，分别是_____、_____和_____。

二、简答题

1. 简述使用 Krisma VR 开发虚拟仿真场景的步骤。
2. 简述场景树的作用。

三、操作题

1. 熟悉并掌握 Krisma VR 编辑器的基本操作。
2. 资源包导入和导出 Krisma VR 的流程。
3. 针对某一个场景案例进行仿真设计。

第5章 火箭发射虚拟交互制作

第 4 章介绍了 Krisma VR 编辑器的运行环境和各界面的简要功能，从本章开始将以项目的方式介绍使用 Krisma VR 编辑器根据具体任务需求，从设计到实现的完整过程。

本项目以火箭发射虚拟交互制作为例，介绍引出项和内连接。旨在实现火箭的火焰颜色随着火箭高度变化的效果。

火箭发射虚拟交互制作

5.1 火 焰 设 计

在官网上下载、解压给定的资源素材，保存到合适位置，将准备好的火箭场景在编辑器中导入、打开，通过素材内容可知在本项目的场景中有一个航天火箭模型，其中火箭的尾部喷发出红色的火焰特效效果，可以通过修改火焰的颜色属性来更改对应火焰的颜色区域。火焰效果设置界面如图 5-1 所示。

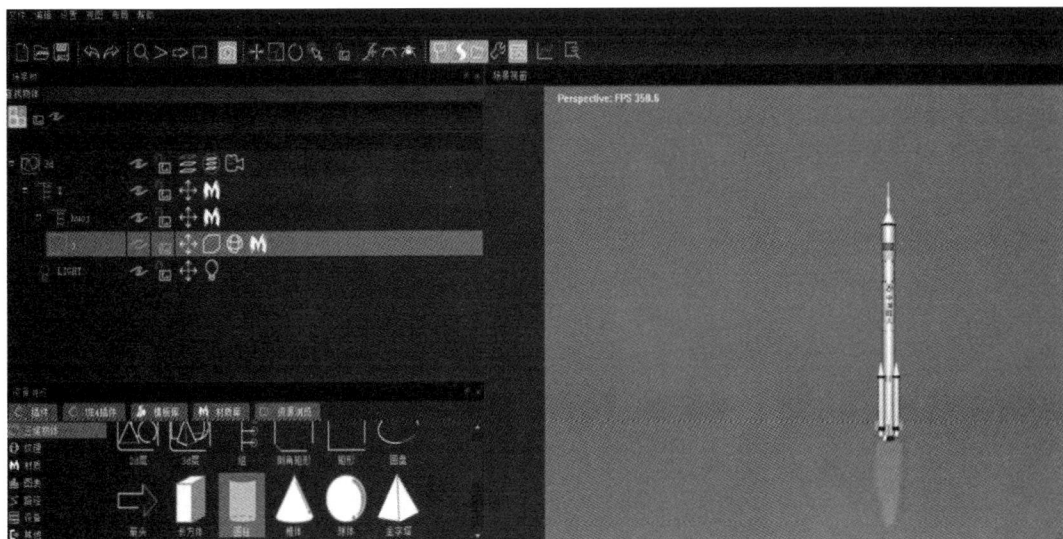

图 5-1　火焰效果设置界面

在了解了基本任务的基础上，分析要给哪种属性设置引出项，以及哪种属性之间需要设置内连接，以实现火焰颜色随火箭高度而产生变化的效果，如图5-2所示。

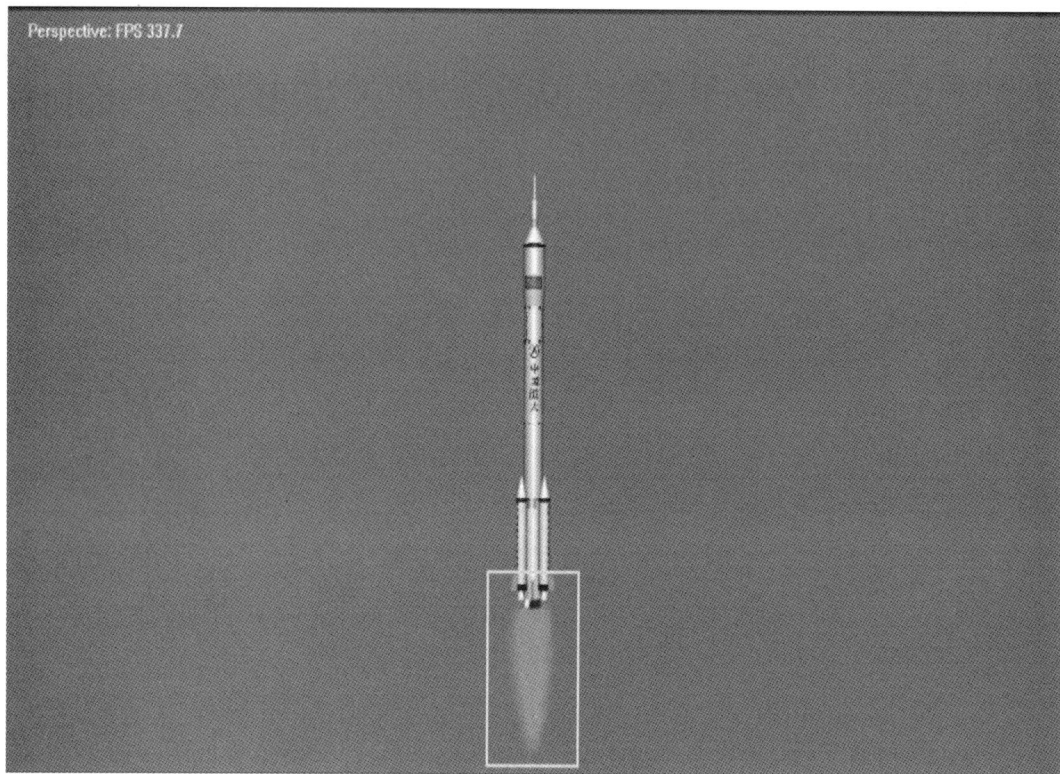

图5-2　火焰变化效果

(1) 火箭在升空时，距离地面较近的地方，火箭喷射出的火焰颜色一般偏红色。一般将火焰初始颜色值设置为红色1、绿色0.29，如图5-3所示。

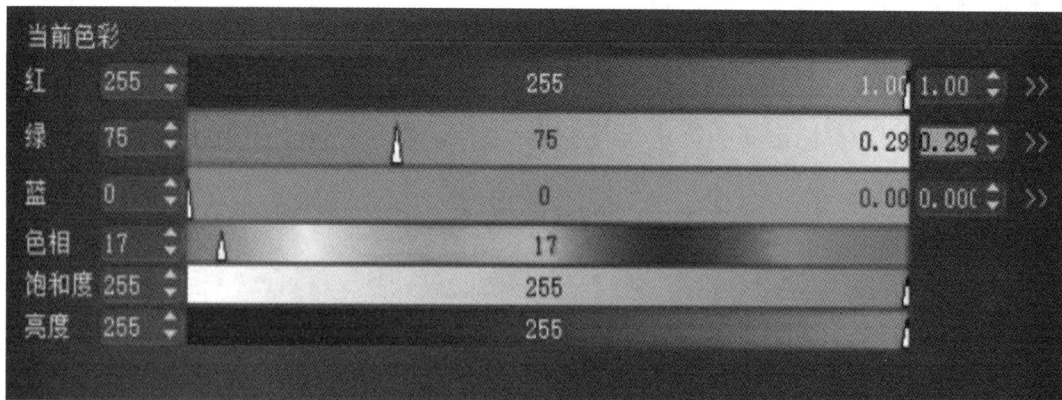

图5-3　火焰初始颜色参数

(2) 当火箭升空到一定高度时，需要将火焰设置为一个偏蓝的状态，将色相调到蓝色范围，一般将蓝色值设置为1，绿色值设置为0.6，其余参数为默认状态，如图5-4所示。

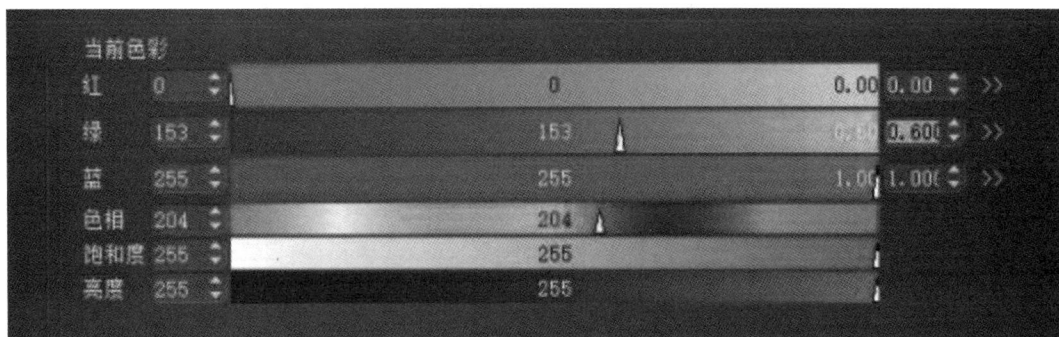

图 5-4　火焰颜色调整

5.2　引出项和内连接

(1) 火焰的颜色会随着火箭的高度而产生变化，根据坐标轴运动分析可知，控制火箭高度轴向变化的为 Z 轴，在场景树中找到火箭高度最大值 Z，然后在空间变换里找到火箭高度对应的 Z 轴，通过调整其数值大小可以调整相应的火箭高度位置，如图 5-5 所示。

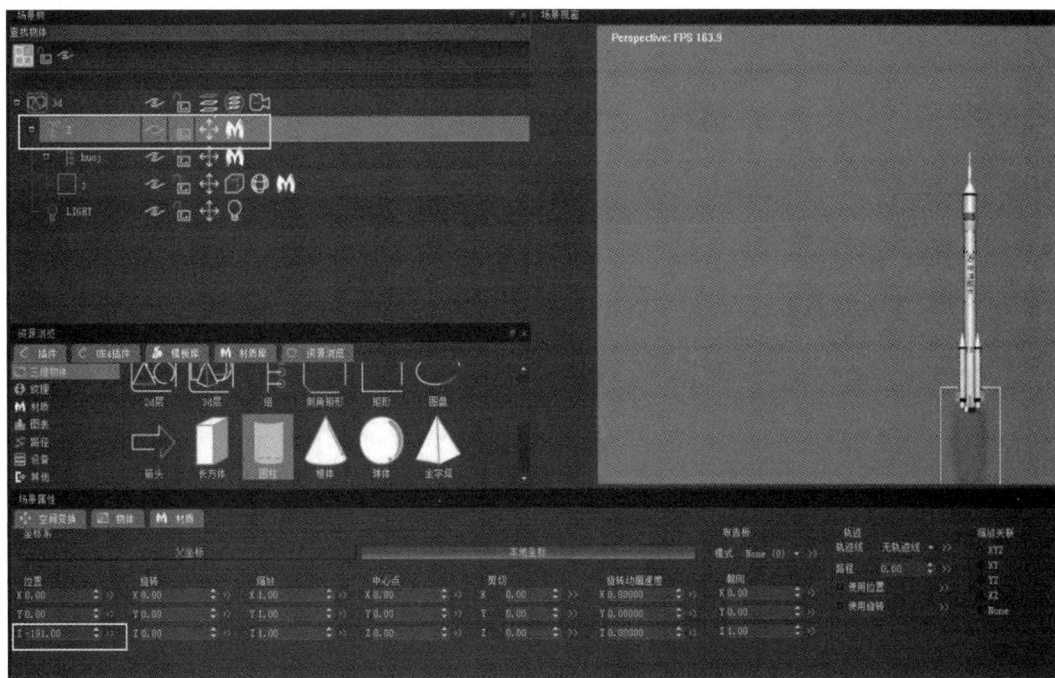

图 5-5　火箭 Z 轴高度设置

(2) 在火箭的空间变换里找到 Z 轴，点击其右边的箭头，选择"新建引出项"，这时会弹出一个窗口，连接成功后关闭该窗口即可，如图 5-6 和图 5-7 所示。

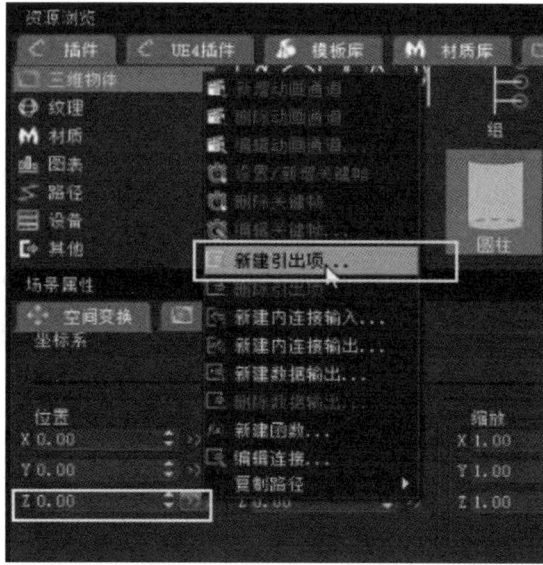

图 5-6　引出项设置

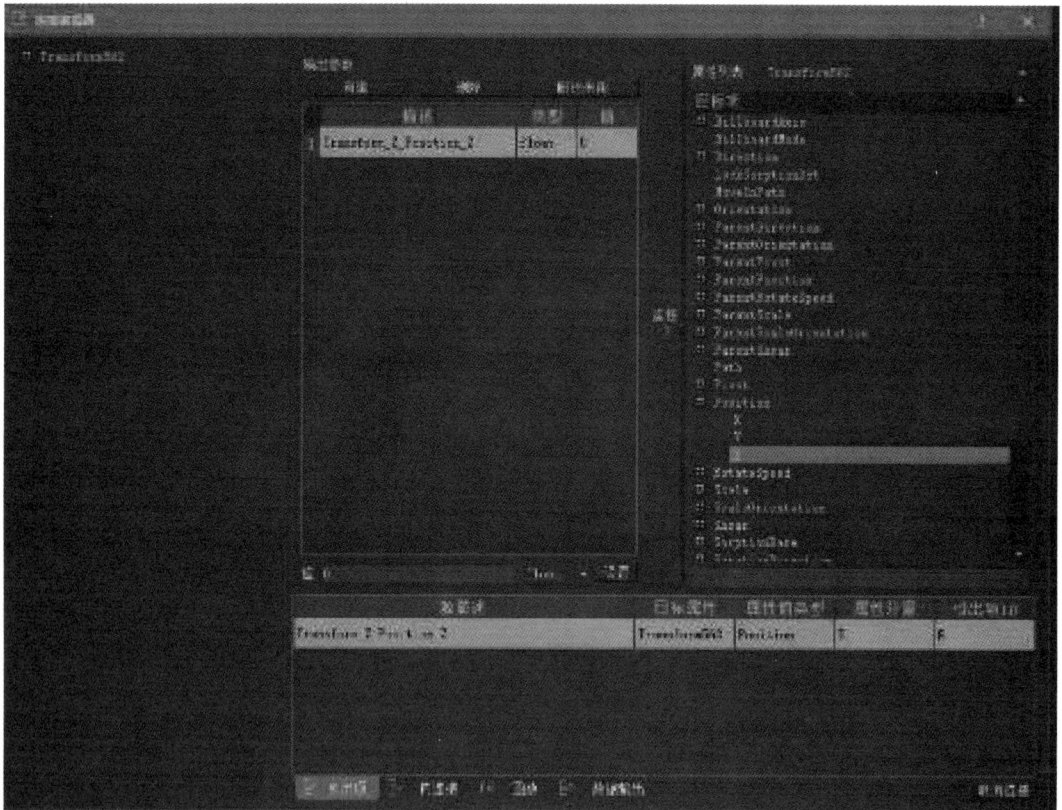

图 5-7　新建引出项界面

(3) 设置火箭高度与火焰颜色的关联性。选中空间变换，在弹出的菜单中选择"新建内连接输出"，弹出连接编辑器，在属性列表中选择"Position"下的 Z 轴，将 Z 轴设置为内连接输出，如图 5-8 和图 5-9 所示。

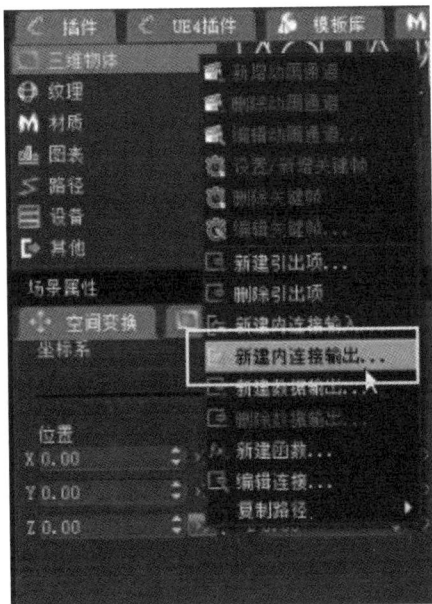

图 5-8　新建内连接输出

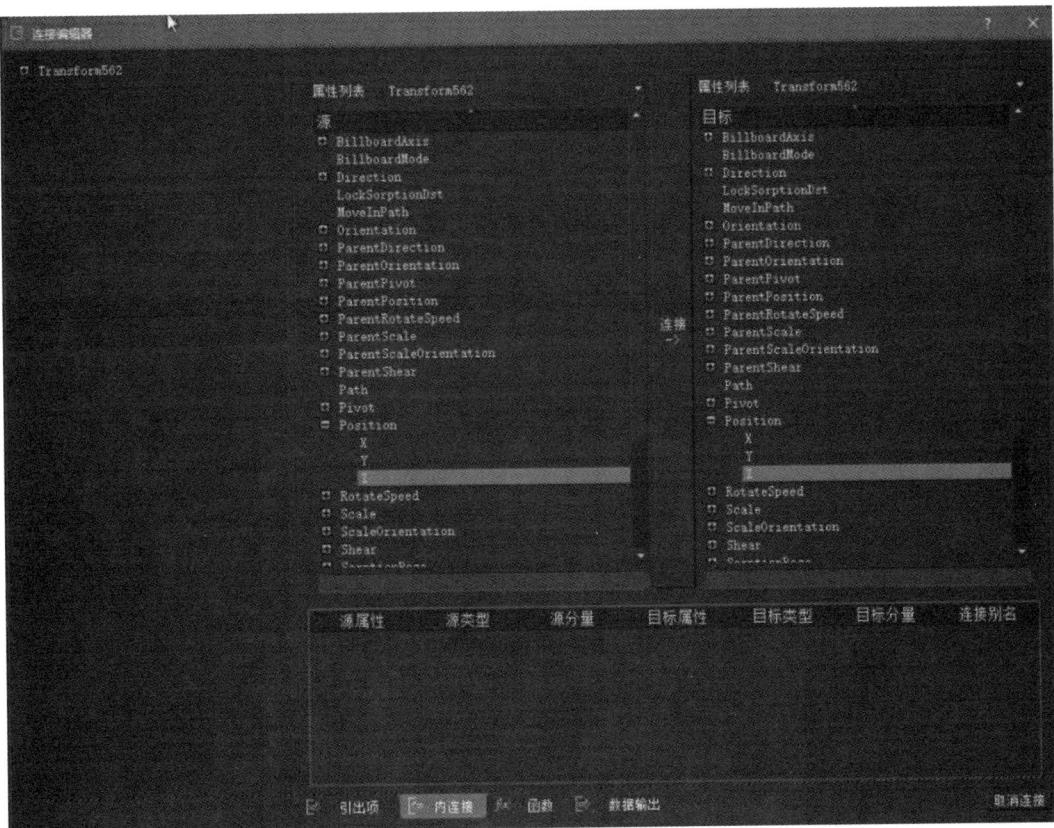

图 5-9　连接编辑器

　　(4) 设置火箭颜色。在面板中选中火箭颜色，分别将红、绿、蓝三个值按相同方法设置为内连接输入，通过内连接输出的设定能够影响内连接输入的值，如图 5-10 所示。

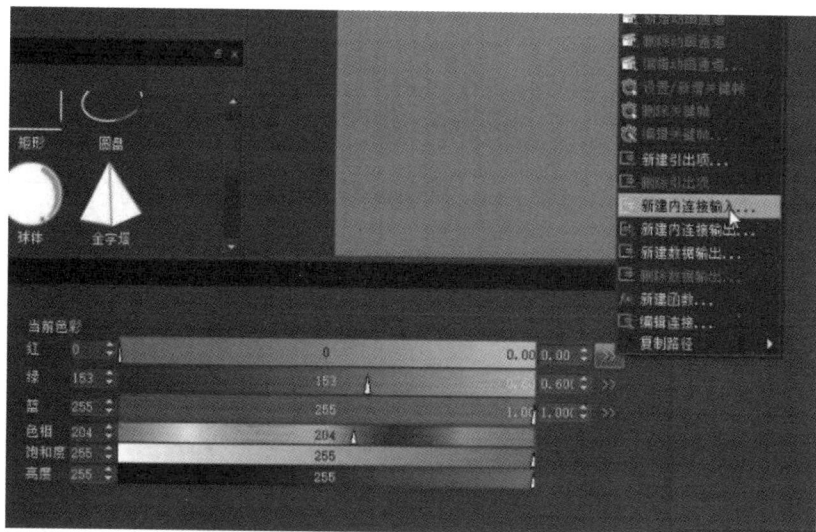

图 5-10　火箭颜色设置

(5) 内连接设置。将内连接输出和内连接输入加以关联，用火箭高度 Z 去影响红、绿、蓝三个值，在连接编辑器面板中找到"vColor"下面的"x""y""z"属性(它们分别代表红、绿、蓝三个值)，点击连接编辑器中的"连接"即可将火箭高度 Z 逐一与红、绿、蓝三个值相连，如图 5-11 所示。

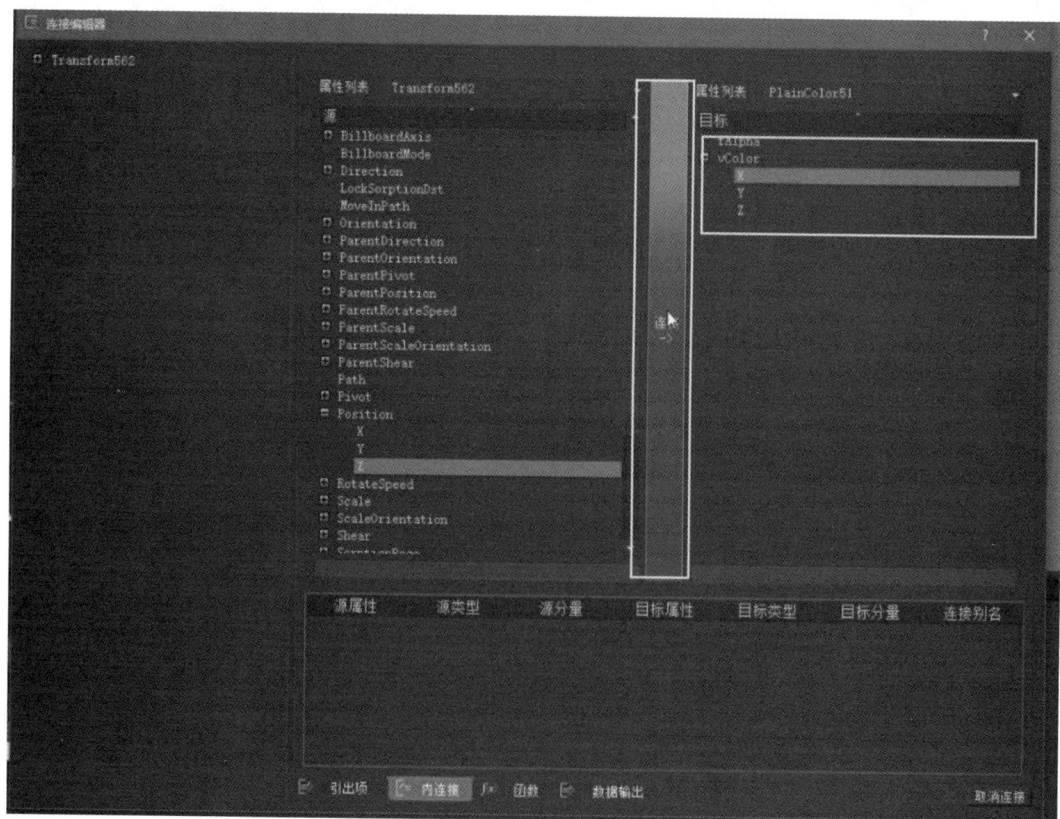

图 5-11　内连接设置

(6) 连接成功之后，在连接编辑器下方会出现三个属性源，表示连接设置成功。接着返回到界面当中，此时火焰的颜色是黑色，这是由于 [Z 0.00] 中的 Z 值为 0，并且已设置了内连接功能，所以当 Z 值为 0 时，红、绿、蓝三个值也同样为 0 时显示黑色，可见红、绿、蓝三个值会随着 Z 值的变化而变化，如图 5-12 和图 5-13 所示。

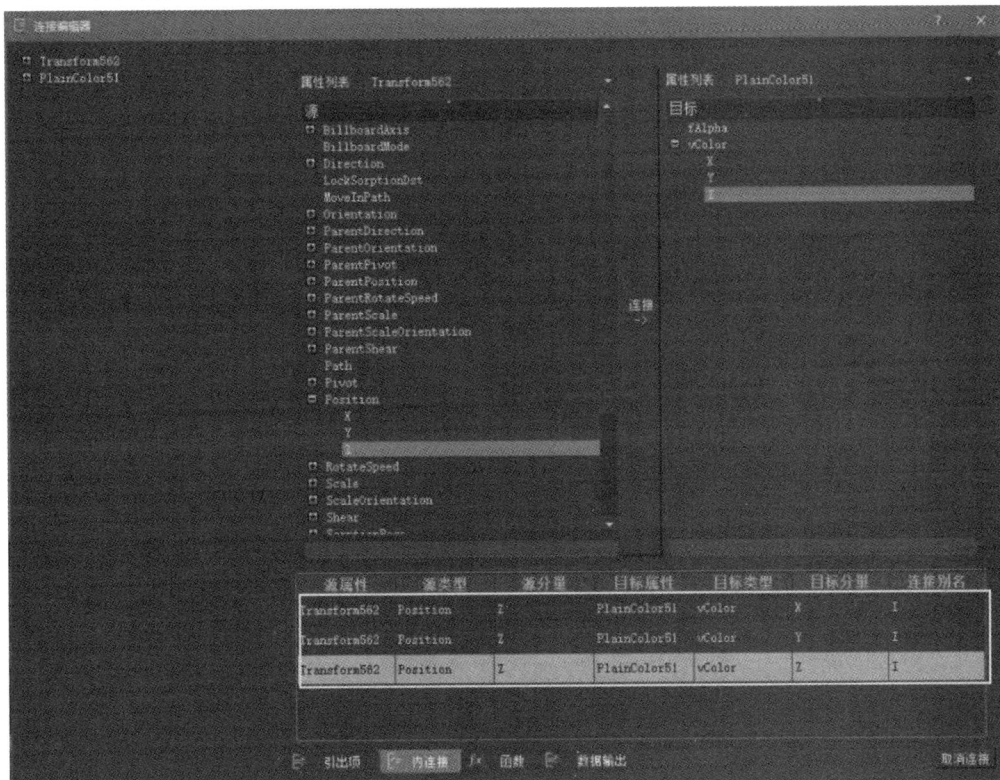

图 5-12 Z 值变化

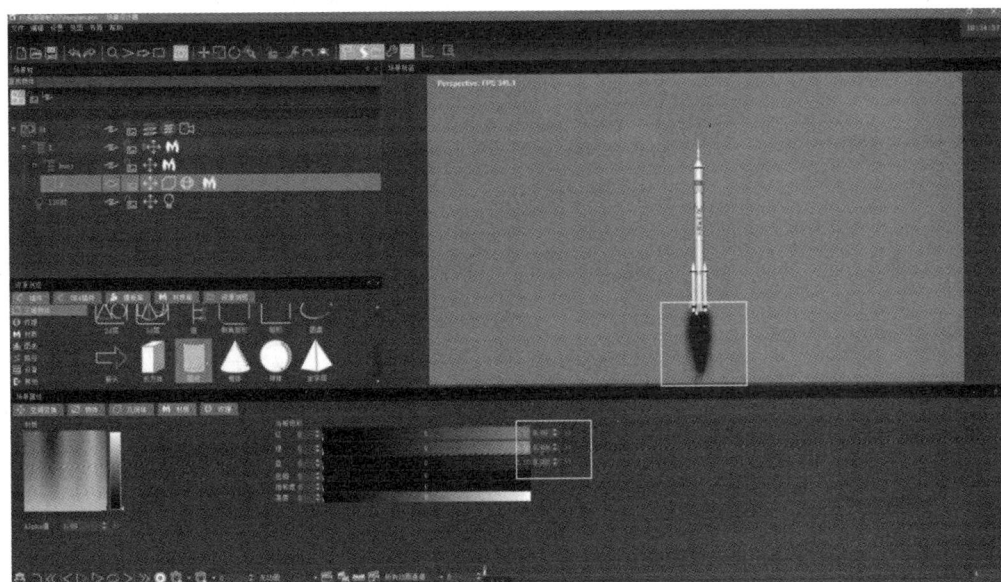

图 5-13 红、绿、蓝颜色变化

(7) 将 Z 1.00 中的 Z 值改为 1，在界面中可见火箭火焰的颜色变成了白色，当 Z 值为 1 时，由于内连接的设置，红、绿、蓝三个值也全部变成了 1，当红、绿、蓝(RGB)三个值均为 1 时显示白色，如图 5-14 和图 5-15 所示。

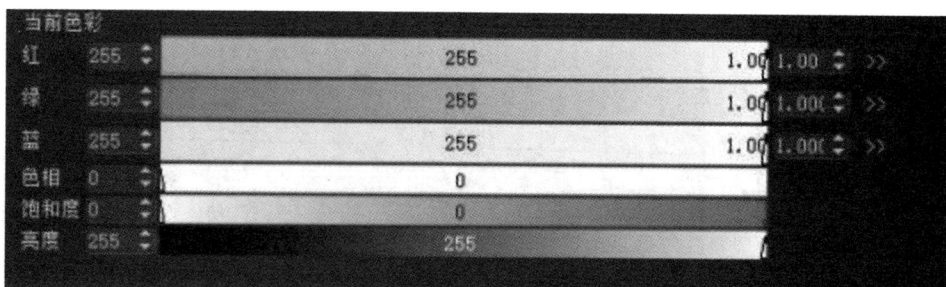

图 5-14　Z 值改为 1

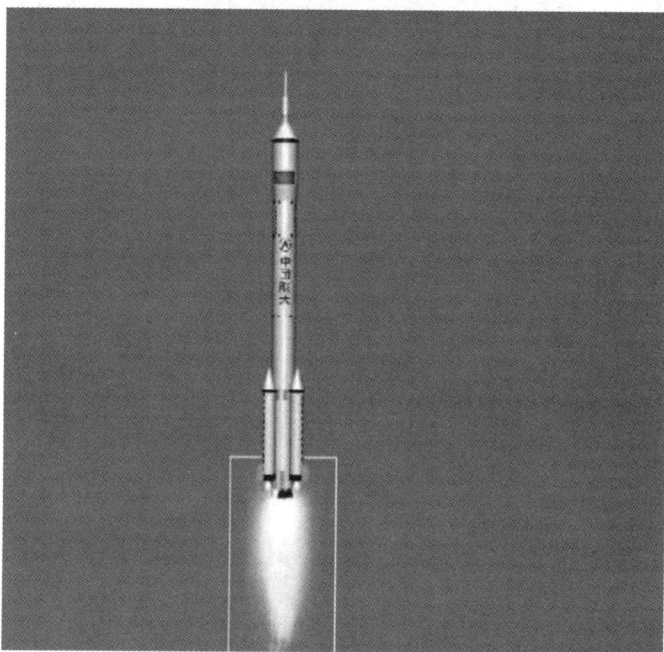

图 5-15　Z 值为 1 时的火焰颜色

5.3　交互功能实现

现在需要考虑一个问题，即如何根据火箭上升的高度自动对火焰颜色进行相关的调整，实现火焰从初始的红色自动变为橙色再到蓝色的效果。当火箭在地面初始状态时，火焰为红色。当火箭高度在 0~2000 之间变化时，定义为升空状态，火焰为橙色。当升空高度达到 2000 时，火焰为蓝色。红色对应数值为 1~0，绿色对应数值为 0.6~0.3，蓝色对应数值为 0~1，如图 5-16 所示。

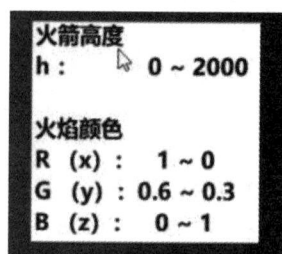

图 5-16　火焰颜色值

接下来调节火焰的颜色使其随着火箭上升高度的变化(0～2000)，从红色变为蓝色。

(1) 设置蓝色。在面板上点击蓝色对应的数值右侧箭头，在弹出的菜单中选择"新建函数"，在打开的连接编辑器中，在函数面板中选择添加"R ="(R 是结果)，然后点击变量里面的内连接 I(I 相当于内连接输出实时的变量)，设置 R = I/2000，点击"连接"功能，设置连接成功，如图 5-17～图 5-19 所示。

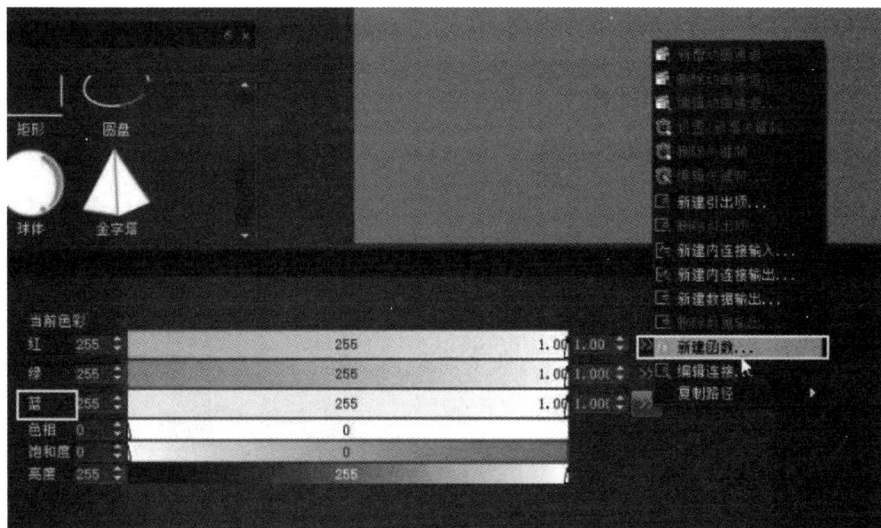

图 5-17　新建函数

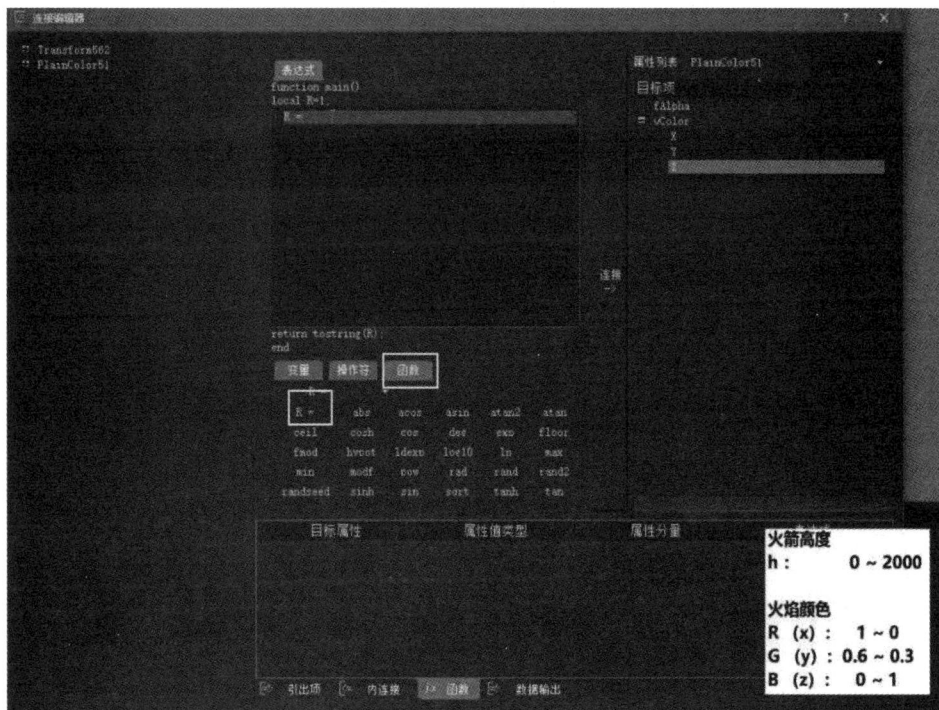

图 5-18　蓝色内连接设置

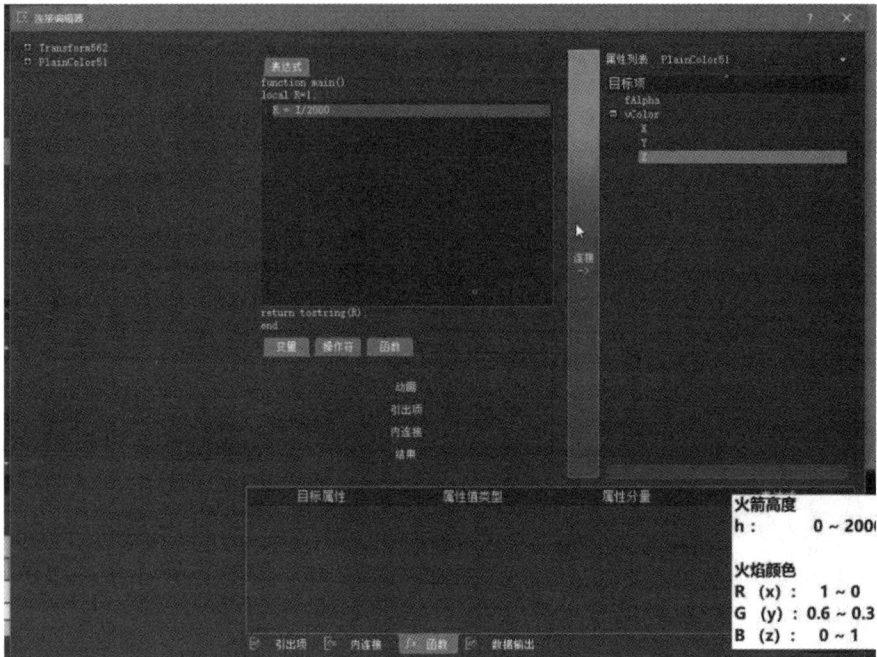

图 5-19　蓝色参数设置

(2) 设置红色。在面板上点击红色对应的数值右侧箭头，在弹出的菜单中选择"新建函数"，打开连接编辑器，在函数面板中选择添加"R ="，然后点击变量里面的内连接 I(I 相当于内连接输出实时的变量)。需要注意的是：由于红色和蓝色对应的范围值正好是相反的，所以 R 的结果设置为 R = 1 − I/2000，点击"连接"功能，设置连接成功，如图 5-20 所示。

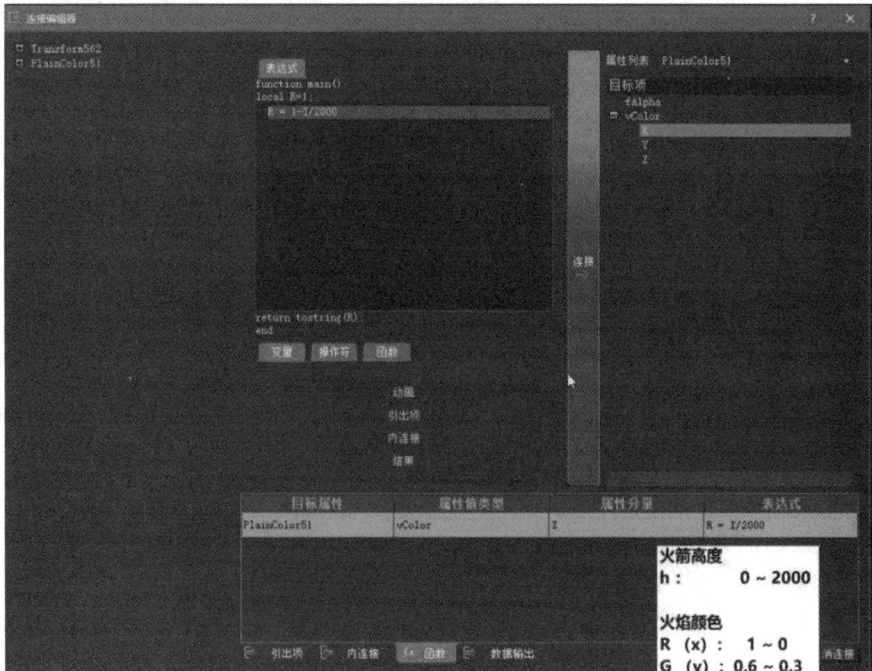

图 5-20　红色内连接设置

　　(3) 设置绿色。在面板上点击绿色对应的数值右侧箭头，在弹出的菜单中选择"新建函数"，打开连接编辑器，在函数面板中选择添加"R ="，然后点击变量里面的内连接 I(I 相当于内连接输出实时的变量)，根据火焰颜色值的范围，设置 R 值结果为 R = 3/5 − 3/10*I/2000，点击"连接"功能，设置连接成功，如图 5-21 和图 5-22 所示。

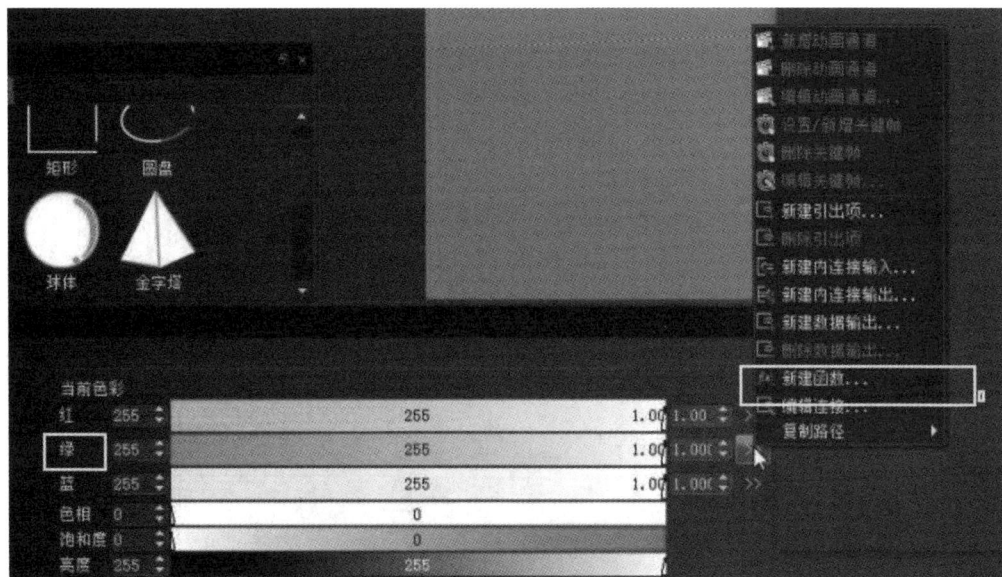

图 5-21　绿色内连接设置

图 5-22　绿色参数设置

最后将引出项值设置为1000，在编辑器界面可以看见火箭飞到空中时火焰变成蓝色，而当引出项的值设置为0时，可以看见火箭在地上时火焰则变成了红色，由此火箭发射虚拟交互设计与制作的案例就完成了，如图5-23和图5-24所示。通过该案例能进一步了解引出项内链接以及函数之间的关系，以及函数的使用方法。

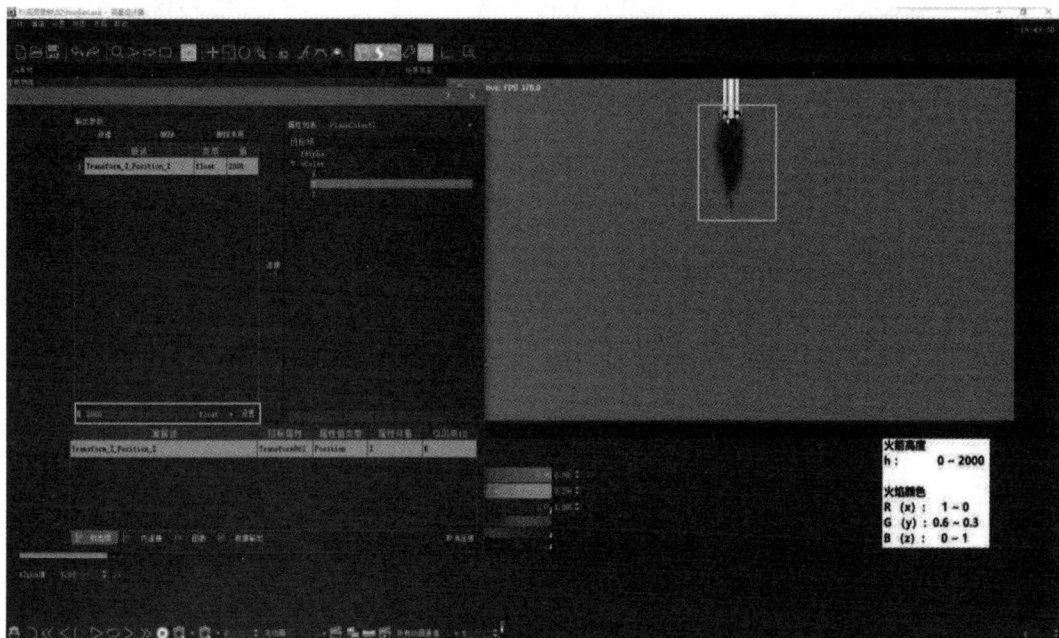

图5-23　蓝色火焰效果

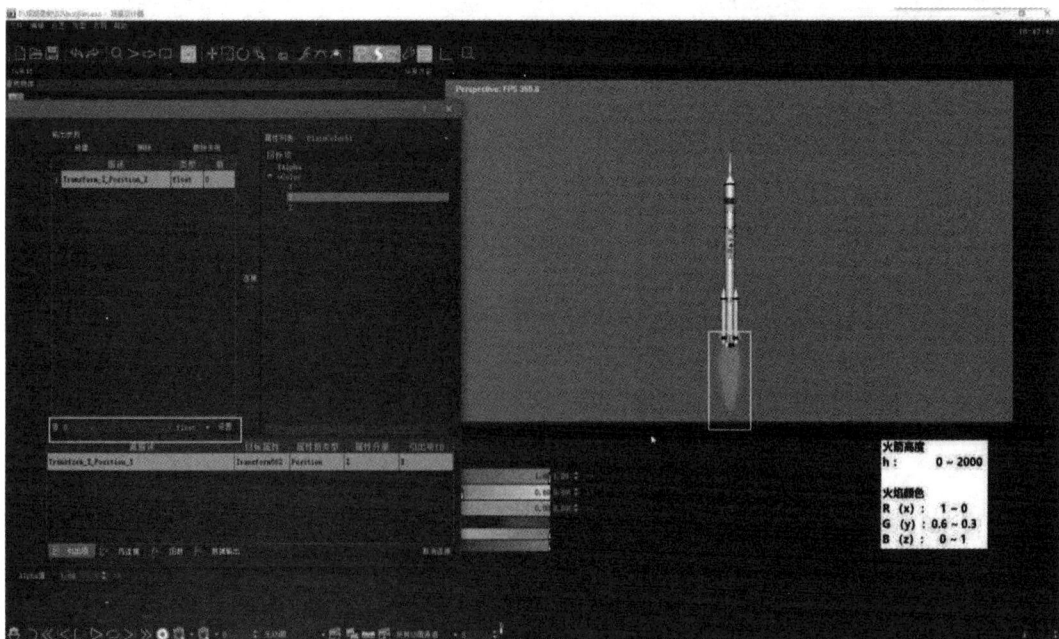

图5-24　红色火焰效果

课后习题

一、简答题

简述使用内连接函数的作用及设置过程。

二、操作题

参照"火箭发射虚拟交互制作"案例的制作过程，自己独立设计实现一个虚拟仿真交互案例。

第 6 章　爬行蚂蚁交互动画制作

以爬行蚂蚁交互动画制作为例，通过模拟蚂蚁的运动来学习如何绘制与调整轨迹线，如何将轨迹线与物体进行关联，以及如何调整动画的加、减速运动。

6.1　三种蚂蚁爬行运动状态

6.1.1　模型导入与设置

扫码右侧对应的二维码，下载本章相应的案例素材并保存到合适位置，在素材中找到蚂蚁的模型，将其导入到 Krisma VR 编辑器中。点击鼠标左键选中对应的后缀为 ".asn" 文件，在右侧编辑界面可以看到，蚂蚁模型在导入到 Krisma VR 编辑器中时是没有匹配对应贴图的，因此需要在模型管理列表中明确蚂蚁模型身体的各个部位，将其重新命名，例如 "头部" "眼睛" 和 "身体"，如图 6-1 所示。

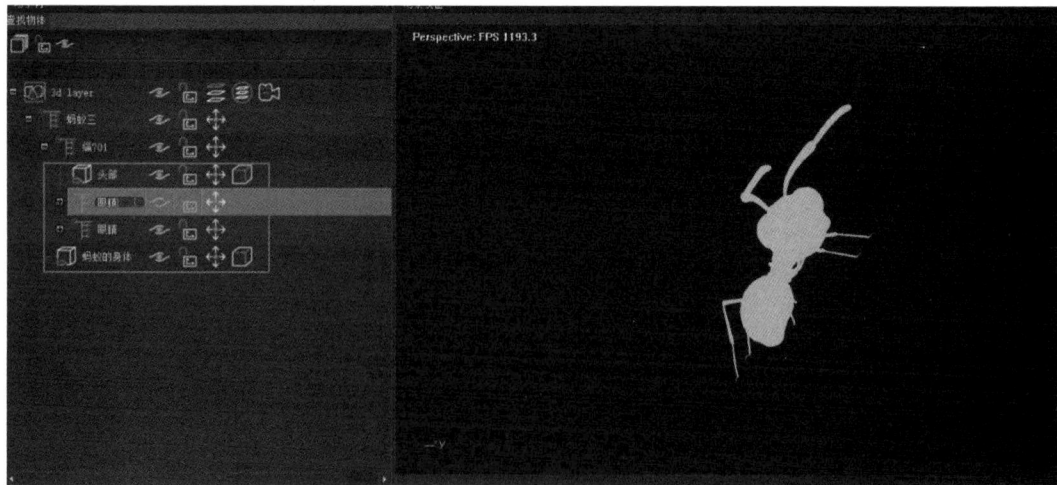

图 6-1　模型设置

(1) 在场景树选中命名为 "头部" 的对象，点击鼠标右键，在弹出的场景属性中选择新增纹理状态栏，在"图像"属性下第一项贴图文件，设置新增贴图纹理，找到贴图文件名称为"Boby1"的蚂蚁贴图素材，将其贴在蚂蚁模型头部的位置上，如图 6-2 所示。

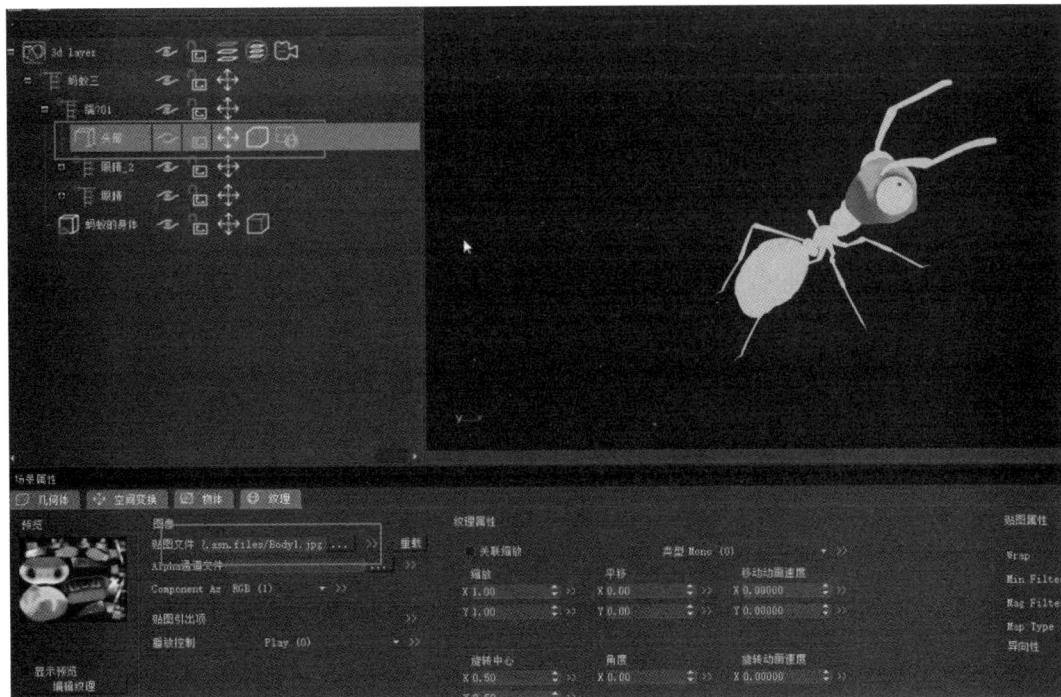

图 6-2　头部贴图设置

(2) 在场景树选中命名为"眼睛"的对象，点击鼠标右键，在弹出的场景属性中选择新增纹理状态栏，在"图像"属性下第一项贴图文件，设置新增贴图纹理，找到贴图文件名称为"Eye-TM_u0_v0"的蚂蚁贴图素材，将其贴在蚂蚁模型眼睛的位置上，如图 6-3 所示。

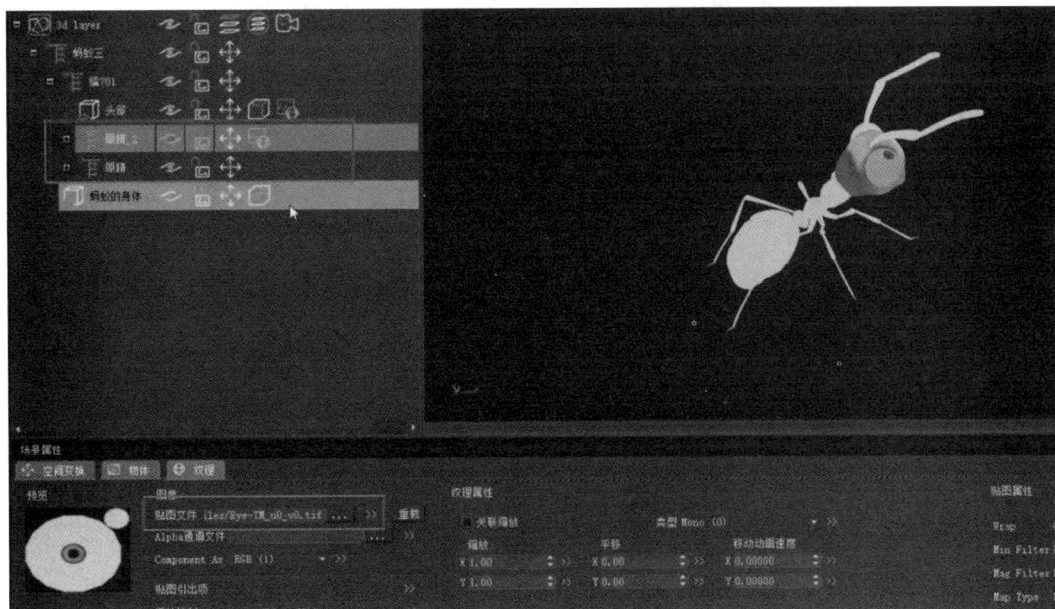

图 6-3　眼睛贴图设置

(3) 在场景树选中命名为"身体"的对象，点击鼠标右键，在弹出的场景属性中选择新增纹理状态栏，在"图像"属性下第一项贴图文件，设置新增贴图纹理，找到贴图文件名称为"mayi"蚂蚁贴图的素材，将其贴在蚂蚁模型身体的位置上，如图 6-4 所示。

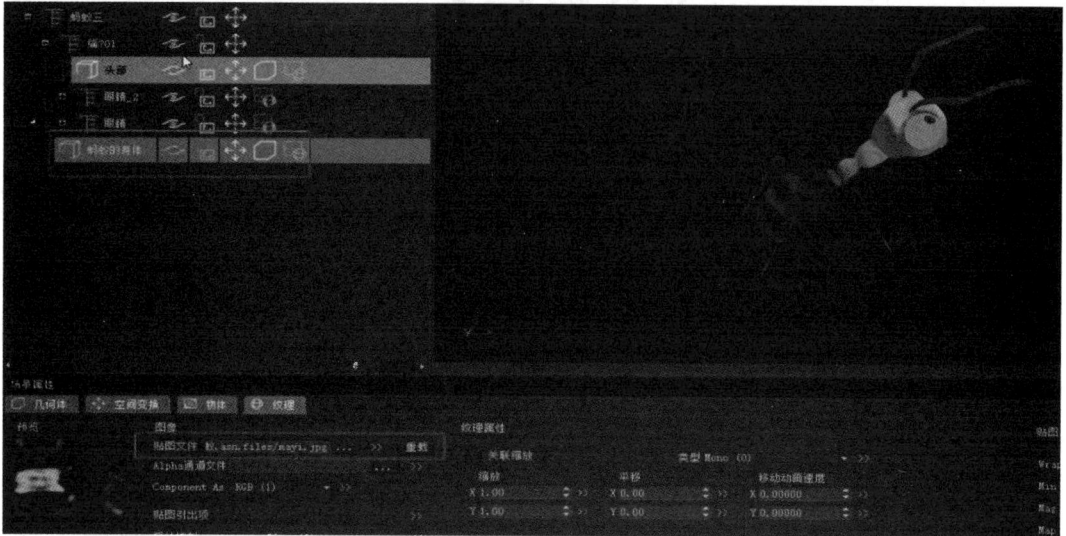

图 6-4　身体贴图设置

6.1.2　轨迹设置

(1) 在物体状态栏中，把蚂蚁最上方的组命名为"蚂蚁一"，然后在空间变换里面把蚂蚁调整到合适的大小和位置，在空间变换面板中，将"旋转"状态栏下方的 X 值设置为 90，Y 和 Z 的值分别设置为 0，如图 6-5 所示。

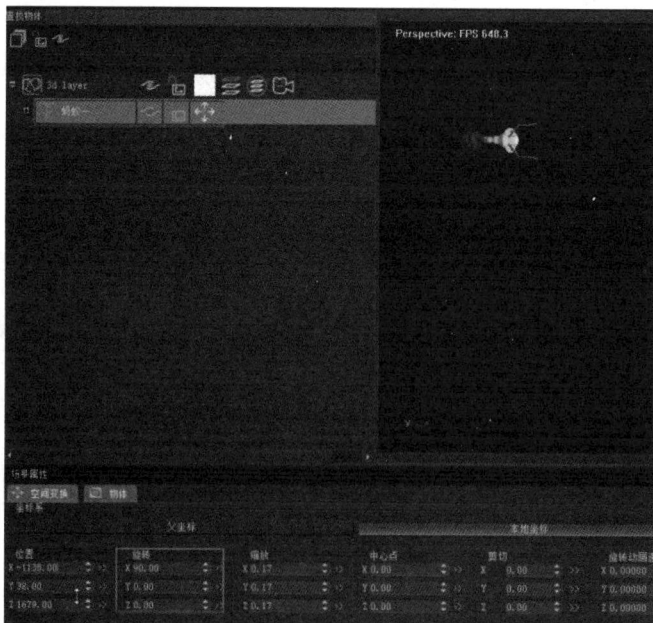

图 6-5　空间变换

（2）选中添加轨迹，在场景视窗处绘制一条曲线轨迹，绘制完成点击鼠标右键结束绘制之后使用调整轨迹，把轨迹线的曲线过渡部分修整得平滑一点，再通过锁定轨迹，同时控制两边的轨迹线将曲线过渡修整得更平滑一些，如图 6-6 所示。

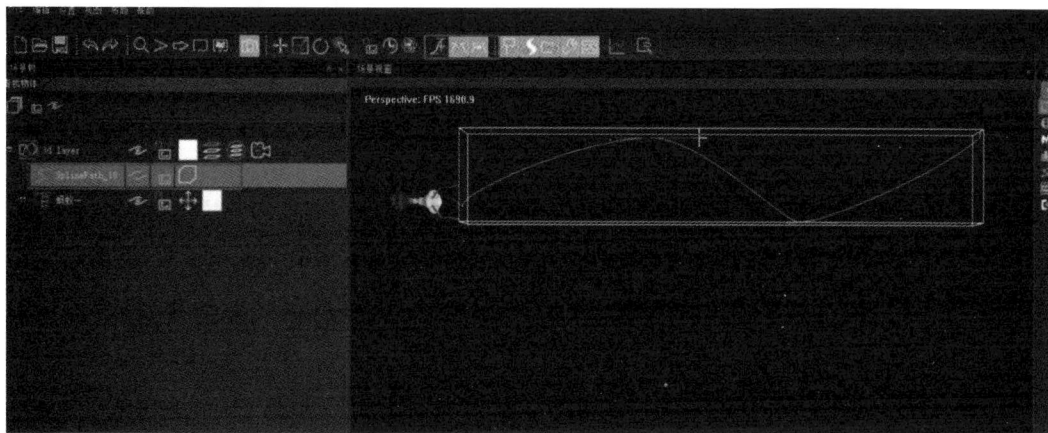

图 6-6　轨迹线设置

（3）在轨迹线绘制完成后，将轨迹线重新命名为"轨迹一"，然后在场景属性中的空间变换界面中，找到"轨迹"状态下的轨迹线，选择"轨迹一"，如图 6-7 所示。

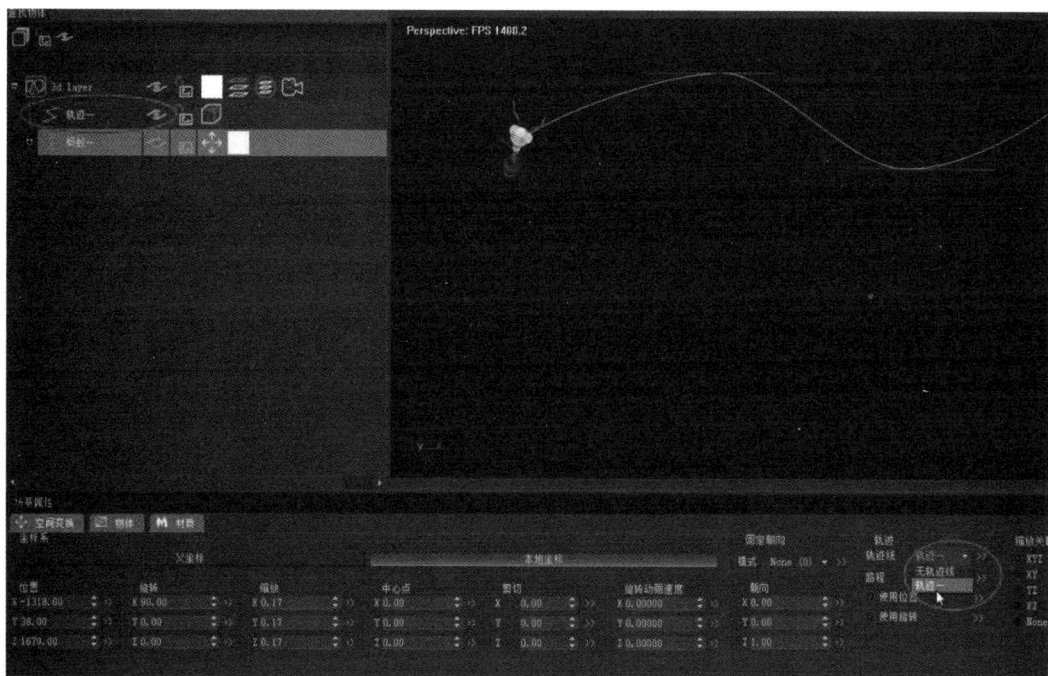

图 6-7　轨迹一

（4）在资源浏览找到对应的三维物体，将里面的组拖到场景树之中，在场景树里面添加三个组，然后分别把组命名为"轨迹""蚂蚁"及"文字"，然后将"轨迹"拖到轨迹组下，将"蚂蚁一"拖到"蚂蚁"组下，分组归类如图 6-8 所示。

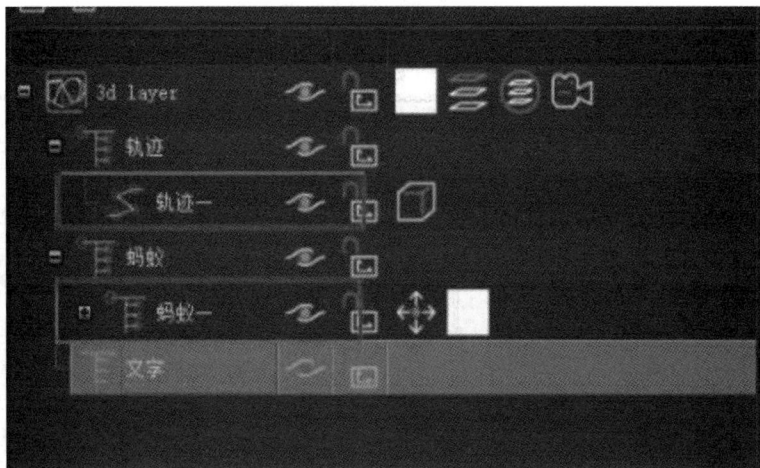

图 6-8　分组归类

6.1.3　运动设置

(1) 在资源浏览找到三维物体，将里面的 2D 特效文字拖到场景树之中，然后为 2D 特效文字添加空间变换，将文字移动到"蚂蚁一"的位置上，并根据实际效果调整好大小，将 2D 特效文字改名成"匀速运动"，如图 6-9 所示。

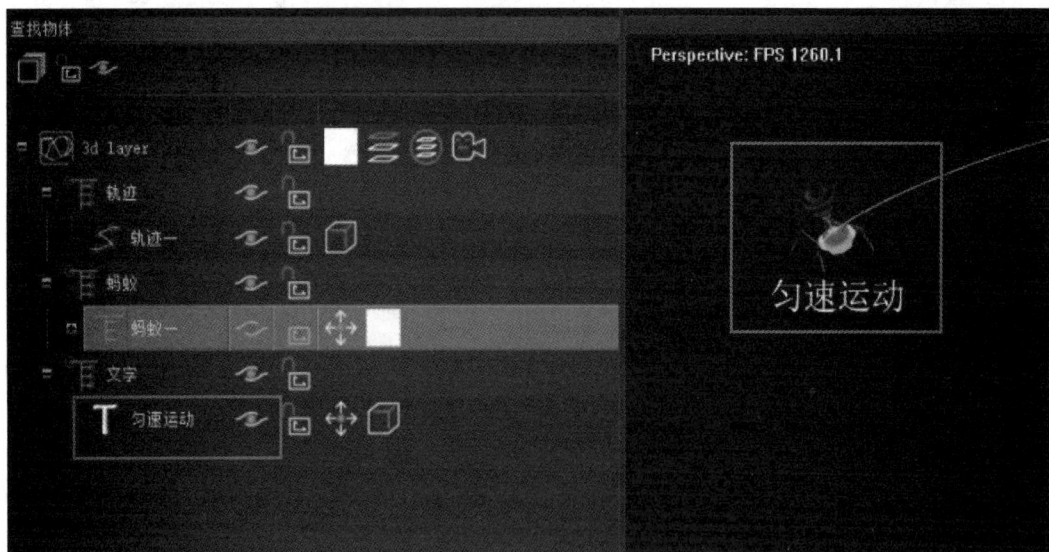

图 6-9　修改特效文字

(2) 选中"蚂蚁一"，在空间变换里将"使用旋转"取消。本任务需要手动控制蚂蚁的旋转，如果使用了 Krisma VR 编辑器自带的使用旋转功能，那么手动控制蚂蚁旋转则不起作用，如图 6-10 所示。

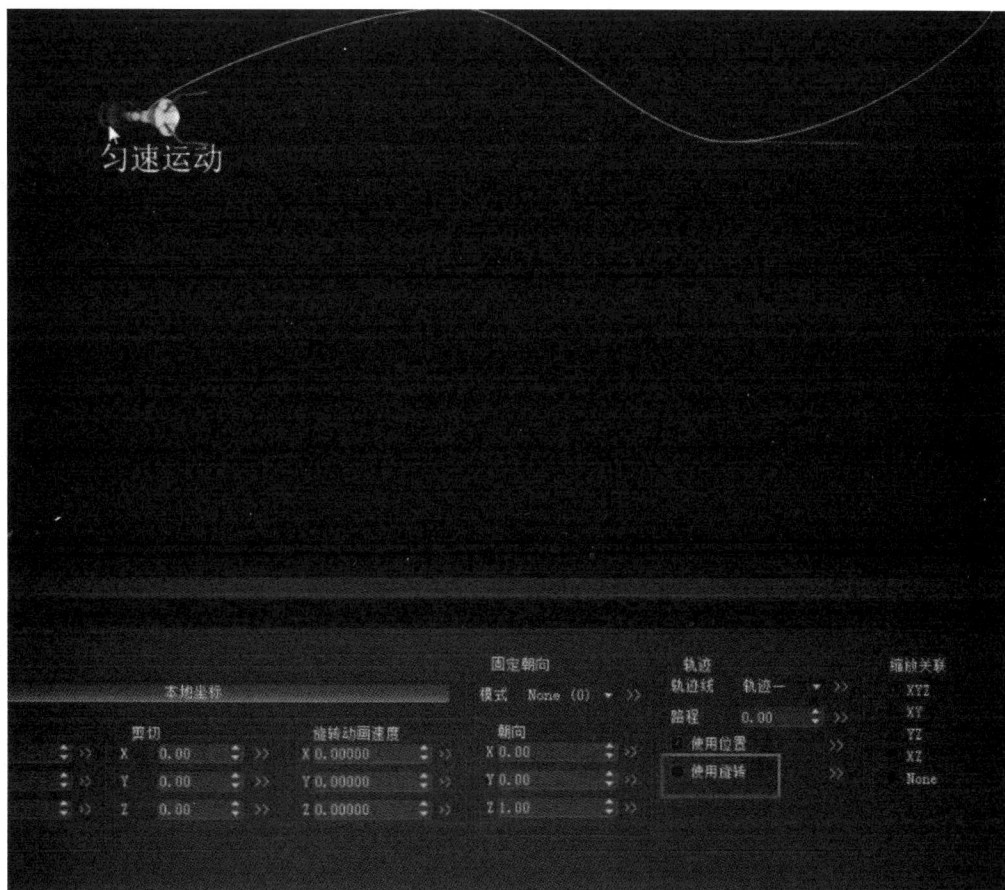

图 6-10　取消旋转功能

(3) 在场景里面新建一个动画，并将其命名为"01-蚂蚁匀速运动"，将动画的长度设置为 200 帧，在第 0 帧将路程的值调整为 0 并点击鼠标左键设置为关键帧，然后找到第 200 帧的位置，将路程的值调整为 1 并点击鼠标左键设置为关键帧，如图 6-11 所示。

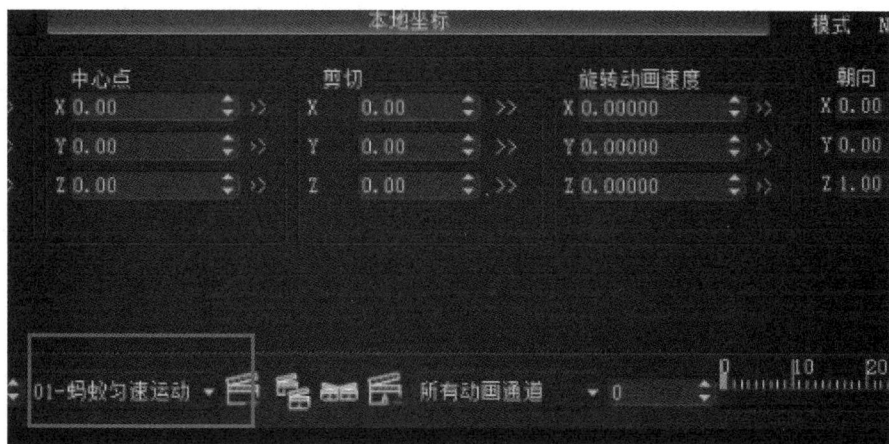

图 6-11　添加关键帧

(4) 拖动时间条，当"蚂蚁一"位于轨迹线上的两点之间时，旋转 Y 调整"蚂蚁一"，使其头部与线对齐，然后打上关键帧；同样再拖动时间条，当"蚂蚁一"处于轨迹线最高点，旋转 Y 调整"蚂蚁一"，使其头部与线对齐。"蚂蚁一"在经过两点之间的线段和最高点、最低点时都调整旋转 Y，打上关键帧，"蚂蚁一"看起来像是沿着轨迹线爬行，如图 6-12 所示。

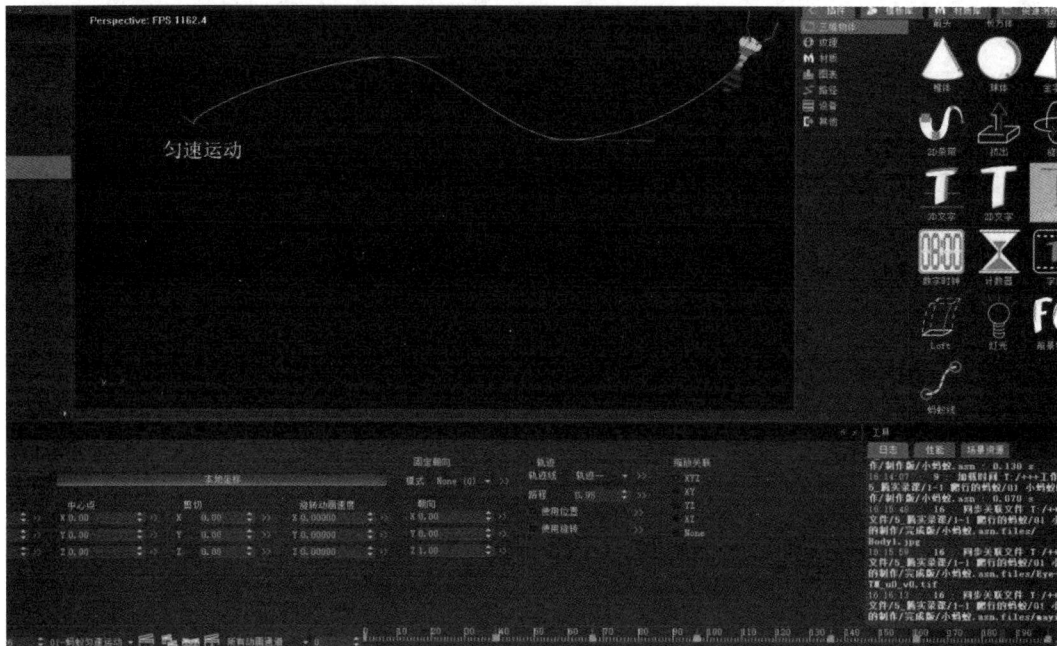

图 6-12　"蚂蚁一"轨迹设置

6.1.4　轨迹动画设计

(1) 在场景树里面找到"轨迹一""蚂蚁一""匀速运动"，分别选中后使用 Ctrl + 鼠标左键，向下拖拽复制一份，并分别重新命名为"轨迹二""蚂蚁二""变速运动"，如图 6-13 所示。

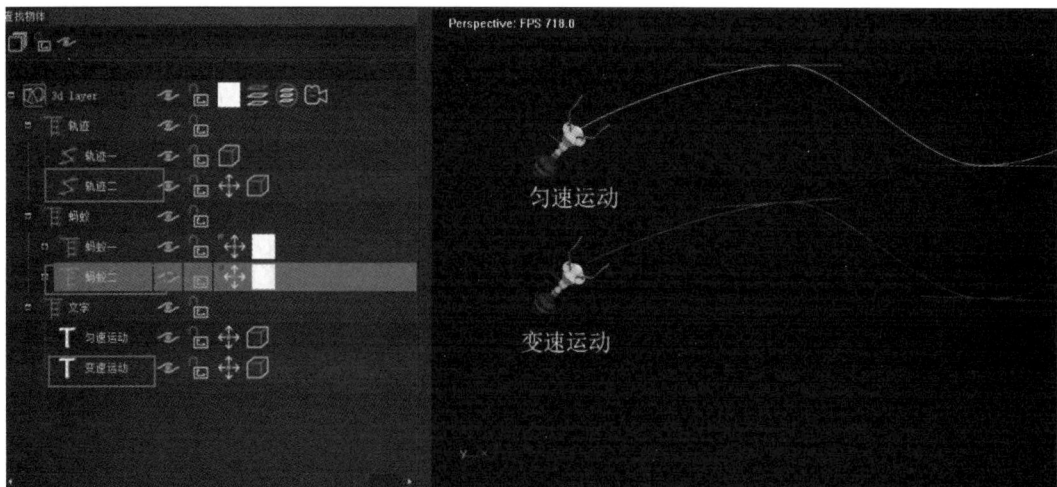

图 6-13　新建变速轨迹

(2) 分别为"轨迹二""蚂蚁二""变速运动"添加一个空间变换,控制位置为 X,将它们的位置放置在"轨迹一"的下方,如图 6-14 所示。

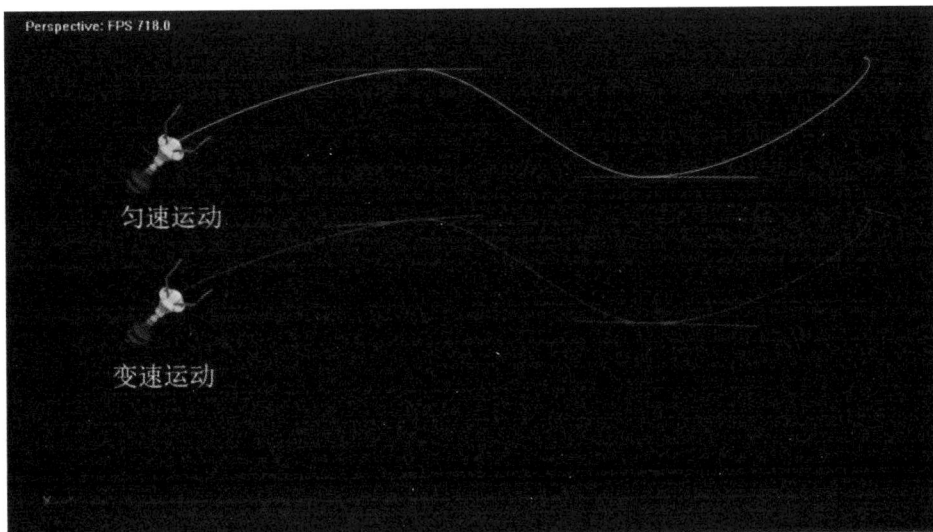

图 6-14 轨迹对比

(3) 在场景里面点击鼠标右键,新创建一个动画,并将该动画命名为"02-蚂蚁的变速运动",将动画的长度设置为 200 帧,找到第 0 帧位置,将路程的值设置为 0 并点击鼠标左键设置为关键帧,然后找到第 200 帧的位置,将路程的值设置为 1 并点击鼠标左键设置为关键帧,如图 6-15 所示。

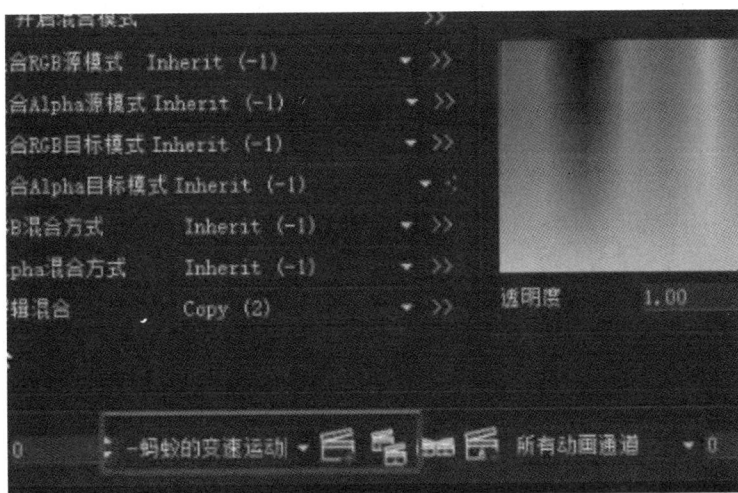

图 6-15 设置关键帧

(4) 选中最下方的时间条,拖动时间条使得"蚂蚁二"位于轨迹线上的两点之间,调整"蚂蚁二",使其头部与线对齐,在该位置插入关键帧;同样再次拖动时间条,当"蚂蚁二"处于轨迹线最高点,调整"蚂蚁二",使其头部与线对齐,当"蚂蚁二"在经过两点之间的线段和最高点、最低点时,都旋转 Y 调整蚂蚁并设置关键帧,这样"蚂蚁二"看起来像是沿着轨迹线爬行,如图 6-16 所示。

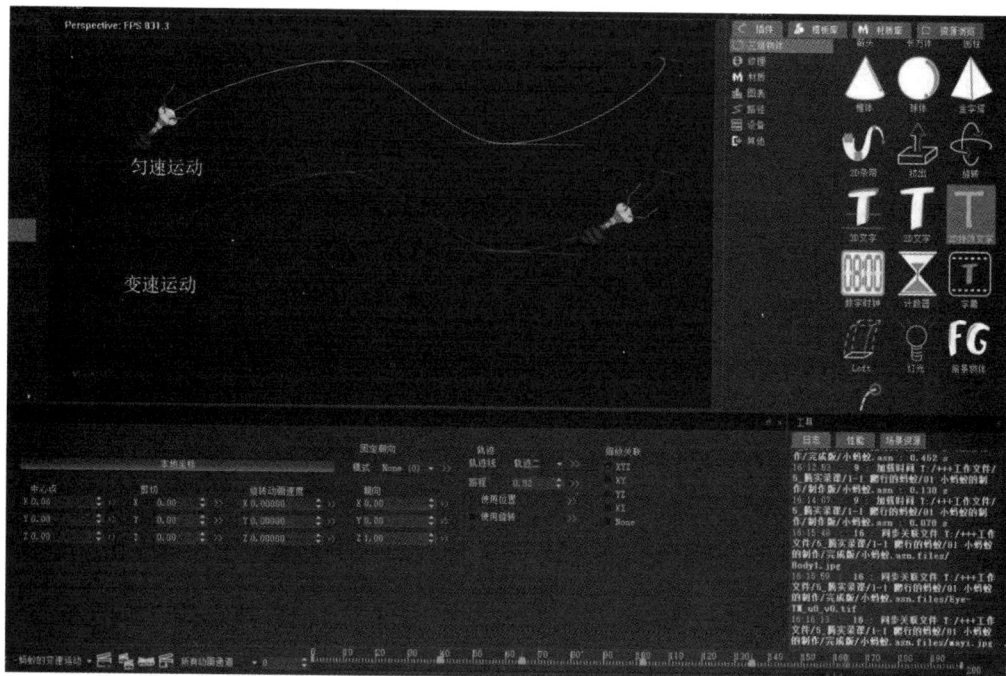

图 6-16　"蚂蚁二"轨迹设置

(5) 使用高级动画编辑器，选择当前动画，将动画切换到"02-蚂蚁的变速运动"，先选中路程 0~200 的关键帧，左键点击曲线视图，全选关键帧，点击贝塞尔差值，调整曲线让动画效果由慢到快，如图 6-17 所示。

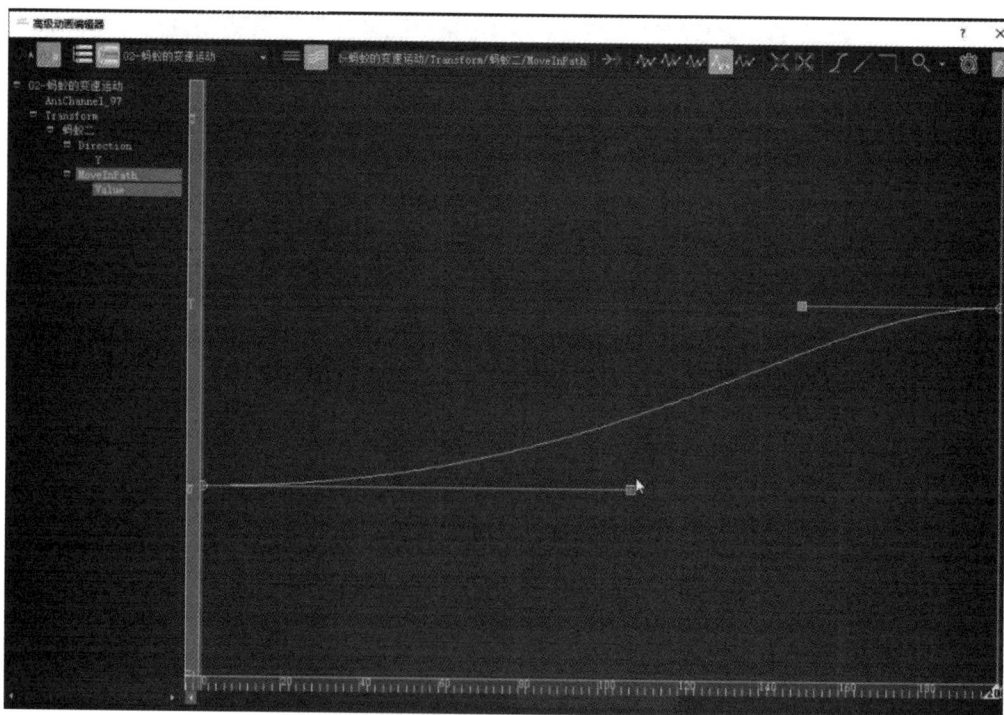

图 6-17　"蚂蚁二"轨迹演示

6.1.5　交互动画实现

(1) 在场景树里分别选中"轨迹二""蚂蚁二"和"变速运动"(如果有就不用加)，通过 Ctrl + 鼠标左键，向下拖拽复制一份并分别重新命名为"轨迹三""蚂蚁三""跳跃运动"，如图 6-18 所示。

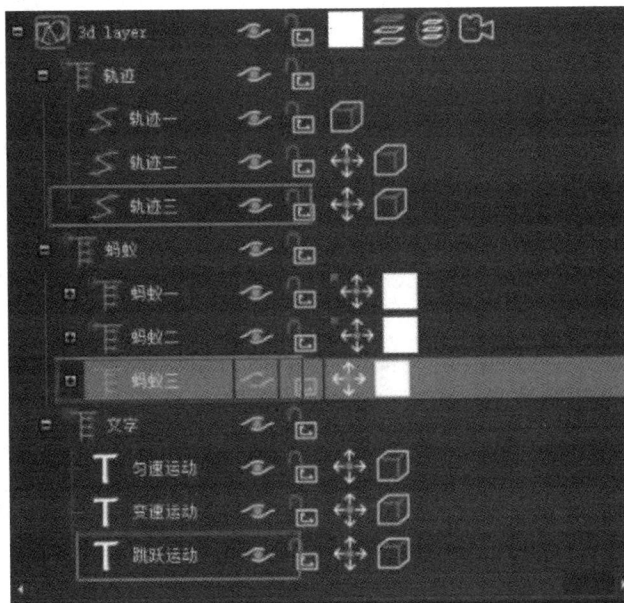

图 6-18　添加"轨迹三"

(2) 为"轨迹三""蚂蚁三""跳跃运动"添加一个空间变换(如果有就不用加)，控制位置 X，将它们的位置拖入到轨迹二的下方，如图 6-19 所示。

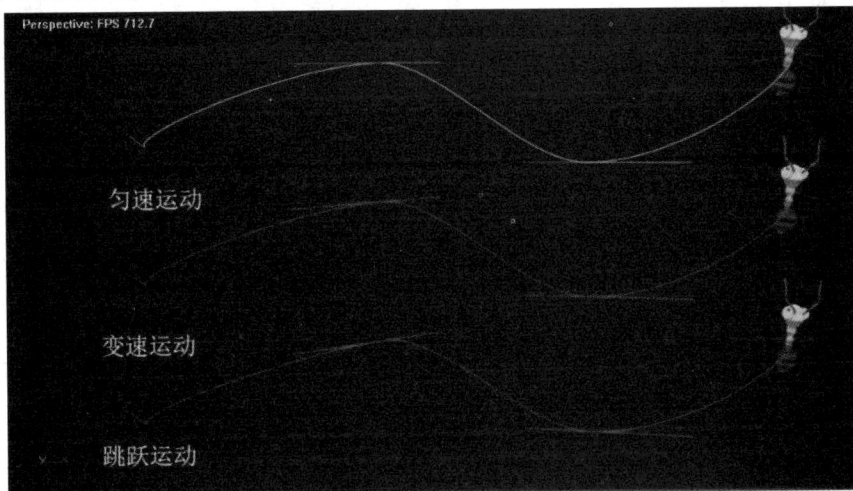

图 6-19　轨迹对比

(3) 在场景里新建一个动画，将动画命名为"03-蚂蚁的跳跃运动"，将动画的长度设置为 200 帧，找到第 0 帧位置，将路程的值调整为 0 并设置关键帧，然后找到第 200 帧的位置，将路程的值设置为 1 并设置关键帧。

(4) 使用高级动画编辑器，选中当前动画，将动画切换到"03-蚂蚁的跳跃运动"，首先选中路程 0～200 的关键帧，点击曲线视图，全设置为关键帧，然后点击跳跃差值，如图 6-20 和图 6-21 所示。

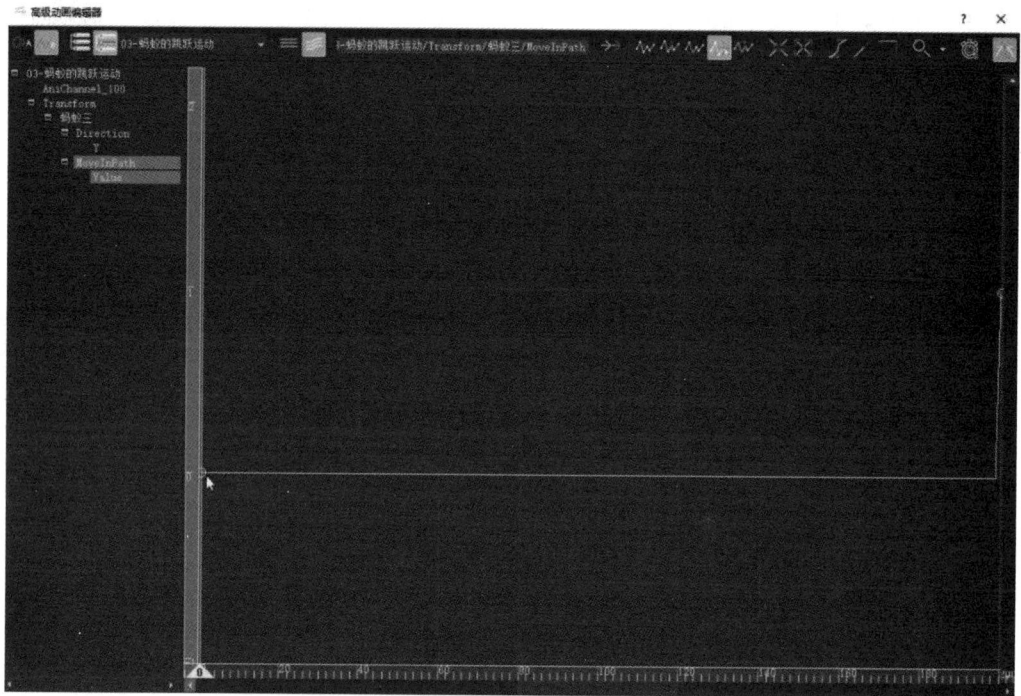

图 6-20　选择动画

图 6-21　设置关键帧

6.2　蚂蚁爬迷宫

通过学习制作蚂蚁爬迷宫加深轨迹动画的印象，从而更加熟练地掌握轨迹动画的设计与制作。本节的学习目标是熟练掌握轨迹动画，学会如何设置关键帧及调整动画，掌握高级动画。

6.2.1　模型导入

(1) 在指定网站下载对应的素材资源并保存到合适位置，找到迷宫 .asn 文件并导入到 Krisma VR 编辑器中，在资源浏览里拖一个组到场景树中并重新命名为"文字"，如图 6-22 所示。

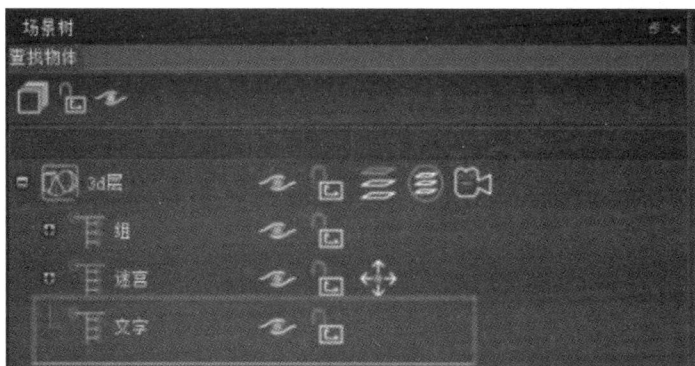

图 6-22　设置文字

(2) 新建一个 2D 特效文字，将其拖到文字子节点，再将 2D 特效文字重新命名为"入口"；为入口新增一个空间变换，然后调整空间变换的位置，将文字入口移动到迷宫左上角的入口处，如图 6-23 所示。

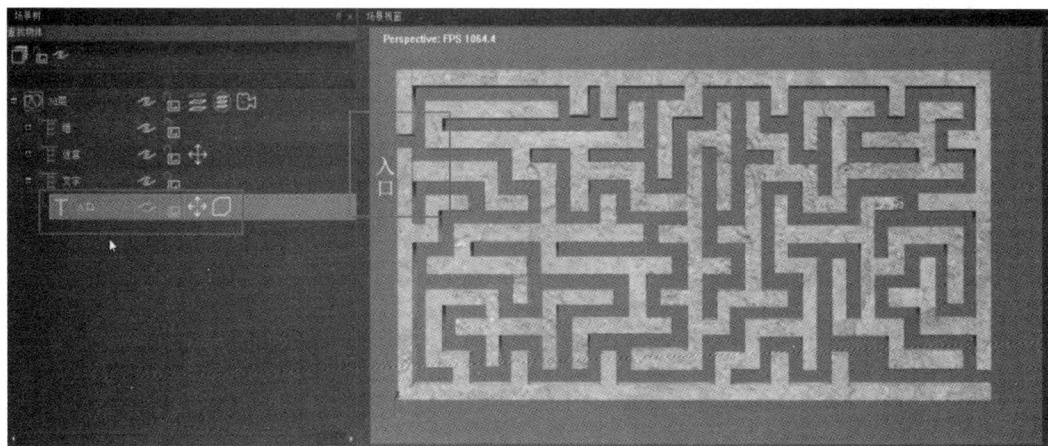

图 6-23　文字"入口"布局

(3) 选中入口，点击鼠标右键，在弹出菜单中选择克隆功能克隆一个新入口，并将其重新命名为"出口"，调整空间变换的位置把"出口"移动到迷宫右下角的出口处，如图 6-24 所示。

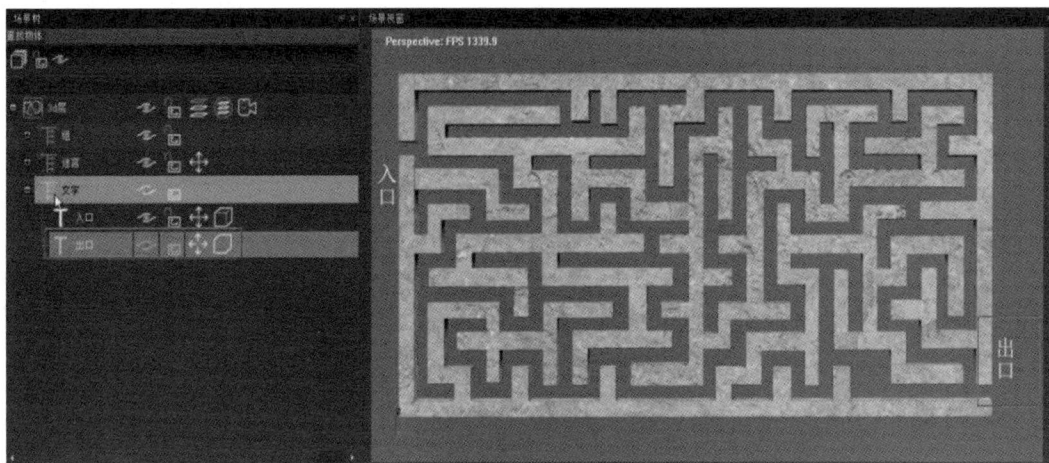

图 6-24　文字"出口"布局

6.2.2　贴图设置

(1) 将蚂蚁模型导入到 Krisma VR 编辑器中，选中后缀为 .asn 的文件，将组命名为"蚂蚁"，通过编辑器编辑界面可以看到蚂蚁模型导入时是没有贴图的，如图 6-25 所示。

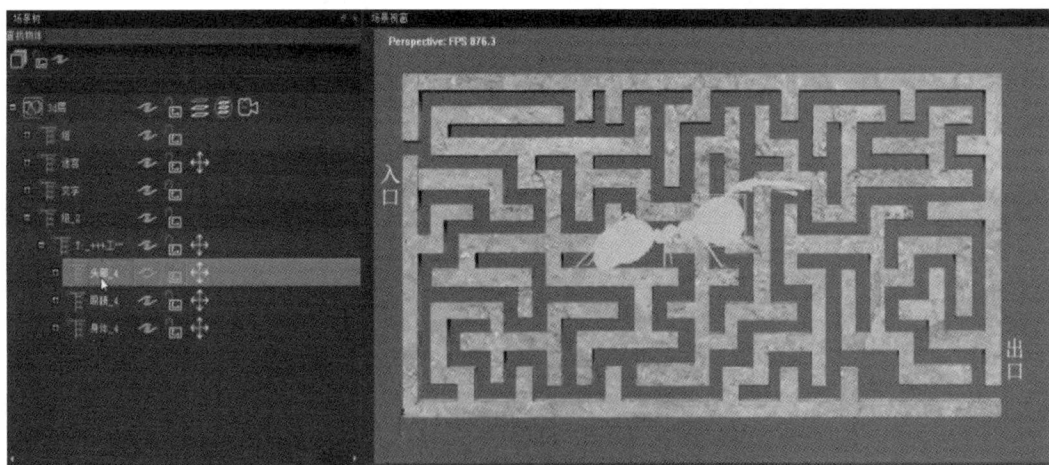

图 6-25　导入未贴图的蚂蚁模型

(2) 在场景树选中命名为"头部"的对象，点击鼠标右键，在弹出的场景属性中选择新增纹理状态栏，在"图像"属性下第一项贴图文件，设置新增贴图纹理，找到贴图文件名称为"Boby1"的蚂蚁贴图素材，将其贴在蚂蚁模型头部的位置上，如图 6-26 所示。

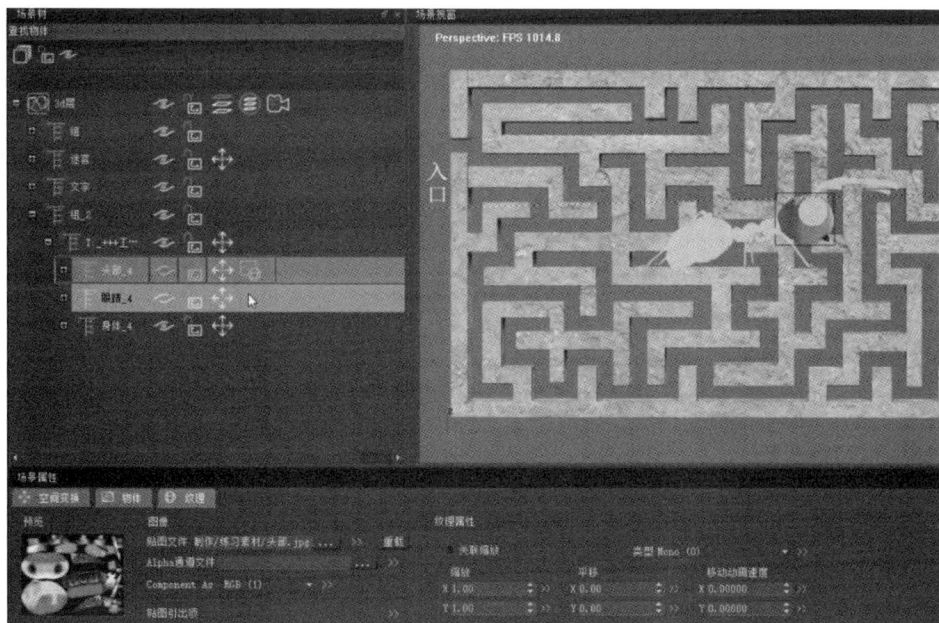

图 6-26　设置蚂蚁头部贴图

(3) 在场景树选中命名为"眼睛"的对象，点击鼠标右键，在弹出的场景属性中选择新增纹理状态栏，在"图像"属性下第一项贴图文件设置新增贴图纹理，找到贴图文件名称为"Eye-TM_u0_v0"的蚂蚁贴图素材，将其贴在蚂蚁模型眼睛的位置上，如图 6-27 所示。

图 6-27　设置蚂蚁眼睛贴图

(4) 在场景树选中命名为"身体"的对象，点击鼠标右键，在弹出的场景属性中选择新增纹理状态栏，在"图像"属性下的第一项贴图文件，设置新增贴图纹理，找到贴图文件名称为"mayi"的蚂蚁贴图素材，将其贴在蚂蚁模型身体的位置上，如图 6-28 所示。

图 6-28　设置蚂蚁身体贴图

6.2.3　轨迹设置

(1) 在空间变换中将蚂蚁调整到合适的大小和位置，然后通过空间变换，将 X 设置为90，Y 和 Z 分别设置为 0，如图 6-29 所示。

图 6-29　空间变换位置

(2) 选中添加轨迹，尝试画出可以通过迷宫的轨迹线，如图 6-30 所示。

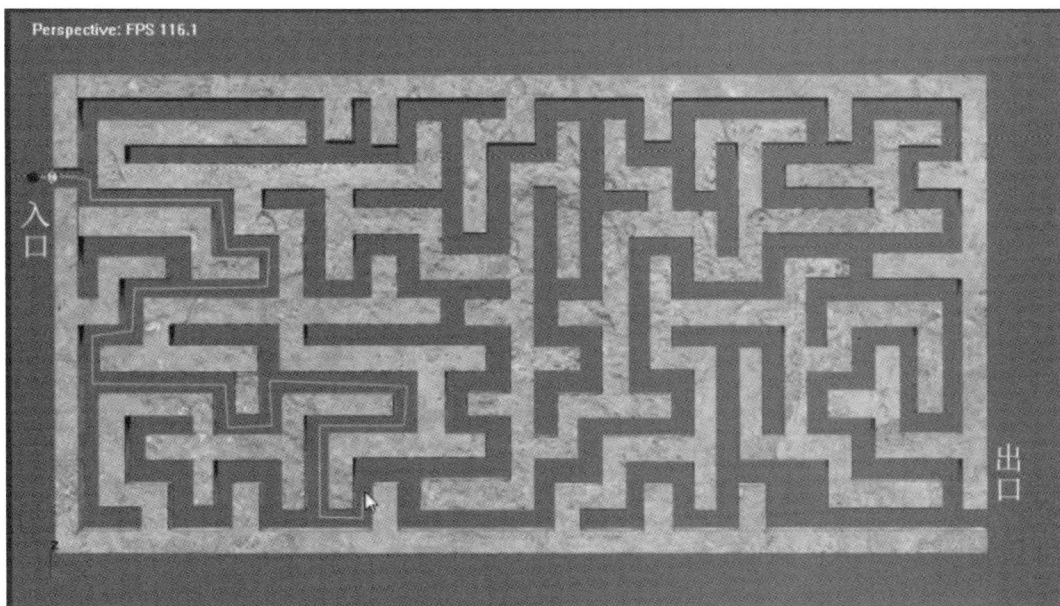

图 6-30　添加轨迹

(3) 在绘制好由入口到出口的轨迹线后，使用调整轨迹功能，对轨迹不规则或不规范的地方进行调整修正，如图 6-31 所示。

图 6-31　调整轨迹

(4) 轨迹线完成后重新命名为"迷宫路线"，然后回到蚂蚁的空间变换中，找到轨迹线，选择迷宫路线，如图 6-32 所示。

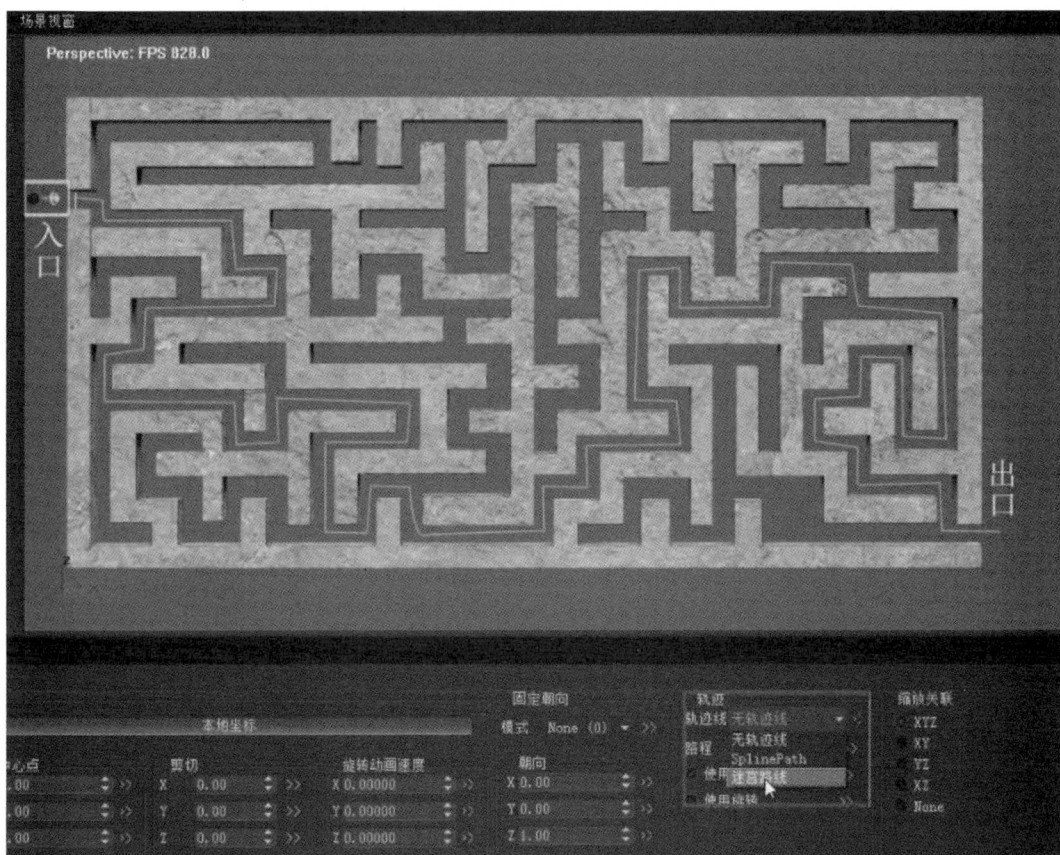

图 6-32　轨迹线重命名

6.2.4　帧动画设置

(1) 选中蚂蚁，在空间变换里将"使用旋转"取消。本任务需要手动控制蚂蚁的旋转，如果使用了 Krisma VR 编辑器自带的使用旋转功能，那么手动控制蚂蚁旋转不起作用，如图 6-33 所示。

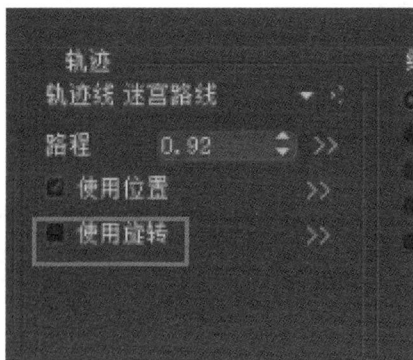

图 6-33　旋转取消

(2) 在场景里面新建一个动画，并将其重命名为"蚂蚁走迷宫"，将动画的长度设置为 1000 帧，找到第 0 帧位置，将路程的值设为 0 并设置关键帧；然后在第 1000 帧位置，将路程的值设为 1 并设置关键帧。

（3）拖动时间条，当蚂蚁位于轨迹线上的两点之间时，旋转 Y 轴，使蚂蚁的头部与线对齐，然后设置关键帧；同样再拖动时间条，当蚂蚁位于轨迹线拐角处时，旋转 Y 轴，使蚂蚁的头部与线对齐。在蚂蚁经过两点之间的线段和最高点、最低点时，通过旋转 Y 轴和设置关键帧，使得蚂蚁就像是沿着轨迹线爬行。同理，将 0～1000 的整个路程设置关键帧，这样就成功完成了蚂蚁走出迷宫的案例制作过程，如图 6-34 所示。

图 6-34　设置关键帧

课后习题

操作题

1. 实现并掌握轨迹动画设计及制作流程。

2. 参照"爬行蚂蚁交互动画制作"案例的制作过程，自己独立设计实现一个虚拟仿真动画交互案例效果。

第 7 章　橡皮泥排开水量交互动画设计

本章的主要内容是制作和实现橡皮泥排开水量交互动画。主要任务包括了解动画的脚本分解，学会标题模板的导入以及材质贴图的制作。本章的重点也是难点在于内连接与函数连接的使用方法。

橡皮泥排开水量
交互动画设计

7.1　动画脚本分解

动画脚本分解

(1) 扫描右侧二维码，预览橡皮泥排开水量交互动画制作完成的效果，首先是标题板的进场，如图 7-1 所示。

图 7-1　标题板进场

(2) 在左侧显示了橡皮泥对象，一共有 5 个，分别是 2 个实心对象和 3 个空心对象，如图 7-2 所示。

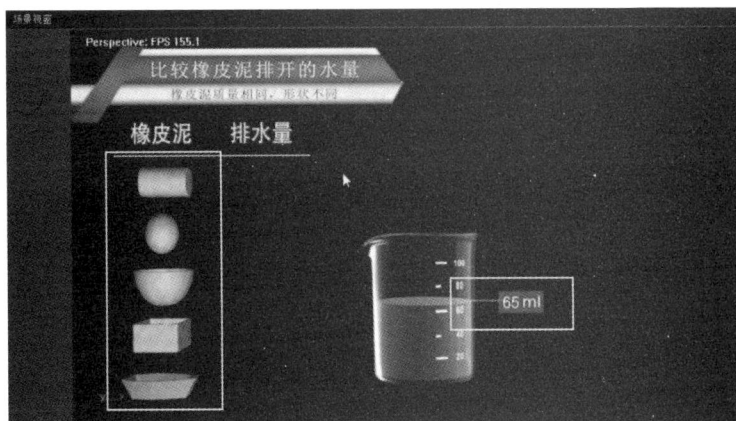

图 7-2　模型进场

(3) 排开水量是计算得出的，例如，当前水杯水位线指示在 65 ml 处，将圆柱橡皮泥放入烧杯中后，水位线上升到了 75 ml，通过(75 − 65)ml 得出相对应的排开水量为 10 ml，同时注意该橡皮泥对象是沉下去的，因为它是实心对象，如图 7-3 和图 7-4 所示。

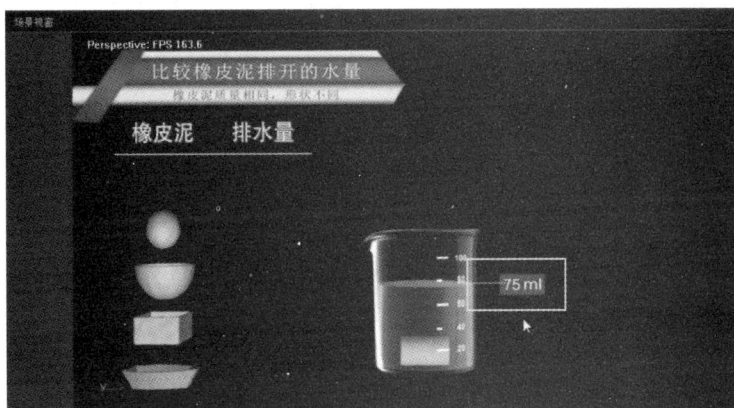

图 7-3　圆柱橡皮泥排开水量设置

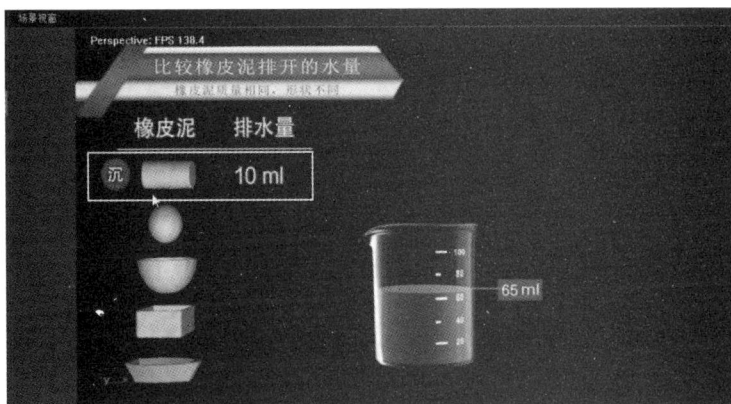

图 7-4　圆柱橡皮泥排开水量计算

(4) 将球体橡皮泥对象放入烧杯中，此时水位线上升到了 75 ml，通过(75 − 65)ml 可得出排开水量等于 10 ml，注意球体橡皮泥对象也是沉下去的，因为它也是实心对象，如图 7-5 和图 7-6 所示。

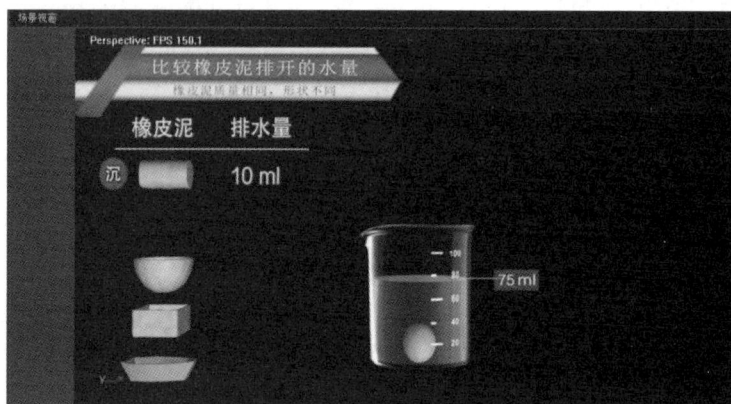

图 7-5　球体橡皮泥排开水量设置

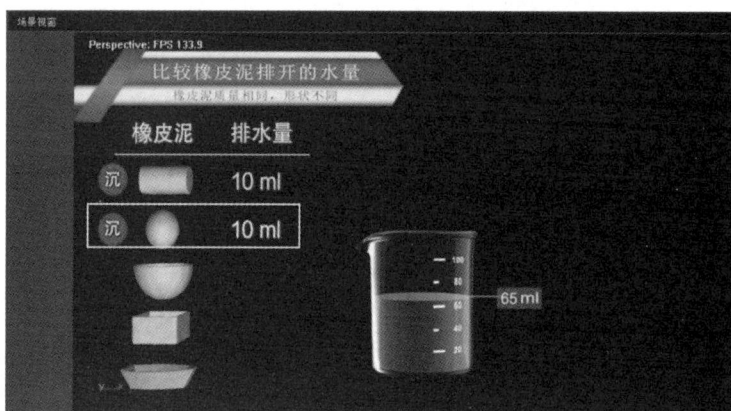

图 7-6　球体橡皮泥排开水量计算

(5) 将空心半圆橡皮泥对象放入烧杯中，此时水位线上升到了 80 ml，通过(80－65)ml 可得出排开水量等于 15 ml。注意该对象是浮起来的，因为它是空心的，如图 7-7 和图 7-8 所示。

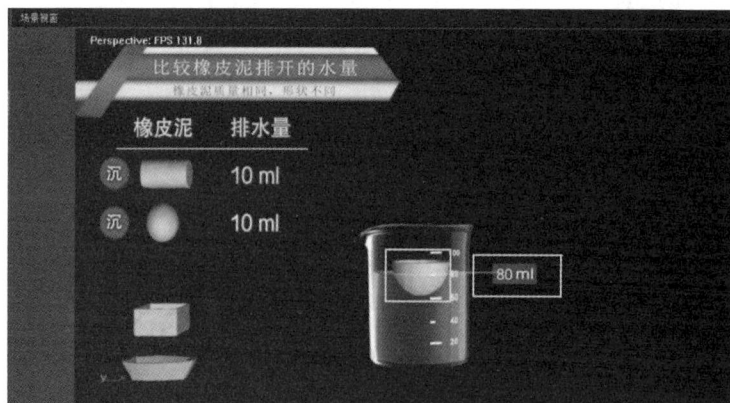

图 7-7　空心半圆橡皮泥排开水量设置

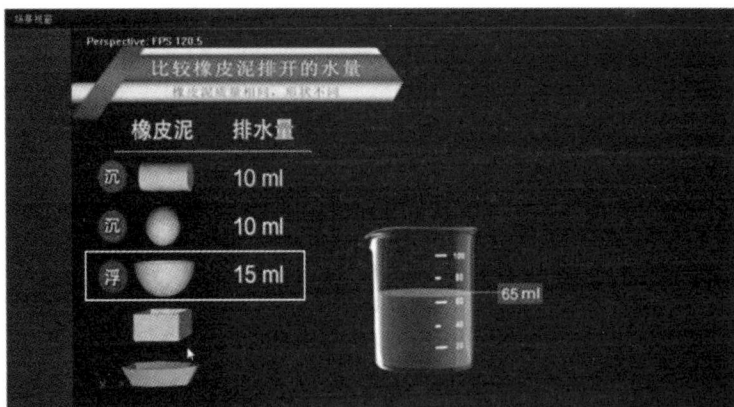

图 7-8　空心半圆橡皮泥排开水量计算

(6) 正方体和船体橡皮泥的排水量都是 15 ml，注意这两个对象也都是浮起来的，因为它们也是空心的，如图 7-9 所示。

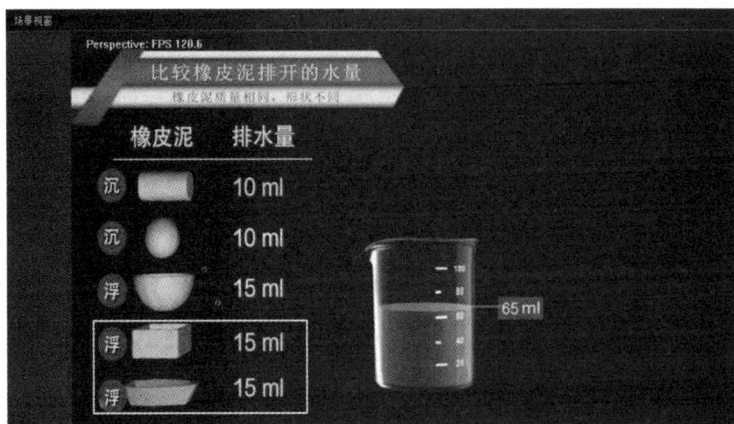

图 7-9　正方体和船体橡皮泥的排开水量计算

(7) 效果演示播放完毕后，会播放一个消失动画，并自动弹出一个标题板，最后显示完成，如图 7-10 和图 7-11 所示。

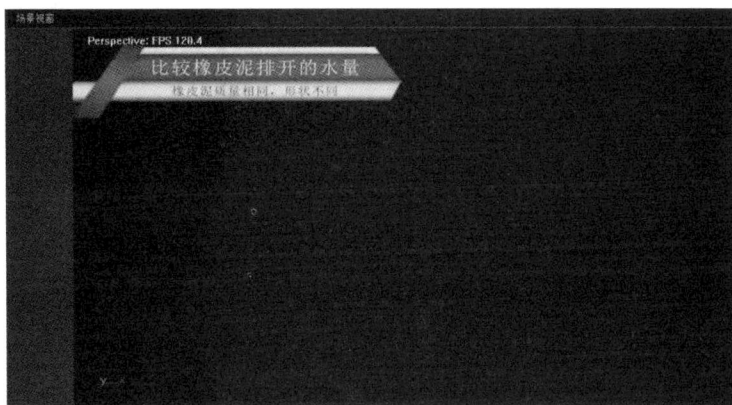

图 7-10　消失动画

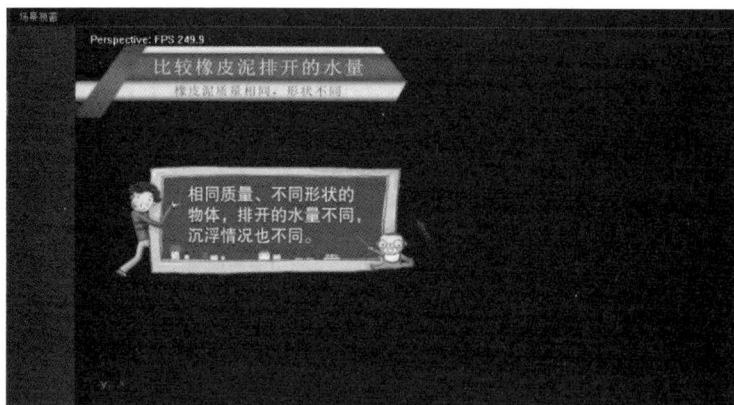

图 7-11　制作动画

(8) 扫描二维码观看实景教学视频。视频中一位老师在操作平板电脑来控制这个动画的播放，如图 7-12 和图 7-13 所示。

实景教学视频

图 7-12　效果演示

图 7-13　排开水量效果

(9) 制作并弹出相对应的主题框，如图 7-14 所示。

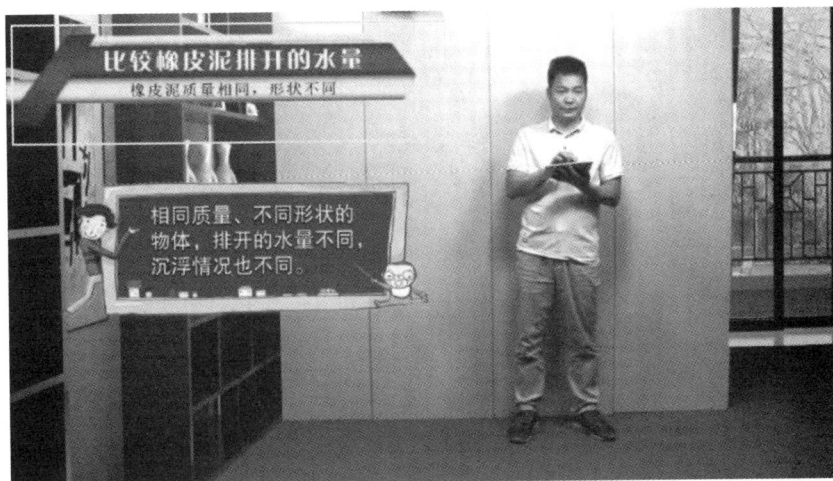

图 7-14　制作并弹出主题框

7.2　模板的导入

(1) 先在场景里面新建一个 3D 层，再新建一个组，在文件中选择导入模板，找到所要导入主题版的模板，然后将其导入项目中，再将它拖到"3d 层"中，点击"删除节点"，将多余的层删掉，如图 7-15～图 7-18 所示。

图 7-15　新建 3D 层

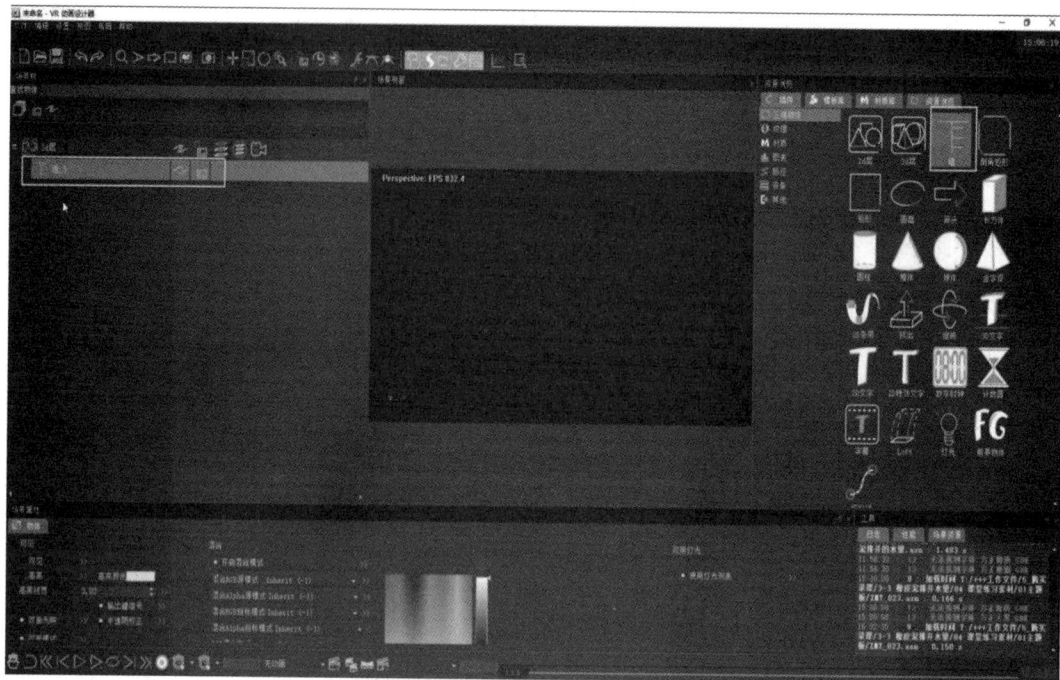

图 7-16　导入模板

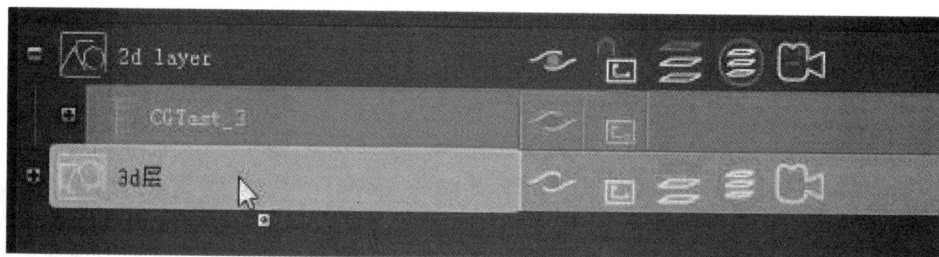

图 7-17　变更层级

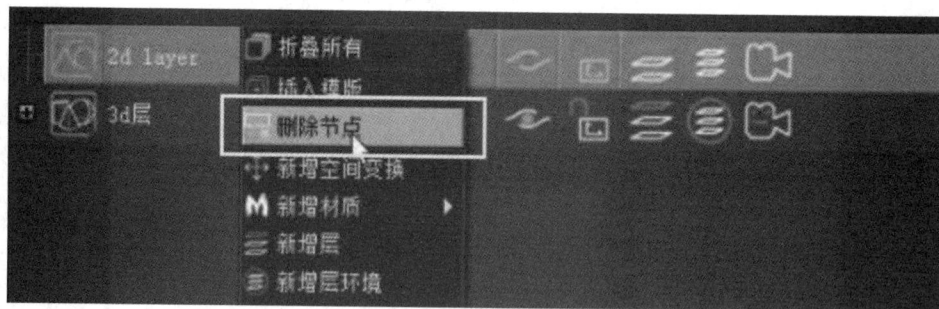

图 7-18　删除多余层

(2) 将新创建层的名字重命名为"主题版",注意该模板是可以播放动画效果的。该模板刚导入时,可能默认处于场景下方,所以先点击场景下方,找到对应主题版,用鼠标左键选中并将其拖到上面,新增一个空间变化,略微调整其大小(放大一些),并移动到屏幕的左侧位置,如图 7-19 和图 7-20 所示。

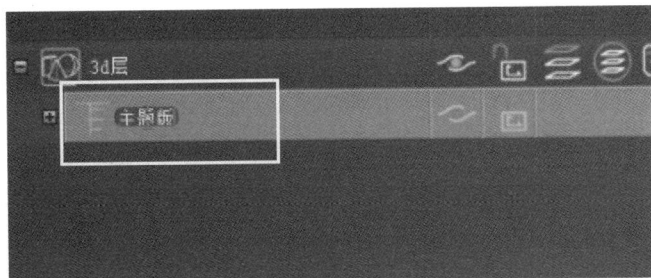

图 7-19　更改主题版

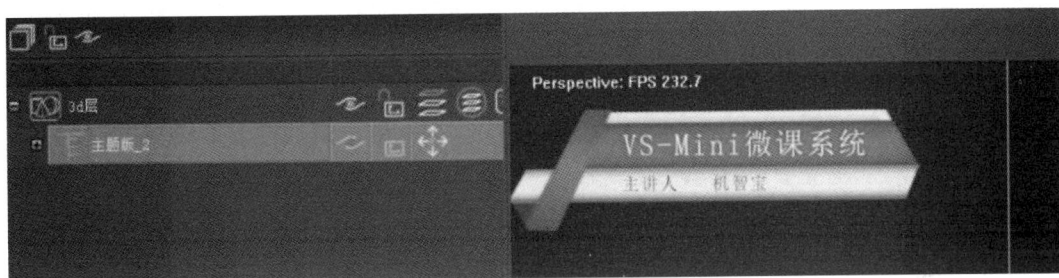

图 7-20　添加动画

(3) 调整主题版的长度，根据页面布局将其拉长一些，根据上一节实现效果的演示内容，将主题版上的文字更改为"比较橡皮泥的排开水量"，下面的文字更改为"橡皮泥的质量相同，形状不同"，如图 7-21 所示。

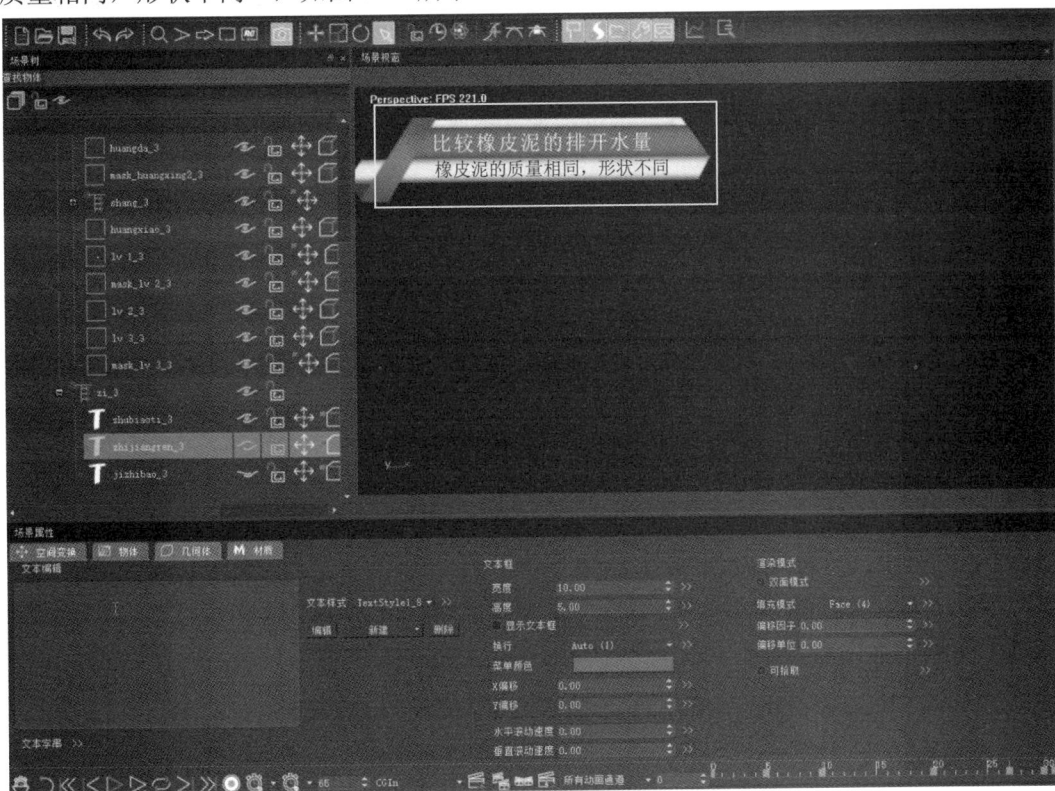

图 7-21　设置文字

（4）点击左侧状态栏展开下面的层，这样主题板就制作完成了，如图 7-22 所示。

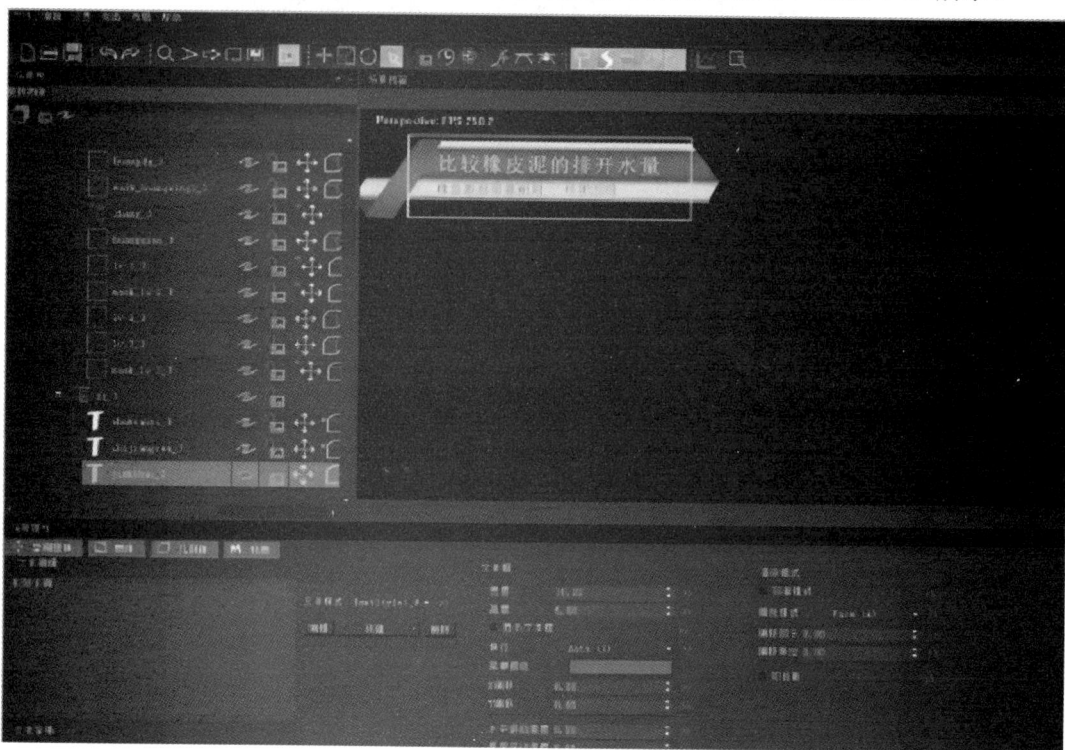

图 7-22　主题板制作

（5）将状态栏中的对象重命名为"01-主题板出现"。

（6）制作橡皮泥对象，设置排开水量的交互动画效果，绘制文字下面的两条横线，如图 7-23 所示。

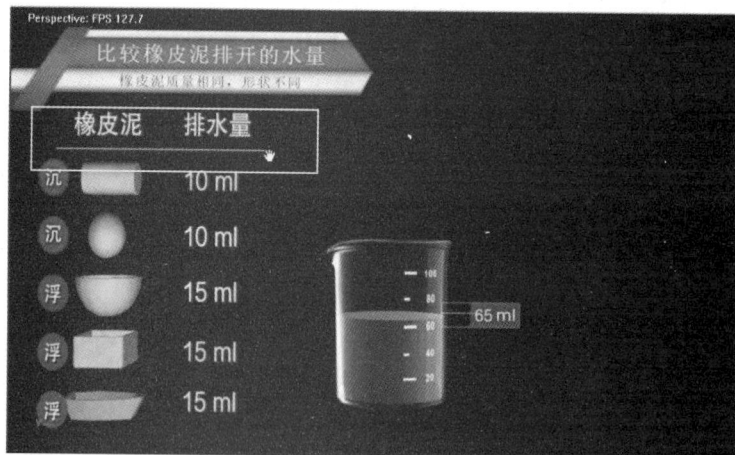

图 7-23　设置界面效果

（7）设置文字效果，这时需要使用 2D 特效文字，因此在层管理面板上新建一个组，将 2D 特效文字拖入组下的层级中，并重命名为"橡皮泥"，文字样式可以选择"TextStyle_131"，如图 7-24 所示。

图 7-24　文字效果

(8) 上述文字是有绿色阴影的，如果要移除这种文本特效，就要找到当前特效"阴影"，并勾选该选项，渲染模式选择 SingleColor，然后将颜色调整为绿色。此时既可以调整绿色透明度、阴影透明度，也可以调整边宽和角度。因为文字的位置相较之前偏右下，所以可以将其稍微缩小，再移动到主题板下方，如图 7-25～图 7-27 所示。

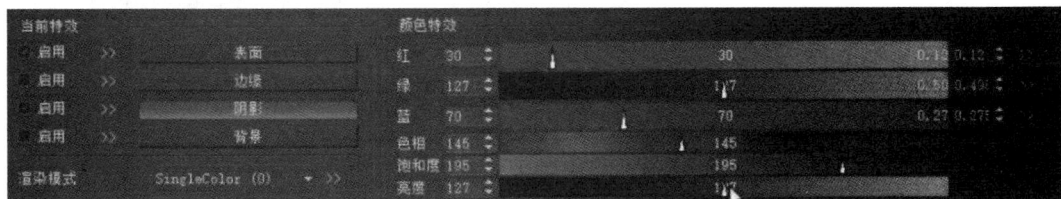

图 7-25　颜色设置

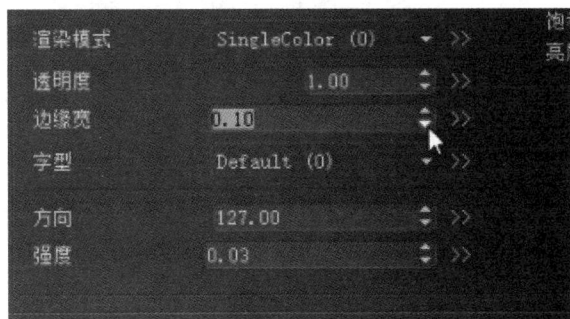

图 7-26　渲染模式设置

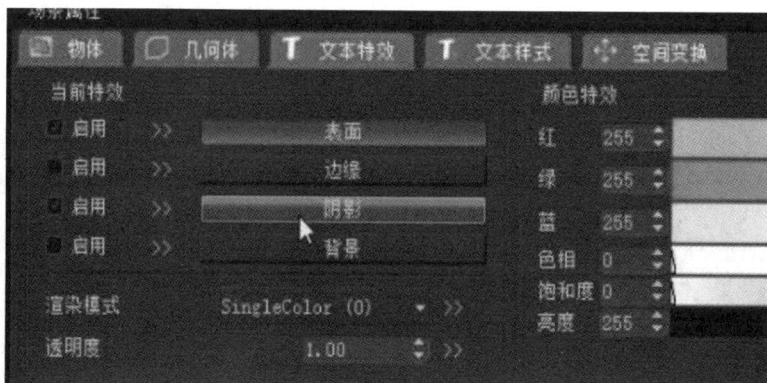

图 7-27　文字特效设置

(9) 设置排水量文字。为了更高效地制作，可以复制"橡皮泥"文字，将其拖到橡皮泥文字右侧，重命名为"排水量"。此处文字下方有两条横线，制作方法是选择其中一个矩形，将其移入这个组里，并在几何体位置调整它的高度以及宽度，然后把它移到文字的下方。在矩形的下方有一个绿色矩形线框，制作方法是复制该矩形来完成上面矩形线框的阴影效果，将它的位置向下调整一点，点击鼠标右键弹出菜单栏，在新增菜单中选择材质里的新增颜色，选择和上述颜色相近的一种颜色，再仔细调整位置，如图7-28 和图 7-29 所示。

图 7-28　效果设置

图 7-29　横杠效果

(10) 导入橡皮泥模型，如图 7-30 所示。

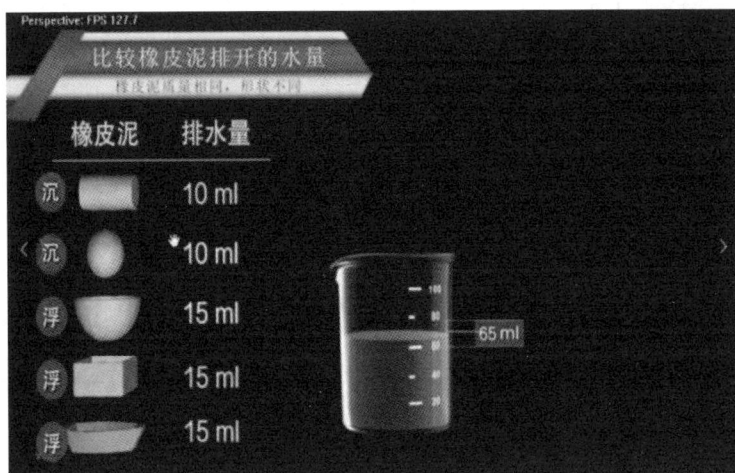

图 7-30　导入橡皮泥

7.3 贴图材质的制作

制作贴图材质是 3D 建模和游戏开发中的一个重要环节，它可以赋予模型更加真实、生动的外观。以下是具体的制作步骤：

(1) 在下载的案例素材中选择导入 3D 模型，选择相应的橡皮泥模型"橡皮泥模型.fbx"，将它导入编辑器中。再新建一个组，将橡皮泥模型拖入组中并重命名为"橡皮泥"。根据橡皮泥模型的位置，新增一个空间变换，如图 7-31～图 7-34 所示。

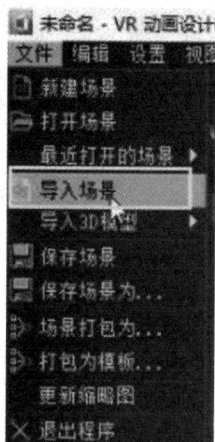

图 7-31　导入场景

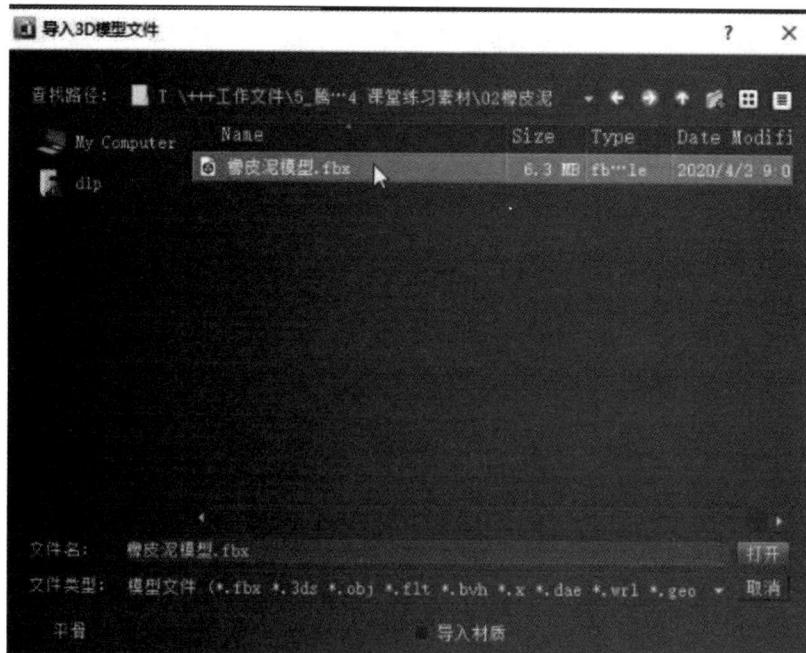

图 7-32　导入模型

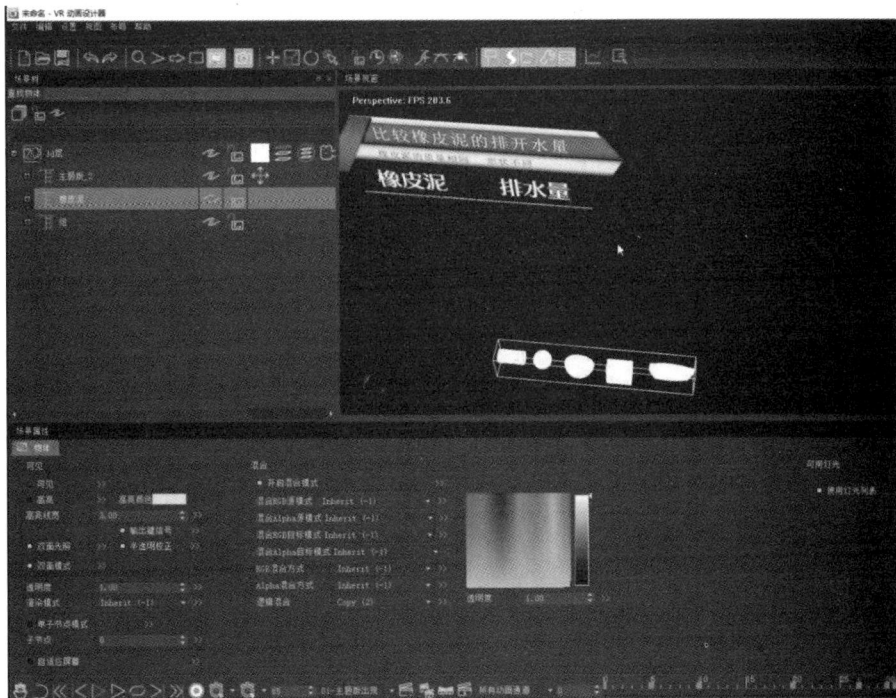

图 7-33　模型导入后效果

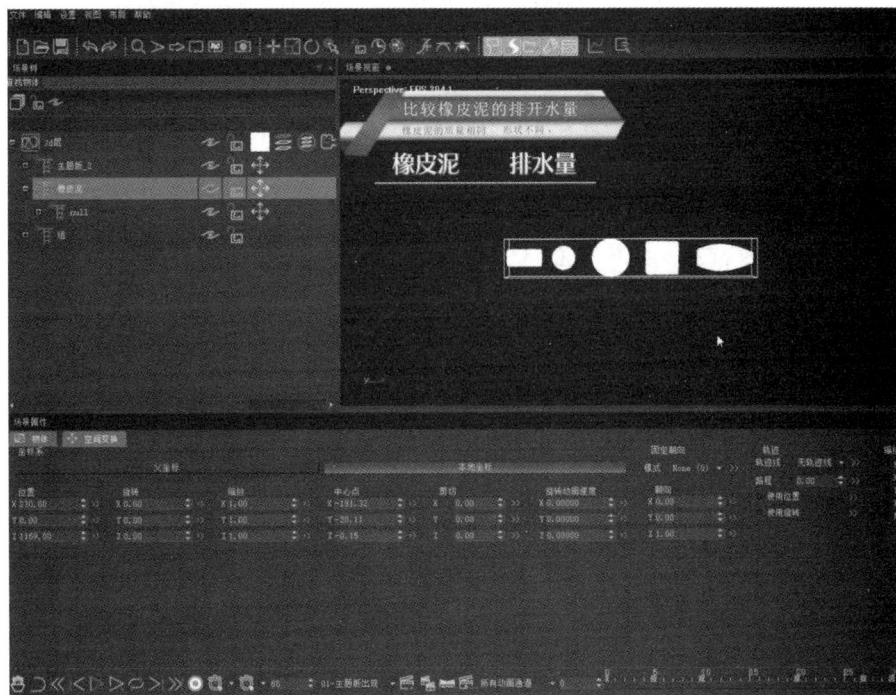

图 7-34　调整位置

(2) 新导入的橡皮泥模型没有绑定相应材质，因此需要为它设置材料。点击鼠标右键，在弹出的菜单中选择"新增材质"，添加灯光，创建一个组，并将灯光拖到这个灯光的组下方，同时添加一个空间变换，调整其角度，如图 7-35 和图 7-36 所示。

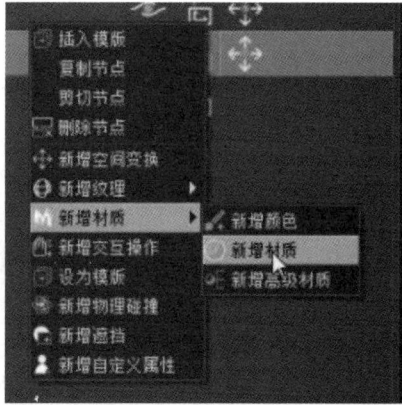

图 7-35　新增材质

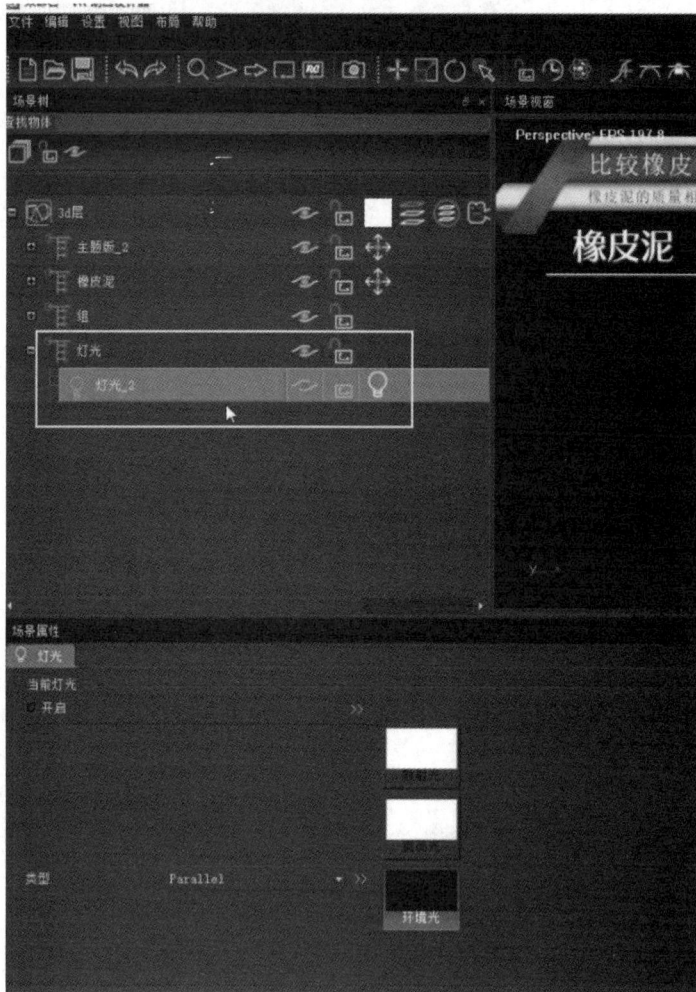

图 7-36　添加灯光

(3) 本案例中橡皮泥模型颜色效果偏黄。为了达到该渲染效果，需要调整编辑器中模型的光照渲染设置。对于橡皮泥模型来说，反射比较弱，因此要将它的镜面光调小一点，将漫反射调成黄色(这种黄色要偏亮一点)，环境光也需要调亮一些，然后通过"旋转"将灯光的位置调整到比较合适的位置，最后将其放大，如图 7-37~图 7-39 所示。

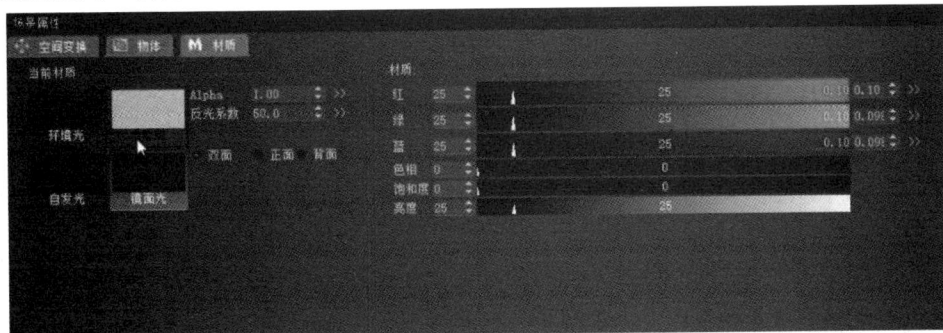

图 7-37　反射设置

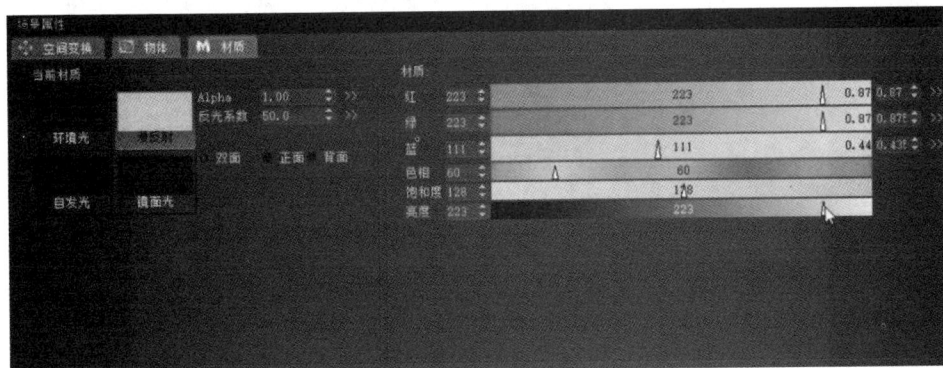

图 7-38　颜色设置

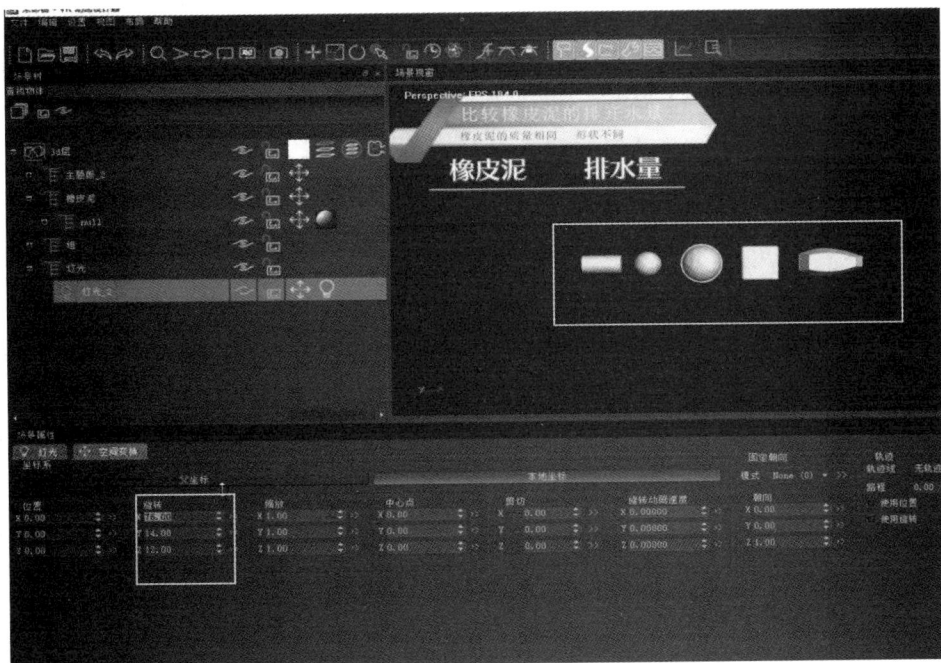

图 7-39　位置设置

（4）小船模型是穿底的，这是由于没有选择几何体的双面模式，因此需要在场景属性的渲染模型中，找到"双面模型"并将其勾选上，这样小船模型就能正常渲染出来了，如图 7-40 和图 7-41 所示。

图 7-40　模型模式设置

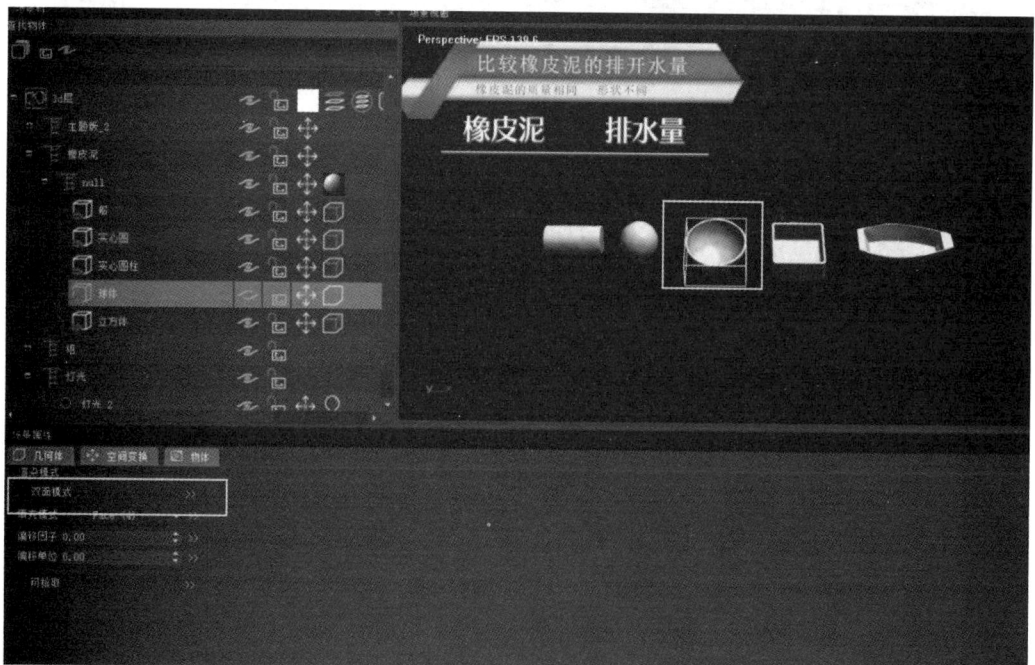

图 7-41　双面模式设置

(5) 调整旋转角度为 90°，将实心圆柱拖到"橡皮泥"下的合适位置。

(6) 将实心圆拖到实心圆柱的下方，把空心半圆拖到实心圆下方，接下来是长方体，最后是小船，如图 7-42 所示。

图 7-42 位置摆放

(7) 如果使用一个灯光效果不明显，则可以再添加一个灯光，通过调整灯光位置，将模型的底部照亮一些。拉低镜面光与散射光，这样渲染出来的效果比较自然。

(8) 新建一个组，并在该组上新建一个圆盘，将圆盘移到橡皮泥的右侧，调整显示位置(可以根据布局适当缩小)，如图 7-43 所示。

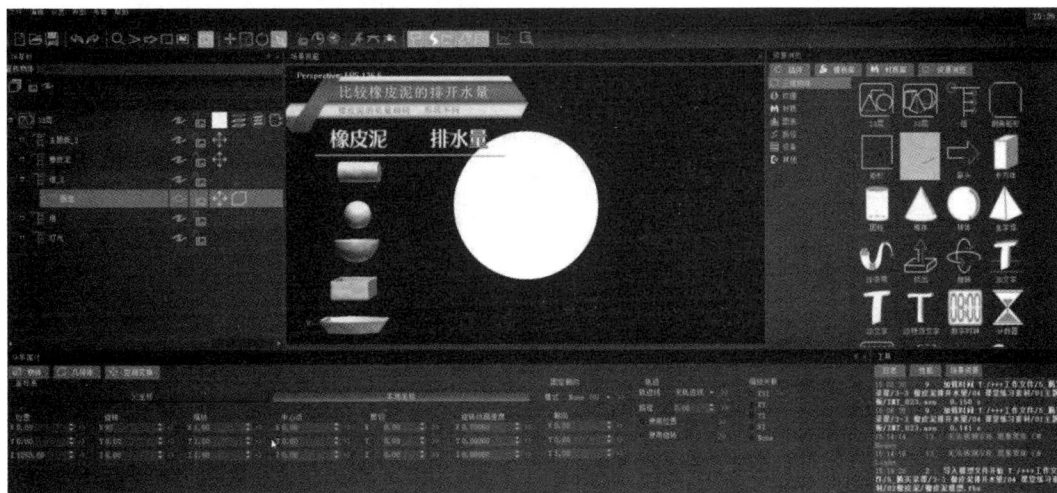

图 7-43 新建圆盘

(9) 添加文本特效。先添加一个黑色的边框，调整边框宽度，可以调小一些，如果不喜欢这个效果，可以再添加一个组。此外还需要设置"10 ml"文字的显示效果，先将其直接拖到左侧文本层下方，再进行复制，调整文字的渲染位置，如图 7-44 和图 7-45 所示。

图 7-44　文字特效

图 7-45　文字编辑

(10) 创建组 001，把文字拖入到左侧 001 组中，复制字体将其重命名为 002，再添加一个空间变换并拖到 002 的下方。同理，再复制字体，将其重命名为 003，然后拖到 002 下方，注意此时需要将 003 的颜色改为蓝色。之后重复上述步骤，分别重命名为 004 和 005，并拖到相应的位置上，如图 7-46 和图 7-47 所示。

图 7-46　添加文字

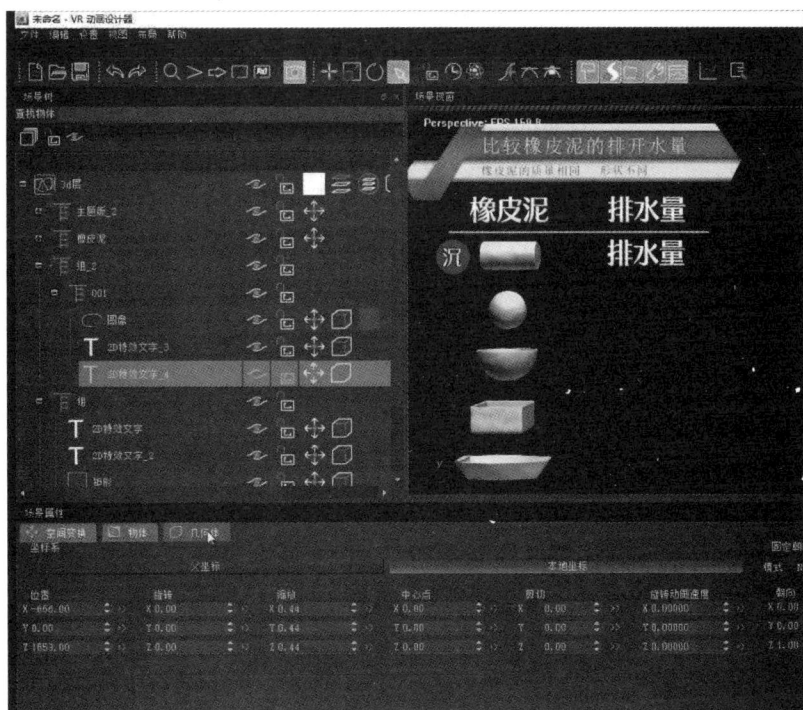

图 7-47　文字特效

(11) 根据案例效果，还需要设置一个烧杯里有水的效果，并设置标签。新建一个组，将其重命名为"烧杯"，如图 7-48 所示。

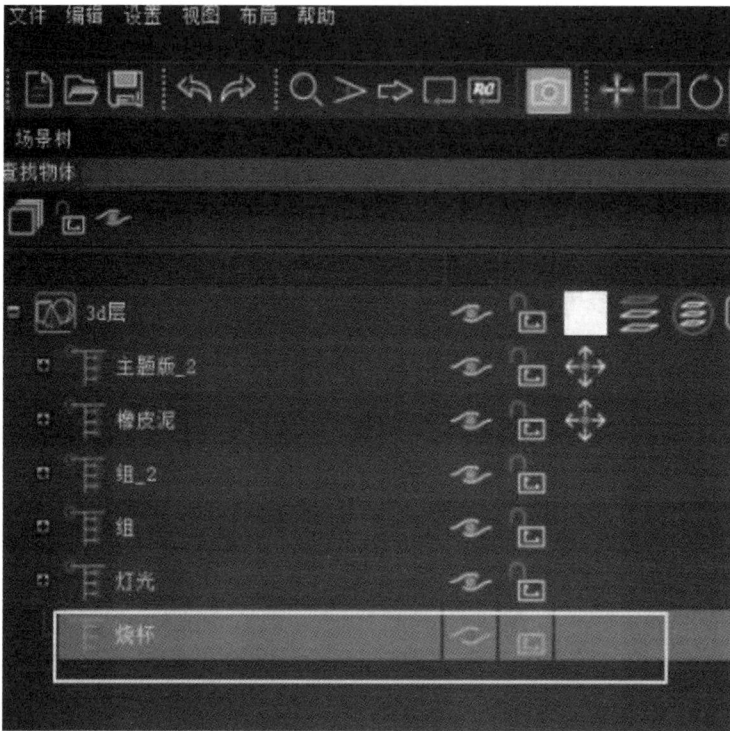

图 7-48　添加烧杯

(12) 点击文件工具栏，在弹出的菜单中选择"导入场景"，导入烧杯场景，将场景拖到下方的层中，并将不需要的层删除，然后将右侧编辑器界面中烧杯位置调整到对应排水量的同一水平线上，适当放大烧杯模型，如图 7-49 和图 7-50 所示。

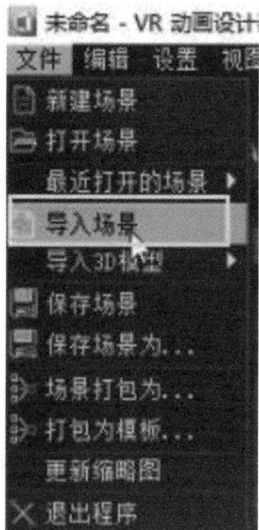

图 7-49　导入场景

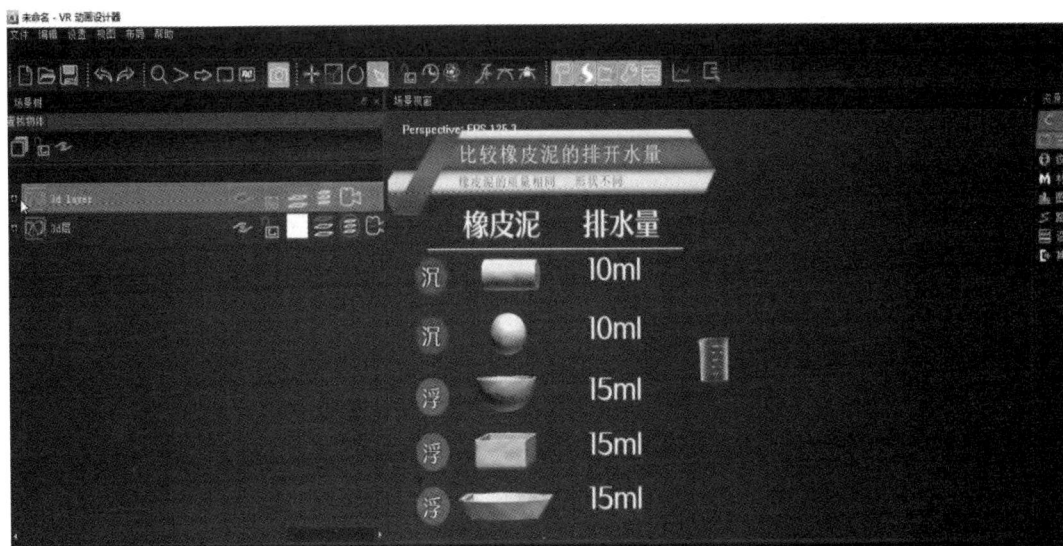

图 7-50　烧杯设置

(13) 根据案例效果可知烧杯中水的效果模型是一个序列模型，同样需要先将该模型导入。新建一个组，打开文件工具栏，选择"导入 3D 模型"。导入时需要打开"波浪序列模型"文件夹，全选里面的所有模型(共 50 个)，将它们全部导入编辑器中。新增空间变换，把这些导入到编辑器中的序列模型移到合适位置，适当调整其大小，移动到杯子的中间，如图 7-51～图 7-53 所示。

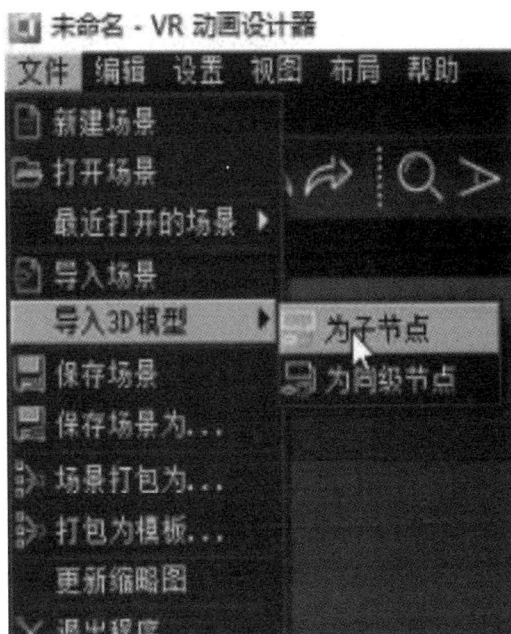

图 7-51　导入模型

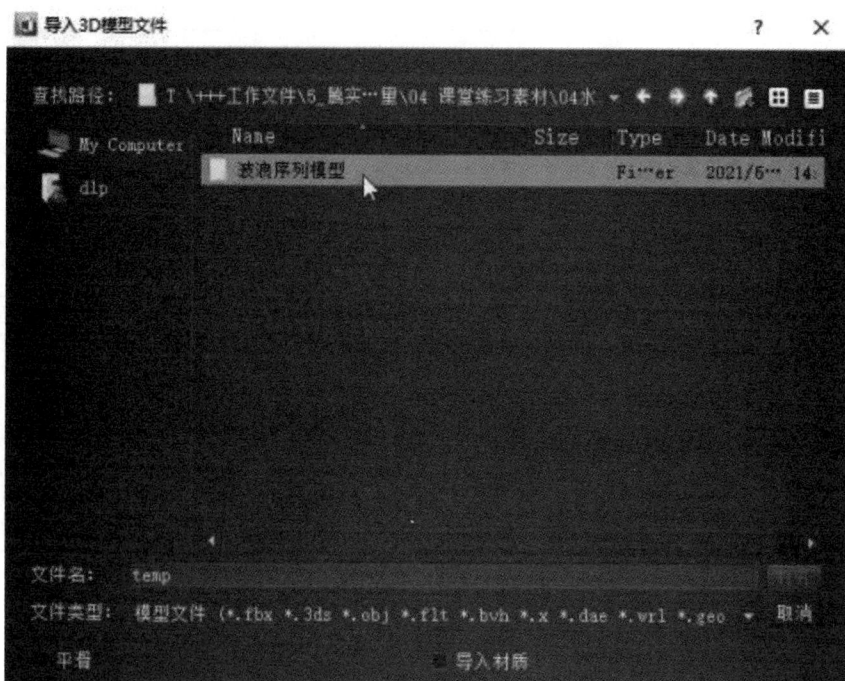

图 7-52　选择序列模型

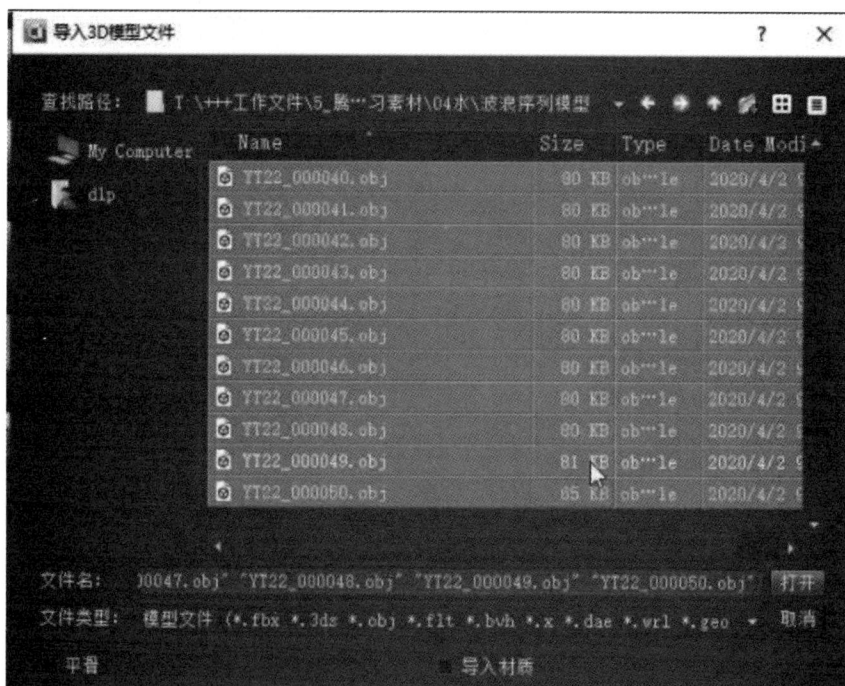

图 7-53　导入 3D 模型

(14) 因为水的效果模型是序列模型，因此要在渲染模型中找到"单子节点模式"并勾选，可以看到当调节这个子节点时，水面就会动起来。接下来调整水的材质，点击鼠标右键，选择新增纹理中的"新增贴图纹理"，调整其分布效果(可以选择"球型分布")。对于烧杯，可以选择半透明矫正选项，如图 7-54～图 7-56 所示。

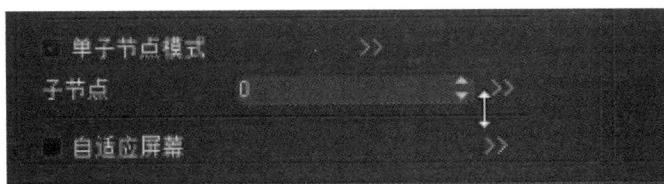

图 7-54　勾选单子节点模式

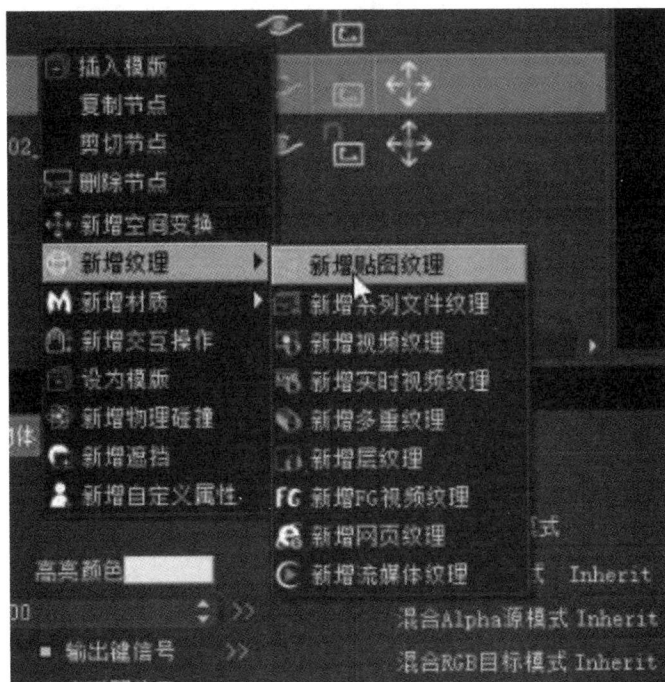

图 7-55　新增贴图纹理

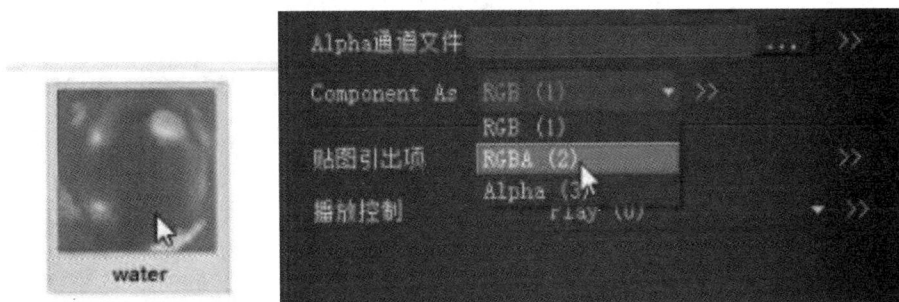

图 7-56　半透明矫正

(15) 制作标签。首先新创建一个组，再拖拽出一个矩形，将其调整为显示标签样式大小，然后复制出另一个矩形框，缩小一些并置于之前矩形显示层的上一层，这样标签就完成了。接下来点击鼠标右键在弹出的菜单栏中选择添加颜色为绿色，并调整标签高度与水平高度齐平,如图 7-57 所示。

图 7-57　制作标签

(16) 烧杯标签上已标注有 50～250 ml 的容量信息,而本案例中需要设置的容量范围是 20～100 ml,因此要重新修改贴图。首先在素材文件夹中找到贴图"4_0_0_1_0",然后将该贴图导入编辑器中,修改显示的容量值为 20～100,如图 7-58 和图 7-59 所示。

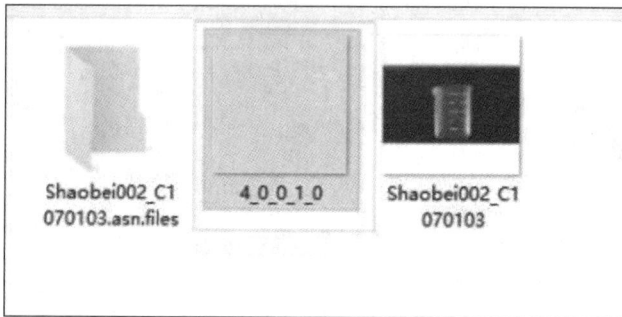

图 7-58　更改贴图设置

图 7-59　贴图效果

(17) 给标签文字添加 2D 特效，一个修改为 100，另一个修改为 ml，将其排列整齐并和烧杯容量 100 的位置对齐，如图 7-60 所示。

图 7-60 修改标签文字效果

7.4 内连接与函数

标签的值是根据水面高度同步变化的，因此无法直接通过动画效果模拟实现。这就需要通过内连接来解决这个问题。

(1) 使用内连接制作标签。首先在矩形的空间变换中设置一个内连接的输出，选中矩形后点击鼠标右键，选择"新建数据输出"，找到文字 100；再找到几何体的文本字串，新建一个内连接的输入并设置；然后点击"连接"，将数据的输出和输入建立起连接关系，即将矩形空间变换的 1180 值传递给这个文本编辑。此时在编辑器界面将水面高度上下移动一些，可以看到数值随之一起变化。如果想让数值能匹配上容量值 20～100，还需要给它增加一个函数，如图 7-61～图 7-63 所示。

图 7-61　内连接标签

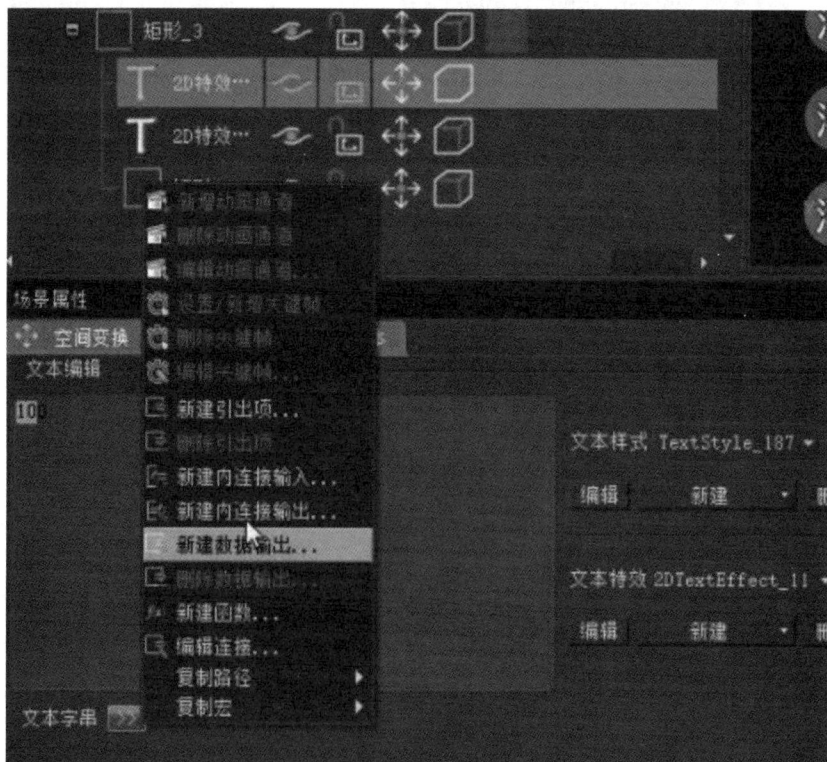

图 7-62　新建数据输出

图 7-63　内连接设置

(2) 要在文字里面增加一个函数，可以使用下面的函数：

$$R = \frac{I - 最小}{(最大 - 最小) \times 100}$$

其中，R 表示结果，I 表示内连接，取整函数为 $R = prec(((\ ), 0), 1)$，其中 0 代表取整，1 代表取小数，最后得到的函数是 $R = prec\left(\frac{I - 571}{(1180 - 571) \times 100}, O\right)$，可以根据实际情况调整自己需要的参数效果，这样就完成了标签的动态设置。标签移动到烧杯底部表示 0 ml，移动到水面处表示 65 ml，移动到烧杯顶端表示 100 ml，如图 7-64 所示。

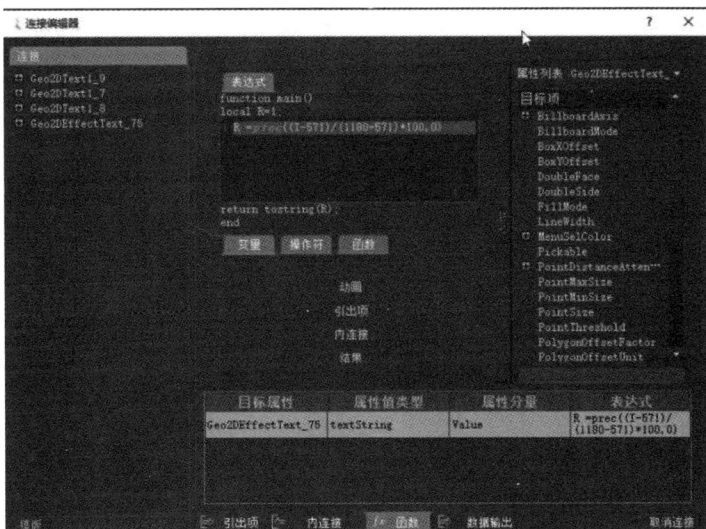

图 7-64　设置函数

(3) 制作案例中的动画效果。新建一个组，将所有对象都移入该组，调整其透明度，新增一个动画命名为"02-场景出现"。将帧的范围设置为 50 帧，找到第 0 帧的位置，在该位置插入透明度关键帧 0；找到第 50 帧的位置，在此处插入透明度关键帧 1。

演示效果视频中有一个烧杯中水面上涨的交互动画效果，首先将帧的范围调整到 60，即当物体出现之后，水位才开始上涨。选中烧杯，找到水对象，先观察水的位置，如果它不在最下方，那么需要将其中心点移动到最下方位置。

如果水的位置和烧杯的底部位置无法对准，那么先找到布局，隐藏其他对象，在这个视图中，选中水的坐标并微调，使其位置对准烧杯底部，如图 7-65 和图 7-66 所示。

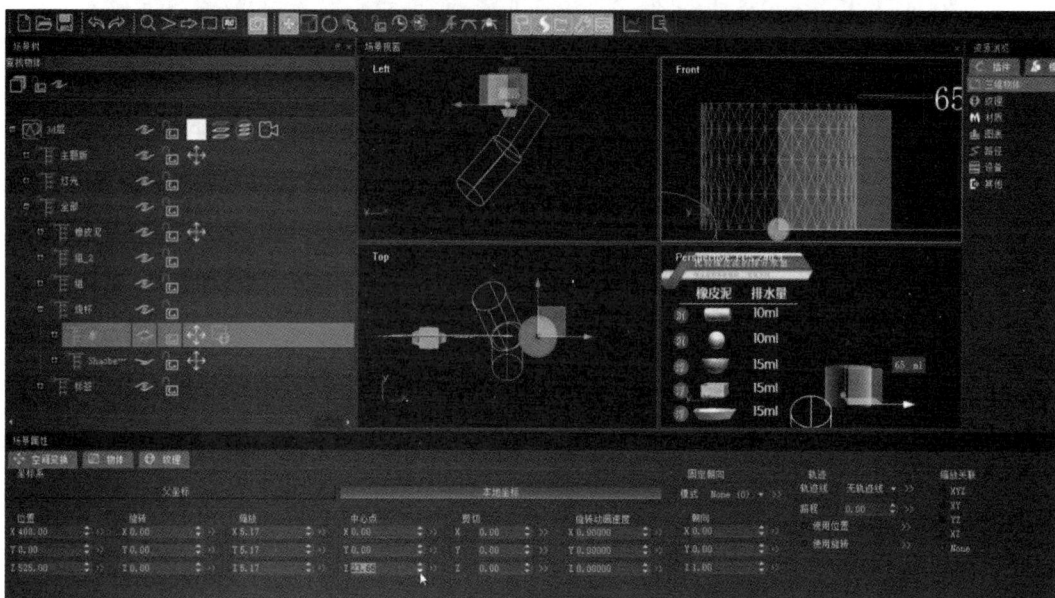

图 7-65　动画编辑

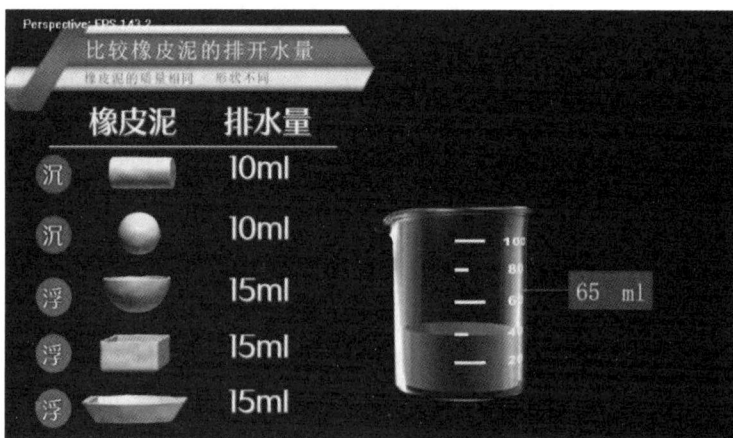

图 7-66　水涨动画

(4) 设置标签空间变换的关键帧。首先找到第 20 帧的位置，将标签拖到烧杯最下面；然后在第 60 帧的位置，将标签拖到水面高度，如图 7-67 所示。

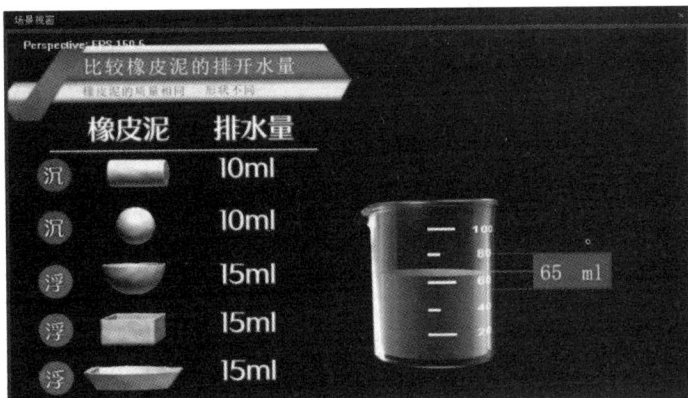

图 7-67　设置关键帧

7.5　交互动画制作

(1) 制作橡皮泥的动画。首先找到第一个橡皮泥对象，它的属性为实心圆柱，新建一个动画，将其命名为"03-实心圆柱"，并将该动画调整到 100 帧；然后制作橡皮泥掉到烧杯里、水面上浮到 75 ml 的动画效果。在橡皮泥掉进烧杯时，给序列的水对象也插入关键帧，使水面产生震荡效果，这样交互动画效果就完成了，如图 7-68 所示。

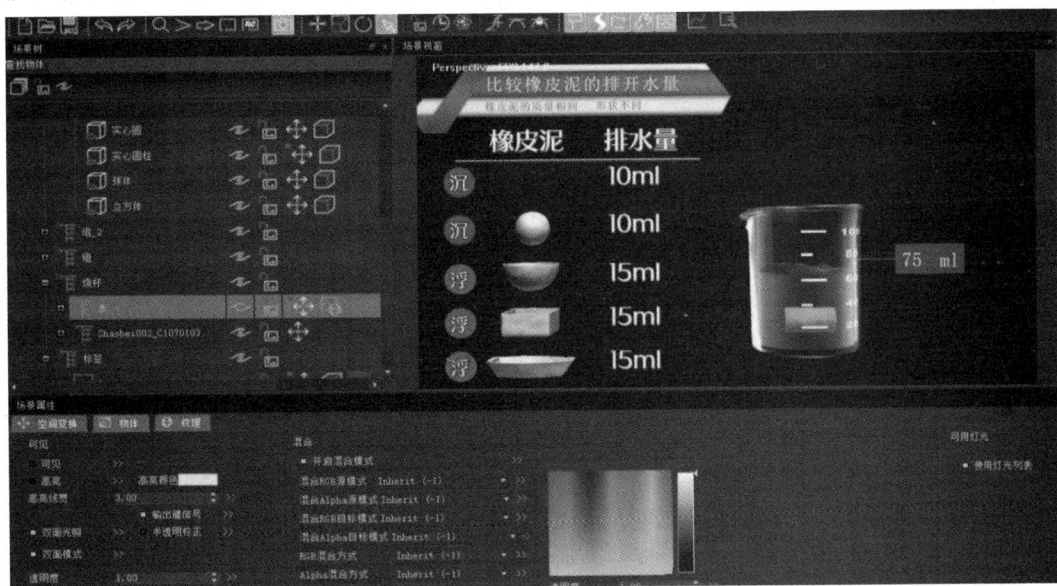

图 7-68　设置关键帧

(2) 复制 0-3 的动画效果，将其重命名为"04-实心圆柱"。点击镜像动画，将文字"沉"和"10 ml"在第 70 帧的位置插入透明度关键帧 0，在第 100 帧结束时插入透明度关键帧 1，这时交互动画就制作完成了，如图 7-69 所示。

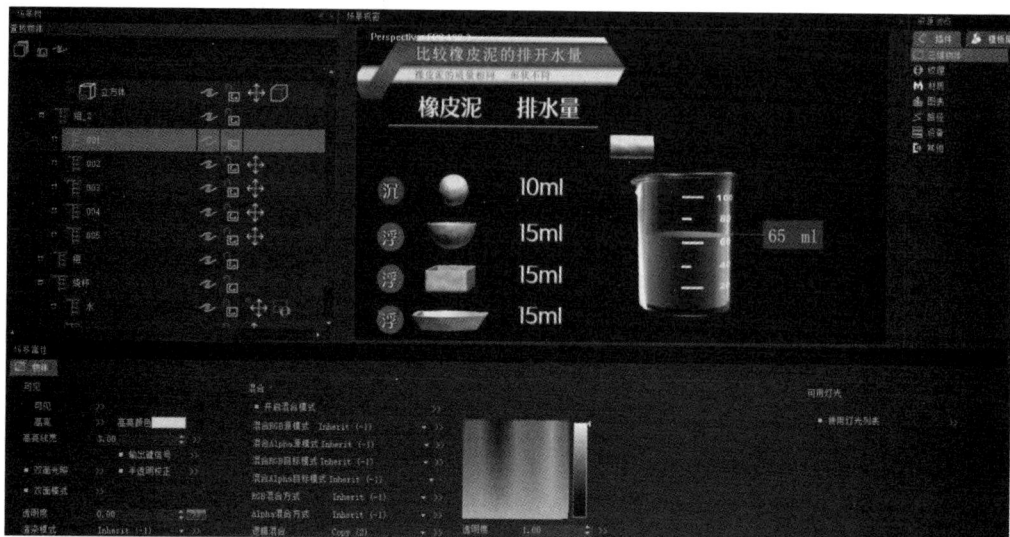

图 7-69　添加关键帧

(3) 同理制作剩余的 4 个对象，按照上述步骤分别制作完成。需要注意的是，空心的橡皮泥掉到水里会出现漂浮的现象，如图 7-70 所示。

图 7-70　橡皮泥漂浮效果

(4) 实现消失的动画效果。将动画效果重命名为"05-消失"，将关键帧的范围设置为 0～50 帧，并在第 0 帧的位置将动画透明度设置为 1，在第 50 帧的位置将其透明度设置为 1，如图 7-71 所示。

(5) 新建一个动画，重命名为"06-提示板出现"。首先新建一个组，再拖拽一个矩形到这个组中，然后找到提示板贴图并贴在矩形上，选择"RGBA 透明通道"；之后把标题板缩放到合适的大小，在其中添加一行文字，文字内容为："相同质量、不同形状的物体，排开的水量不同，沉浮情况也不同"，并设置为 2D 特效文字；最后制作一个能够弹出该提示板的交互动画效果，该交互动画关键帧的范围设置为 50 帧，并在第 0 帧的位置将透明度设置为 0，在第 50 帧的位置将透明度设置为 1。最好再制作一个能让提示板在显示后自动消失的动画效果，这样橡皮泥排开水量的交互动画效果就制作完成了，如图 7-72 所示。

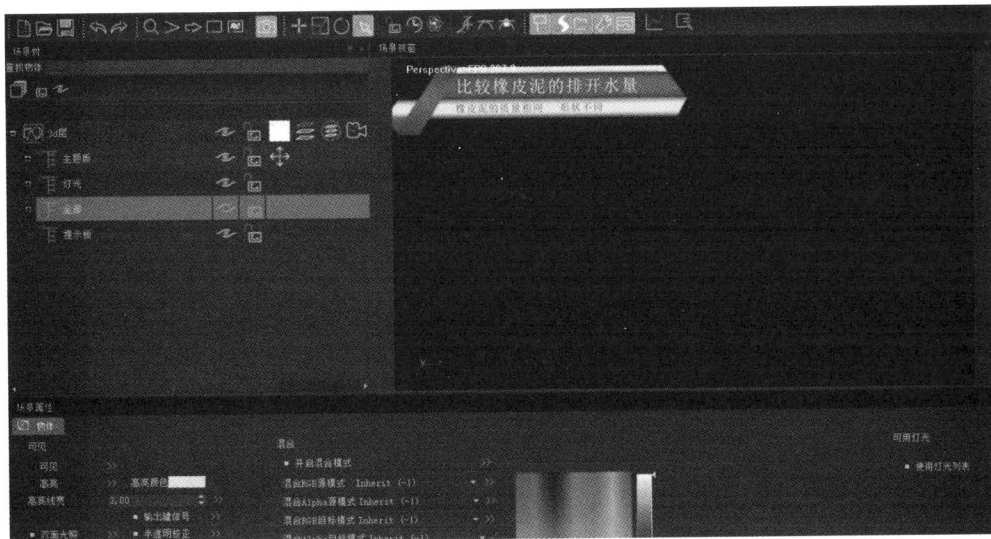

图 7-71　制作消失动画

图 7-72　完成效果

课后习题

操作题

1. 实现并掌握动画脚本的设计分解方法及制作流程。

2. 理解并掌握内连接与函数的使用方法。

3. 参照"橡皮泥排开水量交互动画设计"案例的制作过程，自己独立设计并实现一个虚拟仿真交互动画案例。

参 考 文 献

[1]　张燕翔. 虚拟/增强现实技术及其应用[M]. 合肥：中国科学技术大学出版社，2017.

[2]　卢博. VR 虚拟现实：商业模式＋行业应用＋案例分析[M]. 北京：人民邮电出版社，2016.

[3]　张菁. 虚拟现实技术及应用[M]. 北京：清华大学出版社，2011.